"十三五"普通高等教育规划教材

电气工程设计

主编　陈忠孝

编写　张立广　高　雅

　　　任晶鼎　苗荣霞

主审　谭宝成　杜　乐

U0387429

中国电力出版社
CHINA ELECTRIC POWER PRESS

内 容 提 要

本书为"十三五"普通高等教育规划教材。

本书共四篇 21 章,电气传动系统设计篇包括电气传动概述、电气传动系统的设计依据、电气传动系统方案设计、电气传动系统图纸设计、电气传动系统图纸审查、电气传动系统直流调速的设计、电气传动系统交流调速的设计,高层建筑电气工程设计篇包括高层建筑电气概述、高层建筑电气方案设计、高层建筑电气初步设计、高层建筑电气施工图设计、高层建筑电气图审查,变电站电气工程设计篇包括变电站概述、变电站主接线图设计、变电站电气布置图设计、变电站二次电气图设计、变电站防雷与接地设计、变电站用电和照明设计、变电站设计说明,PLC 控制系统设计篇包括 PLC 控制系统设计基础、PLC 控制系统设计实例。

本书融入了编者工程实践的经验和总结,使读者掌握相关的设计内容、方法和步骤,为全面系统完成对应的电气工程设计打下良好基础。

本书可作为高等院校电气工程及其自动化、建筑电气与智能化等专业的教材,同时也可作为其他相关专业和工程技术人员的参考书。

图书在版编目(CIP)数据

电气工程设计 / 陈忠孝主编. —北京:中国电力出版社,2019.1(2019.6 重印)
"十三五"普通高等教育规划教材
ISBN 978-7-5198-2591-1

Ⅰ.①电… Ⅱ.①陈… Ⅲ.①电气工程–设计–高等学校–教材 Ⅳ.①TM

中国版本图书馆 CIP 数据核字(2018)第 255104 号

出版发行:中国电力出版社
地　　址:北京市东城区北京站西街 19 号(邮政编码 100005)
网　　址:http://www.cepp.sgcc.com.cn
责任编辑:冯宁宁
责任校对:黄　蓓　常燕昆
装帧设计:赵姗姗
责任印制:钱兴根

印　　刷:北京雁林吉兆印刷有限公司
版　　次:2019 年 1 月第一版
印　　次:2019 年 6 月北京第二次印刷
开　　本:787 毫米×1092 毫米　16 开本
印　　张:19
字　　数:467 千字
定　　价:55.00 元

前　言

　　近年来，电气工程及其自动化方面的技术发展迅速，特别是在特高压、微电网、新能源发电、电力系统的自动化和智能化、设备的大容量和小型化及智能化、节能环保等方面得到了较大发展。我国在电气传动、大型风力发电、光伏发电、水力发电、核电等清洁能源利用方面成绩显著，特高压交、直流输电技术和建设处于世界领先地位，微电网技术和建设取得长足发展，全球能源互联网的建设也进入快车道，各行各业安全、高效、合理、环保使用电能的水平大幅提高，大大促进了我国能源产业的发展和保障作用，为可持续发展奠定了良好基础。

　　电气工程及其自动化专业所涉及的内容非常广泛，本书是在《电气工程设计讲义》基础上，仅就应用最多的电气传动系统、高层建筑电气工程、变电站电气工程、PLC 电气控制系统四个方面的电气设计进行讲述。每篇讲述方法的侧重点不同，各有特点，融入了编者的工程实践经验。

　　本书由西安工业大学的老师编写，陈忠孝担任主编并负责统稿，高雅、张立广、任晶鼎、苗荣霞参与编写。其中第 1～5 章由高雅编写，第 6、7 章由张立广编写，第 8～12 章由陈忠孝编写，第 13～19 章由任晶鼎编写，第 20、21 章由苗荣霞编写。第 1～7 章，20、21 章由西安工业大学谭宝成教授审定，第 8～19 章由中国建筑西北设计研究院有限公司杜乐高级工程师（教授级）审定。

　　限于编者水平，加之时间仓促，难免存在不足之处，恳请广大读者批评指正。

编　者
2018 年 12 月

目　录

第四篇　PLC 控制系统设计

总码

第一篇

电气传动系统设计

主要内容

（1）电气传动系统的概念、基本组成和技术指标。

（2）电气传动系统的设计依据。

（3）电气传动系统方案设计的主要内容及步骤。

（4）电气传动系统图纸设计的规范和构成。

（5）电气传动系统图纸审查的主要内容及步骤。

（6）电气传动系统直流调速的设计。

（7）电气传动系统交流调速的设计。

知识要点

（1）基本概念。电气传动；设计规范；方案；软起动；现场总线；概略图；逻辑无环流调速；正弦脉宽调制（SPWM）。

（2）知识点。

1）系统的设计依据；方案的设计步骤；系统的设计内容。

2）图纸的设计规范；图纸的基本构成；图纸的审查步骤。

3）直流单闭环调速系统设计；直流可逆双闭环调速系统设计。

4）交流调压调速系统设计；交流变频调速系统设计。

（3）重点及难点。

1）系统的设计内容；图纸的基本构成。

2）直流可逆双闭环调速系统设计；交流变频调速系统设计。

基本要求

遵循设计依据和图纸设计规范，能根据电气传动系统设计步骤，设计合理的传动系统方案和绘制标准的图纸；了解直流和交流电机的调速原理，能设计简单功能的调速控制系统。

电气传动系统设计篇

第1章 电气传动概述

1.1 传动分类及电气传动

1.1.1 传动概念及分类

传动：传递动力使机器或生产部件运动或运转，其主要是动力的传递、功率的传递、能量的传递。传动分为机械传动、流体传动和电力传动3大类。

机械传动是利用机械部件直接实现传动，主要有齿轮传动、链传动的啮合传动、摩擦轮传动和带传动的摩擦传动等。

结构：齿轮、蜗轮蜗杆、轮系、皮带、传输链；

特点：传动准确、实现回转运动简单、传递扭矩大；故障易发现，便于维修。但一般情况下不太稳定，制造精度不高时易产生振动和噪声，实现无级变速的结构复杂且成本高。

应用：定比传动、减速机、制动器、丝杠和滑轨等。

流体传动是以液体或气体为工作介质的传动，广泛应用的有液压和气压传动。

液压传动是依靠液体静压力作用的液压传动或依靠液体动力作用的液压传动。

结构：液缸、液压阀、液压管路、液压泵、液压马达；

特点：力矩大，有油污；

应用：轮船、大型压机。

气压传动是以压缩空气为工作介质进行能量传递和信号传递。

结构：气缸、气阀、气体管路、气源；

特点：干净、力矩较小、噪声小；

应用：食品、药品、包装行业。

电气传动是利用电动机将电能转化为机械能，以电动机作为动力带动机械结构工作，并按规定的规律运动的传动方式。

结构：电机、电缆、电源；

特点：传送距离更远、调速性能更好；

应用：国民经济各行各业[1]。

1.1.2 电气传动基本组成和发展

电气传动主要由电气控制装置、电源、电动机、传动机构和执行机构组成。电动机及电源：把电能转换成机械能；传动机构将机械能转换成所需要的运动形式并进行传递与分配；执行机构完成生产工艺任务；电气控制装置控制系统按生产工艺的要求动作，并对系统进行保护和自动控制。其结构形式如图1-1所示。

电动机通常是根据生产机械的工作要求选用，主要有：直流电动机、异步电动机、同步电动机等。

直流电动机为动力的传动系统称为直流电力拖动系统，简称直流拖动系统。

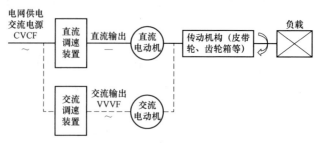

图 1-1   电气传动结构示意图

交流电动机为动力的传动系统称为交流电力拖动系统，简称交流拖动系统。

早期的生产机械如通用机床、风机、泵等对调速或调速要求不高，以电磁式电器组成的简单交、直流电力拖动系统即可满足要求。随着工业技术的发展，人们对电力拖动的静态与动态控制性能有了较高的要求，具有反馈控制的直流电力拖动系统以其优越的性能曾一度占据了系统可调速与可逆电力拖动的绝大部分应用场合。自 20 世纪 20 年代以来，可调速直流电力拖动较多采用直流发电机—电动机系统，并以电机扩大机、磁放大器作为其控制元件。电力电子器件出现后，以电子元件控制、由可控整流器供电的直流电力拖动系统逐渐取代了直流发电机—电动机系统，并发展到现在多采用数字电路控制的电力拖动系统。这种电力拖动系统具有可精密调速和动态响应快等性能。这种以弱电控制强电的技术是现代电力拖动的重要特征和趋势。交流电动机没有机械式整流子，结构简单、使用可靠、有良好的节能效果，在功率传递和转速极限方面都比直流电动机高；但由于交流电力拖动没有直流电力拖动控制简单且性能好，所以 20 世纪 70 年代以前交流电动机在高性能电力拖动中未获得广泛应用。随着电力电子器件的发展，自动控制技术的进步，出现了如晶闸管的串级调速、电力电子开关器件组成的变频调速和伺服控制等交流电力拖动系统，使交流电力拖动系统能在控制性能方面与直流电力拖动系统相抗衡和媲美，并已在较大的应用范围内取代了直流电力拖动。

1.2   电气传动系统运动方程

1.2.1   电气传动的动力学基础

（1）基本运动方程式。定义电磁转矩 T_e 的正方向与转速的正方向相同，负载转矩 T_L 的正方向与转速的正方向相反。则

$$T_e - T_L = J \frac{\mathrm{d}\omega_m}{\mathrm{d}t} \qquad \left(\omega_m = \frac{\mathrm{d}\theta_m}{\mathrm{d}t}\right) \tag{1-1}$$

J 为转动惯量，即

$$J = m\rho^2 = \frac{G}{g} \cdot \frac{D^2}{4} = \frac{GD^2}{4g} \qquad \left(\rho:\text{转动惯量半径} = \frac{D}{2}\right) \tag{1-2}$$

$$\omega_m = \frac{2\pi n}{60} \tag{1-3}$$

所以有

$$T_e - T_L = J \frac{\mathrm{d}\omega_m}{\mathrm{d}t} = \frac{GD^2}{375} \frac{\mathrm{d}n}{\mathrm{d}t} \tag{1-4}$$

当 $T_e = T_L$ 时，即加速度为零，电气传动系统处于恒速运行的稳定状态（或静止状态）；$T_e > T_L$ 时，即加速度为正值，电气传动系统处于加速运行的过渡过程；当 $T_e < T_L$ 时，即加速度为负值，电气传动系统处于减速运行的过渡过程。

（2）转矩、飞轮矩的折算。

1）转矩的折算。

按照能量守恒定律，折算后负载功率等于原负载功率减去传动的损耗。

$$T_L' \times \omega_m = \frac{T_L \times \omega_L}{\eta} \quad （旋转） \tag{1-5}$$

$$T_L' \times \omega_m = \frac{GR \times \omega_L}{\eta} \quad （直线） \tag{1-6}$$

其中：$\eta < 1$ 为传递效率；T_L 为负载轴上的负载转矩；T_L' 为折算到电机轴上的等效负载转矩。

则折算到电机轴上的转矩是

$$T_L' = T_L / j\eta \quad （旋转） \tag{1-7}$$

$$T_L' = GR / j\eta \quad （直线） \tag{1-8}$$

式中：$j = \omega_m / \omega_L$ 为主从动轴的速比。

2）飞轮矩的折算。

根据动能守恒原则，折算后等效系统储存的能量应该与实际系统相等。设等效转动惯量为 J，飞轮矩为 GD^2，则

$$\frac{1}{2}J\omega_d^2 = \frac{1}{2}J_d\omega_d^2 + \frac{1}{2}J_L\omega_L^2 \Rightarrow J = J_d + \frac{J_L}{j^2} \tag{1-9}$$

$$GD^2 = GD_d^2 + \frac{GD_L^2}{j^2} \tag{1-10}$$

$$\frac{1}{2}J\omega_d^2 = \frac{1}{2}J_d\omega_d^2 + \frac{1}{2}J_L\omega_L^2 + \frac{1}{2}mv^2 \Rightarrow J = J_d + \frac{J_L}{j^2} + \frac{mv^2}{\omega_d^2} \tag{1-11}$$

$$GD^2 = GD_d^2 + \frac{GD_L^2}{j^2} + \frac{365Gv^2}{n_d^2} \tag{1-12}$$

由于

$$J = \frac{GD^2}{4g}, \quad \omega = \frac{2\pi n}{60}, \quad G = mg$$

可得

$$GD^2 = 4gJ = \frac{4gmv^2}{\omega_d^2} = \frac{4Gv^2}{\left(\dfrac{2\pi n_d}{60}\right)^2} = \frac{365Gv^2}{n_d^2} \tag{1-13}$$

1.2.2　电动机的负载转矩特性

生产机械工作机构的负载转矩与转速之间关系 $T_L = f(n)$，称为负载转矩特性。

负载的转矩特性可以归纳为风机和泵类负载、恒转矩负载和恒功率负载三种典型类型。

（1）风机和泵类负载，通风机、水泵、油泵和螺旋桨等，其转矩大小与转速平方成正比，即 $T_L \propto n^2$。

风机和泵类负载转矩与转速关系曲线图如图 1-2 所示。

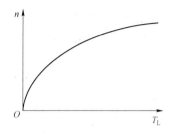

图 1-2　风机和泵类负载转矩与转速关系曲线图

（2）恒转矩负载。当运行时，无论其速度变化与否，负载阻转矩大小总保持恒定或基本恒定。恒转矩负载及其特性如图 1-3 所示。

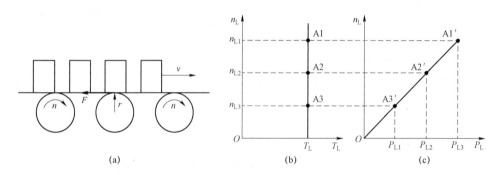

图 1-3　恒转矩负载及其特性
（a）带式输送机；（b）机械特性；（c）功率特性

恒转矩负载基本特点如下：

负载转矩为

$$T_L = F \times r \qquad (1-14)$$

负载的转矩基本恒定，即负载转矩的大小与转速无关。

负载功率为

$$P_L = \frac{T_L n}{9550}(\text{kW}) \propto n \qquad (1-15)$$

负载功率与速度成正比。

恒转矩负载种类：包括反抗性恒转矩负载和位势能负载。

1）反抗性恒转矩负载。反抗性恒转矩负载的特点是负载转矩的大小不变，但负载转矩的作用方向始终与生产机械运动的方向相反，总是阻碍电动机的运转，当电动机的旋转方向改变时，负载转矩的方向也随之改变，始终是阻转矩。摩擦性负载就是典型的反抗性恒转矩负载，所以反抗性恒转矩负载也称摩擦转矩负载。属于这一类特性的生产机械有轧钢机和机床的平移机构、皮带运输机等。

2）位势能恒转矩负载。吊车或升降机等重力负载，负载转矩的方向不随运动方向的改变而改变。例如，吊车所吊起的重物、无论升降速度大小，方向如何，其在地球引力的作用下而产生的重力方向是永远不变的，即为恒转矩负载。

3）恒功率负载。恒功率负载是指在改变速度时，负载转矩与转速大致成反比，而负载功率不变。即功率高低与转速无关。

恒功率负载及其特性如图1-4所示。

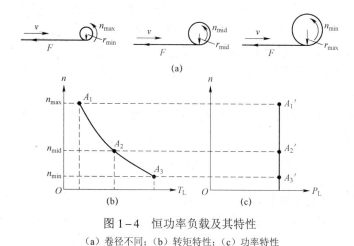

图1-4 恒功率负载及其特性

(a) 卷径不同; (b) 转矩特性; (c) 功率特性

恒功率负载基本特点如下:

负载功率为

$$P_L = F \times v \tag{1-16}$$

负载功率基本恒定,即负载功率的高低与转速无关。

负载转矩为

$$T_L = \frac{9550P_L}{n} \propto \frac{1}{n} \tag{1-17}$$

负载转矩与速度成反比。

恒功率负载设备:

轧钢机、造纸机和塑料薄膜生产线中的开卷机、卷曲机等。在卷曲初期由于生产的物料卷的半径较小,为保持恒定线速度,物料卷必须以较高速旋转,而负载转矩却较小;但随着物料卷半径的逐渐变大,物料的转速也应随之降低,而负载转矩却必须相应增大。

各种机床也属于恒功率负载,当粗加工时通常进给量大,负载转矩大,转速低;精加工时,进给量小,负载转矩就小,转速高,负载转矩与转速成反比。

1.3 电气传动系统技术指标

1.3.1 转速控制的要求和调速指标

任何一台需要控制转速的设备,其生产工艺对调速性能都有一定的要求。例如,最高转速与最低转速之间的范围,是有级调速还是无级调速,在稳态运行时允许转速波动的大小,从正转运行变到反转运行的时间间隔,突加或突减负载时允许的转速波动,运行停止时要求的定位精度等。归纳起来,对于调速系统转速控制的要求有以下三个方面:

(1)调速——在一定的最高转速和最低转速范围内,分档地(有级)或平滑地(无级)调节转速;

(2)稳速——以一定的精度在所需转速上稳定运行,在各种干扰下不允许有过大的转速波动，以确保产品质量；

（3）加、减速——频繁起、制动的设备要求加、减速尽量快，以提高生产率；对不宜经受剧烈速度变化的机械则要求起、制动尽量平稳。

为了进行定量分析，可以针对前两项要求定义两个调速指标，称为"调速范围"和"静差率"。这两个指标合称调速系统的稳态性能指标。

（1）稳态性能指标。

1）调速范围。生产机械要求电动机提供的最高转速 $n_{\max}$ 和最低转速 $n_{\min}$ 之比称为调速范围，用字母 D 表示，即

$$D = \frac{n_{\max}}{n_{\min}} \tag{1-18}$$

$n_{\max}$ 和 $n_{\min}$ 是电动机在额定负载时的最高和最低转速。

2）静差率 s。当系统在某一转速下运行时，负载由理想空载增加到额定值所对应的转速降落 Δn_{N} 与理想空载转速 n_0 之比称作静差率 s，即

$$s = \frac{\Delta n_{\mathrm{N}}}{n_0} \tag{1-19}$$

或用百分数表示

$$s = \frac{\Delta n_{\mathrm{N}}}{n_0} \times 100\% \tag{1-20}$$

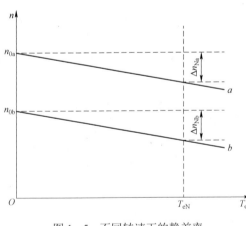

图 1-5　不同转速下的静差率

显然，静差率是用来衡量调速系统在负载变化时转速稳定度的参数。它和机械特性的硬度有关，特性越硬，静差率越小，转速的稳定度就越高。

然而静差率与机械特性硬度是有区别的。一般变压调速系统在不同转速下的机械特性是互相平行的，如图 1-5 中的特性曲线 a 和 b，两者的硬度相同，额定速降 $\Delta n_{\mathrm{Na}} = \Delta n_{\mathrm{Nb}}$，但它们的静差率却不同，因为理想空载转速不一样。根据式（1-20）的定义，由于 $n_{0a} > n_{0b}$，所以 $s_a < s_b$。这就是说，对于同样硬度的特性，理想空载转速越低时，静差率越大，转速的相对稳定度也就越差。在 1000r/min 时降落 10r/min，只占 1%；在 100r/min 时同样降落 10r/min，就占 10%；如果 n_0 只有 10r/min，再降落 10r/min，就占 100%，这时电动机已经停止转动了。

由此可见，调速范围和静差率这两项指标并不是彼此孤立的，必须同时提才有意义。在调速过程中，若额定速降相同，则转速越低时，静差率越大。如果低速时的静差率能满足设计要求，则高速时的静差率就更满足要求了。因此，调速系统的静差率指标应以最低速时所能到达的数值为准。

（2）调速范围、静差率和额定速降之间的关系。电机额定转速 n_{N} 为最高转速，转速降落为 Δn_{N}，则按照上面分析的结果，该系统的静差率应该是最低速时的静差率，即

$$s = \frac{\Delta n_{\mathrm{N}}}{n_{0\min}} = \frac{\Delta n_{\mathrm{N}}}{n_{\min} + \Delta n_{\mathrm{N}}} \qquad (1-21)$$

于是，最低转速为

$$n_{\min} = \frac{\Delta n_{\mathrm{N}}}{s} - \Delta n_{\mathrm{N}} = \frac{(1-s)\Delta n_{\mathrm{N}}}{s} \qquad (1-22)$$

调速范围

$$D = \frac{n_{\max}}{n_{\min}} = \frac{n_{\mathrm{N}}}{n_{\min}} \qquad (1-23)$$

将上面的式代入 $n_{\min}$，得

$$D = \frac{\Delta n_{\mathrm{N}} s}{\Delta n_{\mathrm{N}}(1-s)} \qquad (1-24)$$

式（1-24）表示调压调速系统的调速范围、静差率和额定速降之间所应满足的关系。对于同一个调速系统，Δn_{N} 值一定，由式（1-24）可见，如果对静差率要求越严，即要求 s 值越小时，系统能够允许的调速范围也越小。

1.3.2 动态指标

生产工艺对控制系统动态性能的要求经折算和量化后可以表达为动态性能指标。自动控制系统的动态性能指标包括对给定输入信号的跟随性能指标和对扰动输入信号的抗扰性能指标。

（1）跟随性能指标。在给定信号或参考输入信号 $R(t)$ 的作用下，系统输出量 $C(t)$ 的变化情况可用跟随性能指标来描述。当给定信号变化方式不同时，输出响应也不一样。通常以输出量的初始值为零时给定信号阶跃变化下的过渡过程作为典型的跟随过程，这时的输出量动态响应称作阶跃响应。常用的阶跃响应跟随性能指标有上升时间、超调量和调节时间。

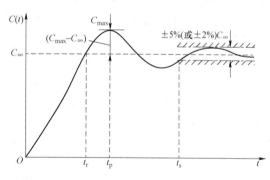

图 1-6 典型的阶跃响应过程和跟随性能指标

上升时间 t_{r}：图 1-6 绘出了阶跃响应的跟随过程，图中的 C_∞ 表示输出量 C 的稳态值。在跟随过程中，输出量从零起第一次上升到 C_∞ 所经过的时间称作上升时间，它表示动态响应的速度。

超调量 δ 与峰值时间 t_{p}：在阶跃响应过程中，超过 t_{r} 以后，输出量有可能继续升高，直到峰值时间 t_{p} 到达最大值 $C_{\max}$，然后回落。$C_{\max}$ 超过稳态值 C_∞ 的百分数叫做超调量，即

$$\delta = \frac{C_{\max} - C_\infty}{C_\infty} \times 100\% \qquad (1-25)$$

超调量反映系统的相对稳定性。超调量越小，相对稳定性越好。

调节时间 t_{s}：调节时间又称过渡过程时间，它用来衡量整个超调量调节过程的快慢。理论上，线性系统的输出过程要到 $t=\infty$ 才稳定，但实际上由于存在各种非线性因素，过渡过程到一定时间就终止了。为了在线性系统阶跃响应曲线上表示调节时间，认定稳态值在 ±5%

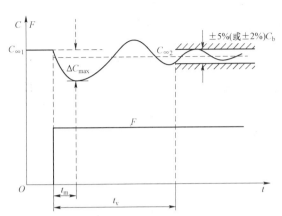

图 1-7 突加扰动的动态过程和抗扰性能指标

（或取±2%）的范围为允许误差带，将输出量达到并不超出该误差带所需的时间定义为调节时间。显然，调节时间既反映了系统的响应速度，也反映了它的稳定性。

（2）抗扰性能指标。控制系统稳定运行中，突加一个使输出量降低的扰动 F 以后，输出量由降低到恢复的过渡过程是系统典型的抗扰过程，如图 1-7 所示。常用的抗扰性能指标为动态降落和恢复时间。

1）动态降落 ΔC_{max}：系统稳定运行时，突加一个约定的指标负扰动量，所引起的输出量最大降落值 ΔC_{max} 称作动态降落。一般用 ΔC_{max} 占输出量原稳态值 $C_{\infty 1}$ 的百分数 $\Delta C_{max}/C_{\infty 1} \times 100\%$ 来表示（或用某基准值 C_b 的百分数 $C_{max}/C_b \times 100\%$ 来表示）。输出量在动态降落后逐渐恢复，达到新的稳态值 $C_{\infty 2}$，$(C_{\infty 1} - C_{\infty 2})$ 是系统在该扰动作用下的稳态误差，即静差。动态降落一般都大于稳态误差。调速系统突加额定负载扰动时转速的动态降落称作动态速降 Δn_{max}。

2）恢复时间 t_v：从阶跃扰动作用开始，到输出量基本上恢复稳态，即新稳态值 $C_{\infty 2}$ 进入某基准值 C_b 的±5%（或取±2%）范围之内所需的时间，定义为恢复时间 t_v，见图 1-7。其中 C_b 称作抗扰指标中输出量的基准值，视具体情况选定。如果允许的动态降落较大，可以将新稳态值 $C_{\infty 2}$ 作为基准值。如果允许的动态降落较小，例如 5%（常有的情况），则按进入±5%$C_{\infty 2}$ 范围来定义的恢复时间只能为零，就没有意义了，所以必须选择一个比稳态值更小的 C_b 作为基准。

实际控制系统对于各种动态指标的要求各有不同。例如，可逆轧钢机需要连续正反向轧制许多道，因而对转速的动态跟随性能和抗扰性能都有较高的要求，而一般生产用的不可逆调速系统主要要求一定的转速抗扰性能，其跟随性能不是很关注。工业机器人和数控机床用的位置随动系统（伺服系统）需要强的跟随性能，而大型天线的随动系统除需要良好的跟随性能外，对抗扰性能也有一定的要求。多机架连轧机的调速系统要求抗扰性能很高，如果 Δn_{max} 和 t_v 较大，在机架间会产生拉钢或堆钢的事故。总之，一般来说，调速系统的动态指标以抗扰性能为主，而随动系统的动态指标则以跟随性能为主。

习 题 1

1. 填空题

（1）评价电气传动系统的主要技术指标_____、_____和_____。

（2）忽略传动机构损耗，转矩和飞轮矩折算的等效原则_____。

（3）负载转矩通常可分为_____、_____和_____三类。

2. 简答题

（1）试简述电气传动的分类及组成？

（2）什么是静差率，它和电机的机械特性有什么区别？

第2章 电气传动系统的设计依据

随着工业现代化程度的不断深入发展和中国2025制造强国目标的稳步推进，各行各业对其装备自动化水平提出了更高的要求，尤其是对传统的自动化程度不高的制造产线和装备设施提出了迫切的产业升级改造要求。作为几乎所有自动化设备的重要组成，电气传动部分的功能参数、性能指标、安全防护级别以及节能环保等因素是决定自动化设备系统优劣的基础和关键，这就要求在电气传动的综合设计过程中严格遵循电气传动的各项设计依据。

电气传动系统的组成主要包含：电动机、电气传动控制系统和为电动机及电气传动控制系统提供电源的装置。但电气设计时并非仅仅将各个电气组成部分组合在一起就能完成功能要求，它需要综合考虑不同方面的需求，即需要依据相应的标准、行业设计要求和产品的性能规范等。下面列出了电气设计时需要考虑的一些依据内容及要求。

2.1 电气传动设计的基本依据

（1）依据工厂需求。电气传动设计的首要目标是满足工厂自动化设备对电气传动的需求，通常是在电气传动设计工作的开始阶段需要考虑的因素。主要根据其应用行业、场合和工艺参数，设计电气传动系统的基本工作流程和技术参数，以及通过招标文件、现场调研、技术交流等方式获取主要的设计依据。

（2）符合国家、行业、地方的规范和标准。电气传动设计是一个综合学科的系统设计，涉及电子、计算机、机械传动、检测、自动控制、电气等多个学科领域，而相关的领域国内和国外均有很多详尽而具体的标准，如关于电工术语、电缆、低压电器等均有相应的国内和国际标准。

在进行电气传动系统设计时，由于标准比较多，设计人员需要根据系统的需要，即对项目相关的器件和内容查阅对应标准，使设计内容无论从器件、物理量的术语表达，还是接线、器件选择等均能满足国家、行业、地方的规范和标准要求。

（3）依据设计手册和标准图集。根据国家和行业设计手册，对设计的电气传动系统从冷却方式、环境要求、绝缘、电磁干扰等方面进行严格的要求；利用标准图集对设计的图纸中器件的表示方式、图纸的信息组成情况、各个子项目的命名方式、布置图和接线图等规则进行详细的规范要求。

电气传动系统设计的内容，需要严格按照设计手册和标准图集的要求进行设计、施工、调试和运行。

（4）依据产品手册和样本等资料。在电气传动系统设计时，需要利用相应的电子元器件、控制器、辅助检测设备、开发软件等来完成功能，而对应内容的运行参数、功能、适用环境和使用方法等，需要参照产品的样本资料选型，再根据产品的用户使用手册、开发手册等资料使用。所以在系统设计时需要通读样本和产品手册等资料，以便更好地进行系统选型和系统功能设计。

（5）运行环境的确定。在电气设计时需要根据应用场合和设备工作环境，选择满足要求的器件及柜体外形结构等。如确定是室内安装还是室外安装，室外安装需要考虑外壳防护或温差等问题；如工作环境中的最低温度和最高温度；如工作环境中的最高相对湿度和最低相对湿度；如空气中包含的尘埃、酸、盐、腐蚀性或爆炸性气体等情况；如安装环境的海拔情况；如设备运行产生的噪声情况等因素。不同的工作环境，对器件的选型和系统结构的设计都具有一定的要求。

（6）系统成本。在能够完成需求、遵守国家和行业标准、满足环境要求等的前提下，设计的电气系统器件的成本也是在进行设计时需要考虑的一个重要依据。如成本预算高时，可以选择一些稳定性较强、安全级别较高的器件。而在成本预算有限的情况下，需要选择一些满足现场功能及环境需求，且具有一定安全级别的器件。

2.2　防爆等级的要求

由于运行环境及应用场合的不同，电气设计时需要考虑设备的防爆等级要求。如军工场所，尤其是针对具有爆炸要求的药品进行加工和检测等的设备，具有高的防爆等级。电气设备由于应用场合的不同被分为下面几类防爆等级的设备。

Ⅰ类：煤矿和井下电气设备。

Ⅱ类：除煤矿和井下之外的所有其他爆炸性气体环境用电气设备。

Ⅱ类又可分为ⅡA、ⅡB、ⅡC类，标志ⅡB的设备可适用于ⅡA设备的使用条件；ⅡC可适用于ⅡA、ⅡB的使用条件。

Ⅲ类：除煤矿以外的爆炸性粉尘环境电气设备。

ⅢA类：可燃性飞絮；ⅢB类：非导电性粉尘；ⅢC类：导电性粉尘。

爆炸必备条件：

点燃源：在生产过程中大量使用的电气仪表产生的各种摩擦电火花、机械磨损火花、静电火花、高温等不可避免，尤其当仪表、电气发生故障时。点燃源包括明火、电气火花、机械火花、静电火花、高温、化学反应、光能等。客观上很多工业现场满足爆炸条件。当爆炸性物质与氧气的混合浓度处于爆炸极限范围内时，若存在点燃源，将会发生爆炸。因此采取防爆措施就显得非常必要。

易爆物质：很多生产场所都会产生某些可燃性物质。煤矿井下约有 2/3 的场所存在爆炸性物质；化学工业中，约有 80% 以上的生产车间区域存在爆炸性物质。能与氧气（空气）反应的物质，包括气体、液体和固体（气体：氢气，乙炔，甲烷等；液体：酒精，汽油；固体：粉尘，纤维粉尘等）。

氧气：空气中的氧气是无处不在的。

防止爆炸的产生必须从三个必要条件来考虑，限制其中一个必要条件，就限制了爆炸的产生。

在工业过程中，通常从下述三个方面着手对易燃易爆场合进行处理：

（1）预防或最大限度地降低易燃物质泄漏的可能性；

（2）不用或尽量少用易产生电火花的电器元件；

（3）采取充氮气之类的方法维持惰性状态。

下面列出了电气设备的防爆形式分类：

（1）本安型 i（本质安全型电气设备及其关联设备）。在规定的试验条件下，正常工作或规定的故障状态下产生的电火花和热效应均不能点燃规定的爆炸性气体或蒸汽的电路。

本质安全型电气设备：全部电路为本质安全的电气设备。本安型设备和关联设备的本质安全部分分为 ia 和 ib：

ia：正常工作＋一个故障＋任意组合的两个故障均不能引起点燃的电气设备。

ib：正常工作＋一个故障条件下不能引起点燃的本质安全型电气设备。

由此可见 ia 等级高于 ib 等级。

关联设备：装有本质安全电路和非本质安全电路，其前提是非本质安全电路不能是对本质安全电路产生不利影响的电气设备。

（2）隔爆型 d（具有隔爆外壳的电气设备）。它能承受已进入外壳内部的可燃性混合物内部爆炸而不受损坏，并且通过外壳上的任何接合面或孔不会引燃由一种或多种气体或蒸汽所形成的外部爆炸性环境的电气设备外壳。

（3）增安型 e。

（4）充油型 o。

（5）充砂型 q。

（6）浇封型 m。

（7）特殊型 s。

表 2-1 列出了防爆标准，即 IEC 防爆等级标准格式。

表 2-1　　　　　　　　　　　　　IEC 防爆等级标准格式

E：按 CENELEC 标志认可	Ex：防爆公用标志
ia：防爆型式（本质安全）	Ⅱ：设备组别
C：气体组别	T4：温度组别

表 2-2 列出了各种防爆型式与应用场合的对应标准，表 2-3 列出了气体爆炸场所用电气设备防爆类型选型表。

表 2-2　　　　　　　　　　　各种防爆型式与应用场合的对应标准

防爆型式	在英国允许使用的场所	中国标准 GB 3836	防爆型式符号	IEC 标准 79-	CENELEC 标准 EN50
增安型	1 或 2	3	e	7	019
本质安全型	0，1 或 2	4	ia 或 ib	11	020（设备）
隔爆型	d	2	d	1	018
特殊型	s	无	s	无	无

表 2-3　　　　　　　　　　　气体爆炸场所用电气设备防爆类型选型表

爆炸危险区域	适用的防护型式电气设备类型	符号
0 区	1. 本质安全型（ia 级）	ia
	2. 其他特别为 0 区设计的电气设备（特殊型）	s
1 区	1. 适用于 0 区的防护类型	
	2. 隔爆型 d	
	3. 增安型 e	
	4. 本质安全型 ib	
	5. 充油型 o	
	6. 正压型 p	
	7. 充砂型 q	
2 区	1. 适用于 0 区或 1 区的防护类型	
	2. 无火花型	n

2.3　电 磁 兼 容 性 的 要 求

电磁兼容性（Electromagnetic Compatibility—EMC）是指装置在规定的电磁环境中正常工作而不对该环境中其他设备造成不允许的扰动的能力。使电气设备或电子装置性能下降、工作不正常或发生故障的电磁扰动称之为电磁干扰（Electromagnetic Interference－EM1）。装置在受到电磁能作用时发生非期望响应特性称为装置的敏感性（susceptibility）。

工业中测量和控制装置的电磁兼容性系列标准所考虑的干扰形式起因于外界干扰源对设备和系统的影响。干扰通过电源线直接导入，或通过连接电缆线由电容耦合或电感耦合从干扰源导入，或者通过本地装置或远程装置参考端之间电位差导入。此外，操作人员与仪表盘、外壳或箱柜间的静电放电，以及来源于对讲机、广播电台、电视台、雷达站和医学设备的辐射电磁场，都可产生干扰。干扰侵入系统的途径为：

（1）供电线；

（2）信号输入线；

（3）信号输出线；

（4）设备外壳。

干扰注入电路的耦合机理是：

（1）公共阻抗（电阻性的）；

（2）电感耦合；

（3）电容耦合；

（4）电磁辐射。

抗干扰设计的基本原则：

抗干扰设计的基本任务是使系统或装置既不因外界电磁干扰的影响而误动作或丧失功能，也不向外界发送过大的噪声干扰，以免影响其他系统或装置正常工作，所以其设计主要遵循下列三个原则：

（1）抑制噪声源，直接消除干扰产生的原因；

（2）切断电磁干扰的传递途径，或者提高传递途径对电磁干扰的衰减作用，以消除噪声源和受扰设备之间的噪声耦合；

（3）加强受扰设备抵抗电磁干扰的能力，降低其噪声敏感度。

为实现上述原则，对于具体电磁环境的噪声与干扰的物理性质、噪声产生的机理、噪声的频谱特性、噪声的传递方式、受扰设备本身的抗干扰性能等，不仅要有定性了解，还要有定量分析，这样才能得到好的效果。目前国内外在这方面虽然已有大量实验经验，但在定量分析方面具体的测试、试验方法还是不多。

抗干扰技术的基本方法是基于前述的三个原则进行。一般来说，对于噪声源，可采用滤波、阻尼、屏蔽、阻抗匹配、对称或平衡配线，以及电路去耦等措施；对于被干扰设备，可采用提高信噪比、增加开关时间、提高功率等级，以及对电源和信号滤波等措施。根据电磁环境，往往是多种措施并列采用，才能得到满意的抗干扰效果。表 2-4 列出了最基本的抗干扰措施供设计参考。

表 2-4 最基本的抗干扰措施

措施	适用范围	方　式
电路/器件	旋转机械	采用 RC、LC 滤被器等
	继电器等感性负载	采用 RC、二极管等
	电子电路	采用旁路电容器、压敏电阻、积分电路、光隔离器等
滤波	电源回路	用常模、共模滤波器，铁氧体磁珠，电源变压器，非线性电阻器等
	信号回路	用共模滤波器、传输滤波器等
屏蔽	壳、套、罩	用机壳、盒、箱、屏蔽网、板、室等
	封装插件	用衬板、垫圈、密封材料等
布线	配线	用分类走线、屏蔽线、绞合线、同轴电缆等
	连接器	用带屏蔽的接插件、滤波连接器等
接地	结构（件）	通过建筑物、机房、柜、箱、盒、屏、底盘等接地
	电路、导线	各种电缆的外皮接地

2.4　冷却方式的要求

根据设备使用环境选择冷却方式，冷却方式主要分为自然冷却和强迫冷却，而强迫冷却主要分为风冷和液体冷却。

（1）自然冷却。

即利用空气的自然流动而形成的冷热空气交换。该冷却方式需要周围预留一定的空间，以保证空气等的交换条件。

（2）强迫风冷。

即利用风冷装置加速空气流动的方法形成冷却气流，该冷却方式需要在风冷装置的进风口加装过滤装置以滤除空气中的尘埃。

（3）水冷。

通过冷热水的交换和风机等的冷却水循环系统带走设备的热量，该系统在管路阀门等的选择时，需要考虑水介质的腐蚀等作用，选择不锈钢、塑料等不易被腐蚀的材料。

2.5　温 升 的 要 求

设备根据所使用的工况环境，需要考虑电气元器件及电机等长期运行时的温度上升情况，对于一个电气系统，应建立一个完善的系统概念。对电气传动系统的温度，首先在器件选择时需要考虑器件的稳定工作温度，对线路连接需要保证牢靠，对导线的选择需要根据工作时间以及工作参数选择一定的余量。

其次建立重要工作点的温度采集系统，通过热电偶、热电阻等根据不同的温度范围和精度要求选择不同的温度传感器对关键工作点温度进行实时采集。

在出现温度变化明显的地方进行系统报警或者自动启动备用装置轮换工作，以保证器件的长期稳定工作。对于温度稳定之后比较高的部位，需要进行一定的外壳防护或者标牌提醒，以防停止工作后不能立即降温对人身造成伤害。

2.6　电气保护方式的要求

在电气设计中电气设备的保护是必须考虑的问题，它关系到设备是否能够长期稳定运行和是否具有强的容错性。

2.6.1　保护类型

（1）静电保护。应采取保护措施防止意外地触及电压超过 50V 的带电部件。对于装在设备内的电器元件，可采取下述一种或多种措施：

1）用绝缘材料将带电部件完全包住，以便保证即使门打开时也不致意外地触及带电部件。

2）设备采用连锁机构，使得只有在电源开关断开以后才能打开。而且当设备门打开时，电源开关不能闭合。当然，这种连锁机构应能允许指定人员（如调试和检修人员）在设备带电时接近带电部件，当门重新关闭时，连锁机构应当自动恢复。

3）移动、打开和拆卸设备应使用专用钥匙或工具。

4）切断电路时，电荷能量大于 0.1J 的电容器应具有放电回路，在有可能产生电击的电容器上应有警示标志。

5）旋钮和操作手柄等部件最好采用符合设备最大绝缘电压的绝缘材料来制作或作为护套，或安全可靠地与已连接到保护电路上的部件进行电气连接。

（2）短路保护。对于设计为耐短路的设备，在其额定运行时输出端发生短路，均不应对设备及其部件产生不可接受的任何损害。短路消除以后，应不用更换任何元件或采取任何措施（如开关操作），设备便能重新运行。

可以采用保护器件使设备获得短路耐受能力。必要时，应能发出相应的报警及联动信号。

（3）过载保护。被控对象如果不允许过载运行时，设备应具有过载保护功能。

（4）零电压和欠电压保护。设备应设有零电压保护功能。这种保护应在设备断电后（由于电网瞬时失电压和保护器件动作），电源恢复时，被控制的设备不能自动运行。

对于有些设备，如果设备在断电后自行运行不会造成对操作者的危险，同时又不致对设备本身造成损伤，则可不受上述所限。

某些设备如果允许电源电压瞬时中断（或瞬时欠电压）而不要求断开电路，则可配备电压延时器件，只有在欠电压超过规定的时限后，才能切断电路。如设备需要，也可配备瞬时失电压保护器件。

（5）过电压保护。当设备的输入电压超过规定的极限值时，应将设备主电路自动断开或采取其他保护措施，以保证设备中的各部件不受损伤。

正常工作时，设备应能承受下列各种过电压而使各元件不受损伤：

1）开关操作过电压；

2）熔断器或者快速熔断器分断时产生的过电压；

3）器件换相过程中产生的过电压；

4）产品技术条件提出的其他过电压（如雷击引起的大气过电压等）。

（6）安全接地保护。

设备的金属构体上，应有接地点。与接地点相连接的保护导线的截面积应按表 2-5 的规定。

表 2-5　　　　　　　与接地点相连接的保护导线的截面积　　　　　　单位：mm^2

设备相导体截面积 S	相应保护导体的最小截面积	设备相导体截面积 S	相应保护导体的最小截面积
$S \leqslant 16$	S	$400 < S \leqslant 800$	200
$16 < S \leqslant 35$	16	$S > 800$	$S/4$
$35 < S \leqslant 400$	$S/2$		

如果设备采用黄绿相间的接地线，保护导体端子的接地标记符号可省略。

切记：连接接地线的螺钉和接地点不能用作其他用途。

2.6.2　电动机的保护

电动机的保护应根据电动机的类型、功率大小、使用场合以及所拖动的生产机械的重要程度等因素而定。通常，每台电动机至少应装设短路保护装置，对于功率在 1kW 以上的连续运转的电动机还应该加设过载保护装置。对于频繁起、制动的电动机难以用热继电器实现过载保护，可用具有过电流保护功能的电流继电器，以防止电动机因堵转而引起的损坏。

交流电动机的保护：

交流电动机应装设短路保护装置，并根据现场实际情况分别装设防止电动机过载、缺相运行、低电压运行等状况的保护装置。

（1）短路保护。交流电动机的短路保护应满足下述要求：

1）当电动机端子处发生相间短路，或者中性点直接接地系统中发生单相接地短路时，保护装置应尽快切断故障电路。

2）当电动机正常起、制动及自起动时，保护装置不应误动作。短路保护装置宜采用熔断器或具有瞬时动作（或短延时）脱扣器的低压断路器；个别功率较大的重要电动机，也可采用过电流继电器作用于低压断路器。

如果采用由过电流继电器作为接触器的短路保护装置，应校验接触器的最大分断能力，不能满足要求时不宜采用。

由低压断路器和接触器组成的电动机供电线路，当短路电流大于接触器的"弹开电流"（接触器触头因短路电流产生的电动力而自动弹开时的电流）时，即使低压断路器在接触器释放前断开，接触器的触头仍会因短路电流电动力的作用而弹开，发生强烈电弧，灼伤触头，产生熔焊，使接触器不能继续工作。在这种情况下，对操作不频繁的电动机，可采用带电动操作机构的低压断路器代替上述低压断路器和接触器组成的线路。

对频繁操作的电动机，应尽量将接触器放在供电线路的末端，以减小接触器后端的短路电流，使其小于"弹开电流"。

在短路电流小于接触器"弹开电流"时，由于有些接触器的失电压动作时间比低压断路器全断开时间短，可以在低压断路器还未断开前，由接触器断开短路电流，因而断路器无法达到装设保护装置的目的。而 CJ12 型接触器的失电压释放时间比低压断路器全断开时间长，发生短路时，接触器比低压断路器后断开，从而可避免上述危险。

电动机短路保护元件可按下述要求装设：

1）在中性点直接接地的系统中，应在每相上装设。

2）在中性点不接地的系统中，以熔断器作保护时，应在每相上装设；用低压断路器作保护时，应在不少于两相上装设。此时，要注意同一系统中的保护装置应装在相同的两相上。

原则上，每台电动机应装设单独的保护装置。只有在总电流不超过 20A 时，才允许数台电动机共用一套保护装置。

经常有人操作的绕线式转子异步电动机采用过电流继电器保护时，宜采用自动复位的过电流继电器。经常无人操作的场所，宜选用手动复位的过电流继电器。

采用低压断路器作短路保护时，脱扣器的整定电流可按下式确定：

$$I_{dz} = K_{k1}I_{s} \qquad (2-1)$$

式中：I_{dz} 表示低压断路器瞬时（短延时）过电流脱扣器整定电流（A）；I_{s} 表示被保护电动机的起动电流（A）；K_{k1} 表示可靠系数，对短延时及瞬时动作时间大于 20ms 的低压断路器，一般取 1.35；对瞬时动作时间小于 20ms 的低压断路器，一般取 1.7～2。

校验灵敏度为

$$K_{l} = K_{lX}\frac{I_{d\min}}{I_{dz}} \geqslant 2 \qquad (2-2)$$

式中：K_{lX} 表示两相短路时的相对灵敏系数，一般取 0.87；$I_{d\min}$ 表示电动机端子上的三相短路电流的最小值（A）。

（2）过载保护。电动机的过载保护装置可按下列要求装设：

1）容易过载或堵转的电动机，以及由于起动或自起动条件严酷而需要限制起动时间或防止起动失败的电动机，必须装设过载保护装置。

2）重复短时和短时工作制的电动机及 1kW 以下长期工作的电动机可不装设过载保护装置。

3）同步电动机应装设过载保护装置，并作为失步保护。

　　过载保护一般采用热继电器或带长延时脱扣器的低压断路器，对大功率的重要的电动机，应采用反时限特性的过电流继电器，过载保护一般用以切断电动机电源实现保护。必要时可采用发出警告信号或使电动机自动减载。

　　有堵转可能的电动机（如电动闸阀等），当短路保护装置不能适用其堵转要求时，应装设定时限过电流保护装置，其时限应保证电动机起动时保护装置不动作。

　　连续运转和移动设备应装设防止断相运行的保护装置，但符合下列情况之一者可不装设。

　　1）运行中定子为星形连接，且装有过载保护者。

　　2）经常有人监督，能及时发现断相故障者。

　　3）用低压断路器作线路保护者。

　　防止断相运行的保护，可采用带断相保护的三相热继电器或其他专用保护器件。

　　当采用长延时脱扣器低压断路器作过载保护时，脱扣器的整定电流可计算为

$$I_{dz} = K_{k2} I_N \qquad (2-3)$$

式中：I_{dz} 表示低压断路器长延时脱扣器整定电流（A）；I_N 表示电动机的额定电流（A）；K_{k2} 表示可靠系数，一般取 1.1。

　　根据起动时间的长短，选择长延时脱扣器时依据安秒特性。按 GB 14048.2—2004 规定，脱扣额定电流在 50A 以下时，通过 6 倍动作电流的可返回时间有大于 1s 和大于 3s 两种；当脱扣器额定电流为 50A 以上时，通过 6 倍动作电流的可返回时间有大于 3s、大于 8s 和大于 15s 三种。

　　（3）欠电压保护。电动机的欠电压保护可按下列要求装设：

　　1）电动机一般应装设能瞬时动作的欠电压保护元件；但对功率不超过 10kW 的电动机，当工艺和安全条件允许自起动时，可不装设。

　　2）对不需要和不允许自起动的重要电动机，应装设短延时的欠电压保护元件，其延时的时限应比自动重合闸和备用电源自动合闸的时限大一级。

　　3）需要随时自起动的重要电动机，不装设欠电压保护；但按安全条件，在停转后不允许自起动时，或因分组自起动而要切除时，应设长延时的失电压保护元件，其延时时间应根据机组的全部惰行时间决定，一般 5～10s。

　　4）具有备用设备时，为了在电源取消后能及时断开电动机而投入备用设备，可装设瞬时动作的失电压保护或短延时的欠电压保护元件。

　　欠电压保护一般由起动器或接触器来实现。当控制电压与主电路不是接在同一电源电路时，应在主电路装设欠电压继电器。当主电路电压过低时，通过欠电压继电器自动切断控制电路。对 2）和 3）项所述的重要电动机，当采用起动器或接触器作为控制设备时，应在控制电路中采取措施，防止起动器或接触器在电压瞬时降低或者中断时自动释放。

　　欠电压保护的动作电压整定值 U_{dz} 可按下述要求整定：

　　1）对于一般三相交流异步电动机，当负载转矩为 100%额定转矩时，取 $U_{dz} = 0.7U_N$（U_N 为电源额定电压）；当负载转矩为 50%额定转矩时，取 $U_{dz} = 0.5U_N$。

　　2）对于同步电动机分为：

　　无强励时：$U_{dz} = 0.7 \sim 0.75 U_N$。

有强励时：$U_{dz} = 0.5U_N$。

动作时限为 10s。

强励装置的动作电压为：$U_{dz} = 0.85 \sim 0.9U_N$。

整定时间：一般要求延时的时限大于备用电源自动合闸装置的动作时间，通常可取 1～10s。需要自起动的电动机，应分别视生产工作要求的重要程度来整定欠电压保护时间。越是重要的电动机，其时限越长。

直流电动机的保护：

直流电动机应装设短路保护装置，并应根据不同情况分别装设过载、弱磁、欠电压、过电压、超转速等保护元件。

直流电动机的短路保护应满足下述要求：

（1）当电动机端子处发生短路时，保护装置应尽快切断电源。

（2）当电动机正常起动时，保护装置不应误动作。

电动机的短路保护可采用熔断器、带瞬时动作脱扣器的低压断路器，也可以采用作用于接触器动作的过电流继电器。对于大功率电动机和采用晶闸管交流器供电的电动机，应采用快速断路器。

短路保护元件，可以只在一个极上装设，但同一系统中均应装在同一极上。每台电动机应装设单独的短路保护装置，采用过电流继电器保护时，对于经常有人操作的场所，宜选用自动复位的过电流继电器；而对于经常无人操作的场所，则宜选用手动复位的过电流继电器。过电流继电器或低压断路器脱扣器的动作整定值，一般按电动机最大工作电流的 110%～115%进行整定。除串励直流电动机外，均需装设弱磁保护装置。复励直流电动机的弱磁保护，应考虑电动机在起动过程中的电枢反应的去磁作用，此时应选用带短延时的欠电流继电器。弱磁保护动作整定值，一般按电动机最小励磁工作电流值的80%进行整定。

对有可能出现超速运转的电动机，如卷扬机、轧机等机械传动用的电动机，应装设超速保护元件。通常超速保护采用离心机转速继电器。超速保护动作整定值，按电动机最高工作转速的 110%～115%进行整定。

采用发电机供电时，应装设过电压保护装置。过电压保护的动作整定值，一般按发电机额定电压（单独发电机供电时，则按电动机端的额定电压）的 110%～115%进行整定。

电动机一般的瞬时动作失电压保护功能，由接触器来实现。当控制电路与主电路由不同电源供电时，应在主电路装设低压继电器，以保证当主电路断电时能自动切断控制电路的电源。

2.7　绝缘的设计依据

在电气设备中通常温度是电气绝缘材料主要的老化因子，因此国际上都认同可靠的基础性耐热分级是有用的，对于电气绝缘材料某一特定的耐热性等级，需表明与其相适应的最高使用摄氏温度。电气绝缘材料耐热性分级见表 2-6。

根据设备的使用条件及其周围环境来选择设备的电气绝缘特性，即绝缘配合。而绝缘配合主要与下列电压因素有关：

表 2-6　　　　　　　　　固体绝缘材料的耐热等级

相对耐热温度（RTE）/℃	耐热等级/℃	以前表示符号
<90	70	—
>90～105	90	Y
>105～120	105	A
>120～130	120	E
>130～155	130	B
>155～180	155	F
>180～200	180	H
>200～220	200	—
>220～250	220	—
>250	250	—

（1）长期交流或直流电压与绝缘配合的关系：额定电压；额定绝缘电压；实际工作电压。

（2）瞬态过电压与绝缘配合的关系：瞬态过电压的绝缘配合主要依据受控过电压的条件。

内在控制：要求电气系统特性能将预期瞬时过电压限制在规定条件内；

保护控制：要求电气系统中特定的过电压衰减措施将预期瞬时过电压限制在规定条件内。

为了按绝缘配合来确定设备绝缘结构的尺寸，应规定：

——基本电压额定值；

——根据设备预期的用途，规定过电压类别，考虑预期与设备连接的系统特性。

设定设备的额定电压不低于电源系统的标称电压。

（1）确定基本绝缘的电压。

1）直接由低压电网供电的设备：低压电网的标称电压先按表 2-7 和表 2-8 转化为合理化电压，此电压可以作为选定爬电距离的电压最小值，也可用来选定设备的额定绝缘电压。电气设备可以有几个额定电压，以便可以在不同标称电压的低压电网中使用，这种设备电压应选取其最高额定电压。

表 2-7　　　　　　　　单相（四线或三线）交流或直流系统　　　　单位：V

电源系统的标称电压	线对线绝缘 所有系统	线对地绝缘 三相中性点系统	电源系统的标称电压	线对线绝缘 所有系统	线对地绝缘 三相中性点系统
12.5	12.5		150	160	
24 25	25		200 200	200 100～200 200	100
30	32		220	250	
42 48 50	50		110～220 100～240	250	125
60	63		300	320	
30～60	63	32	220～440	500	250
100	100		600	630	
110 120	125		480～960	1000	500
			1000	1000	

表 2-8　　　　　　　　　　　　　　　　三相（四线或三线）交流系统

| 电源系统的标称电压/V | 线对线绝缘 | 线对地绝缘 | | 电源系统的标称电压/V | 线对线绝缘 | 线对地绝缘 | |
	所有系统	三相四线系统中性点接地	三相三线系统不接地或（电源）两线接地		所有系统	三相四线系统中性点接地	三相三线系统不接地或（电源）两线接地
60	63	32	63	440	500	250	500
110 120 127	125	80	125	480 500	500	320	500
150	160		160	575	630	400	630
200	200		200	600	630		630
208	200	125	200	660 690	630	400	630
220 230 240	250	160	250	720	800	500 830	800
300	320		320	960	1000	630	1000
380 400 415	400	250	400	1000	1000		1000

　　各专业应专虑如何选定电压，是以"线对线"电压为基础；还是以"线对中性点"电压为基础。对于后者，该专业应规定如何使用户知道该设备只能用于中性点接地系统。

　　2）非直接由低压电网供电的系统、设备和内部电路：系统、设备和内部电路中的基本绝缘应考虑各自可能出现的最高有效值电压。此电压的确定要考虑电源标称电压以及设备在额定值范围内其他条件下的最严重的组合情况，但故障条件不考虑。

　　（2）确定功能绝缘的电压。实际工作电压可用来确定功能绝缘所要求的尺寸。

　　瞬时过电压可作为确定额定冲击电压的基础。

　　1）过电压类别。直接由低压电网供电的设备要引入过电压类别的概念。

　　连接其他系统（如通信和数据系统）的设备也能采用类似概念。

　　a）直接由电网供电的设备：各专业应以下列过电压类别的基本说明为基础来确定过电压类别：

　　过电压类别Ⅳ的设备是使用在配电装置电源端的设备，此类设备包含如测量仪和前级过电流保护设备；

　　过电压类别Ⅲ的设备是固定式配电装置中的设备，设备的可靠性和适用性必须符合特殊要求，此类设备包含如安装在固定式配电装置中的开关电器和永久连接至固定式配电装置的工业用设备；

　　过电压类别Ⅱ的设备是由固定式配电装置供电的耗能设备，此类设备包含如器具、可移动式工具及其他家用和类似用途负载；

　　如果此类设备的可靠性和适用性具有特殊要求时，则采用过电压类别Ⅲ。

　　过电压类别Ⅰ的设备是指连接到具有限制瞬时过电压至相当低水平措施的电路的设备，此类设备包含如保护电子线路达到此水平的设备。

　　b）非直接由低压电网供电的系统和设备：建议各专业要规定该系统和设备的过电压类

别或额定冲击电压（推荐采用优选值），此类系统可以是通信或工业控制系统或载运装置中的独立系统。

2）设备额定冲击电压的选定。设备的额定冲击电压应按表 2-9 相应规定的过电压类别和该设备额定电压来选定。

表 2-9　　　　　　　　　　　　　直接由低压电网供电的设备的额定冲击电压

电源系统的标称电压		从交流或直流标称电压导出对中性点的电压（小于等于）	额定冲击电压			
			过电压类别			
三相	单相		I	II	III	IV
		50	330	500	800	1500
		100	500	800	1500	2500
	120～240	150	800	1500	2500	4000
230/400 277/480		300	1500	2500	4000	6000
400/690		600	2500	4000	6000	8000
1000		1000	4000	6000	8000	12 000

具有特殊的额定冲击电压和具有一个以上额定电压的设备可适用于不同过电压类别。

3）设备内部冲击电压的绝缘配合。

a）受外来瞬时过电压影响显著的设备内部部件或电路，要关注设备的额定冲击电压，而设备操作运行中可能产生的瞬时过电压对外部电路的影响应不超过下面 4）规定的条件。

b）具有特定瞬时过电压保护的设备内部部件或电路，由于它们受外来瞬时过电压影响不大，这些部件的基本绝缘要求的冲击耐受电压与设备的额定冲击电压无关，但与该部件或电路的实际条件有关，推荐应用冲击电压优选值并使之标准化。

4）设备产生的操作过电压。对于可能在其接线端处产生过电压的设备，例如开关电器，当根据有关标准和制造商说明书使用该设备时，该设备产生的过电压不应大于额定冲击电压，如电压超过额定冲击电压，则会发生漏电（剩余电流）危险，这种情况与线路的条件有关。

5）交界面的要求。设备可在较高过电压类别的条件下使用，但必须将该处的过电压适当地降低。适当降低过电压可采用以下措施：

过电压保护电器；

具有隔离绕组的变压器；

具有（能够转移电涌能量的）多分支电路的配电系统；

能吸收电涌能量的电容；

能消耗电涌能量的电阻或类似的阻尼器件。

装置或设备中的过电压保护电器可能会比安装在装置电源端的具有最高钳位电压的过电压保护电器消耗更多的能量，这一事实必须注意。此情况特别适用于具有最低钳位电压的过电压保护电器。

电压作用时间影响在干燥时可能发生表面闪烁（其能量大的足以引起电痕化）的次数。当这类事故次数足够多时会在以下几个方面引起电痕化：

预期持续使用并且产生的热量不足以使其绝缘表面干燥的设备内；

承受长期在凝露作用下频繁接通、分断操作的设备内；

直接连至电网的开关设备输入侧以及该开关设备的进线端和负载端之间。

微观环境决定污染对绝缘的影响，然而在考虑微观环境时，必须注意到宏观环境。有效地使用外壳、封闭式或气密封闭式等措施可减少对绝缘的污染。这些减少污染的措施对设备受凝露或正常运行中其本身产生的污染时可能无效。

为了计算爬电距离和电气间隙，微观环境的污染等级规定有以下 4 级：

污染等级 1：无污染或仅有干燥的、非导电性的污染，该污染没有任何影响。

污染等级 2：一般仅有非导电性污染，然而必须预期到凝露会偶然发生短暂的导电性污染。

污染等级 3：有导电性污染或由于预期的凝露使干燥的非导电性污染变为导电性污染。

污染等级 4：造成持久的导电性污染，例如由于导电尘埃或雨或其他潮湿条件所引起的污染。

2.8　接 地 的 设 计 依 据

电气传动设备在接线时，需要考虑接地问题，通常接地分类为：

（1）防雷接地。为把雷电迅速引入大地，以防止雷害为目的的接地。防雷装置如与电报设备的工作接地合用一个总的接地网时，接地电阻应符合其最小值要求。

（2）交流工作接地。将电力系统中的某一点，直接或经特殊设备与大地作金属连接。工作接地主要指的是变压器中性点或中性线（N 线）接地。N 线必须用铜芯绝缘线。在配电中存在辅助等电位接线端子，等电位接线端子一般在箱柜内。必须注意，该接线端子不能外露；不能与其他接地系统，如直流接地、屏蔽接地、防静电接地等混接；也不能与 PE 线连接。

（3）安全保护接地。安全保护接地就是将电气设备不带电的金属部分与接地体之间作良好的金属连接。即将大楼内的用电设备以及设备附近的一些金属构件，有 PE 线的连接起来，但严禁将 PE 线与 N 线连接。

（4）直流接地。为了使各个电子设备的准确性好、稳定性高，除了需要一个稳定的供电电源外，还必须具备一个稳定的基准电位。可采用较大截面积的绝缘铜芯线作为引线，一端直接与基准电位连接，另一端供电子设备直流接地。

（5）防静电接地。为防止智能化大楼内电子计算机机房干燥环境产生的静电对电子设备干扰而进行的接地称为防静电接地。

（6）屏蔽接地。为了防止外来的电磁场干扰，将电子设备外壳体及设备内外的屏蔽线或所穿金属管进行的接地，称为屏蔽接地。

（7）功率接地系统。电子设备中，为防止各种频率的干扰电压通过交直流电源线侵入，影响低电平信号的工作而装有交直流滤波器，滤波器的接地称为功率接地。

（8）标准接地电阻。规范要求见表 2-10。

表 2-10　　　　　　　　　　　　标 准 接 地 电 阻 规 范

名称	具 体 要 求	接地电阻/Ω
防雷保护接地	独立的防雷保护接地电阻应小于等于	10
安全保护接地	独立的安全保护接地电阻应小于等于	4
交流工作接地	独立的交流工作接地电阻应小于等于	4
直流工作接地	独立的直流工作接地电阻应小于等于	4
防静电接地	防静电接地电阻一般要求小于等于	100
共用接地体	（联合接地）应<接地电阻	1

不同的电气设备对接地电阻有不同的要求，电气设备接地要求：

（1）大接地短路电流系统 $R \leqslant 0.5\Omega$。

（2）容量在 100kVA 以上的变压器或发电机 $R \leqslant 4\Omega$。

（3）阀型避雷器 $R \leqslant 5\Omega$。

（4）独立避雷针、小接地电流系统、容量在 100kVA 及以下的变压器或发电机、高低压设备共用的接地均 $R \leqslant 10\Omega$。

（5）低压线路金属杆、水泥杆及烟囱的接地 $R \leqslant 30\Omega$。

装设接地装置的要求：

（1）接地线一般用 40mm×4mm 的镀锌扁钢。

（2）接地体用镀锌钢管或角钢。钢管直径为 50mm，管壁厚不小于 3.5mm，长度 2～3m。角钢以 50mm×50mm×5mm 为宜。

（3）接地体的顶端距地面 0.5～0.8m，以避开冻土层，钢管或角钢的根数视接地体周围的土壤电阻率而定，一般不少于两根，每根的间距为 3～5m。

（4）接地体距建筑物的距离在 1.5m 以上，与独立的避雷针接地体的距离大于 3m。

（5）接地线与接地体的连接应使用搭接焊方式。

2.9　线路的敷设要求

电气线路的铺设对于系统的稳定性、安全性和耐久性等都具有一定的影响。下面列出了电气线路敷设时应注意的主要事项及要求。

电气线路敷设时的要求：

（1）电缆（线）敷设前，做外观及导通检查，并用直流 500V 兆欧表测量绝缘电阻，其电阻不小于 5MΩ；当有特殊规定时，应符合其规定。

（2）线路按最短途径集中敷设，横平竖直、整齐美观、不宜交叉。

（3）线路不应敷设在易受机械损伤、有腐蚀性介质排放、潮湿以及有强磁场和强静电场干扰的区域；必要时采取相应保护或屏蔽措施。

（4）当线路周围温度超过 65℃ 时，采取隔热措施；经辨识该处有可能为引起火灾的火源场所时，应增加防火措施。

（5）线路不宜平行敷设在高温工艺设备、管道的上方和具有腐蚀性液体介质的工艺设备、管道的下方。

（6）线路与绝热的工艺设备，管道绝热层表面之间的距离应大于 200mm，与其他工艺设备、管道表面之间的距离应大于 150mm。

（7）线路的终端接线处以及经过建筑物的伸缩缝和沉降缝处，应留有适当的余度。

（8）线路不应有中间接头，当无法避免时，应在分线箱或接线盒内接线，接头宜采用压接；当采用焊接时要使用无腐蚀性的焊接。补偿导线宜采用压接。同轴电缆及高频电缆应采用专用接头连接。

（9）电气线路敷设的路径上，不宜对混凝土土梁、支撑柱等基础设施进行凿孔安装。

（10）线路敷设完毕，应进行校线及编号，并按第一条的规定，测量绝缘电阻。

（11）测量线路绝缘时，必须将已连接上的设备及元件断开。

（12）金属线槽敷设时，在下列情况下设置支架或吊架：线槽接头处；间距 1～1.5m；离开线槽端 0.5m 处。

线槽敷设注意事项：

（1）电缆线槽宜高出地面 2.2m。在吊顶内设置时，槽盖开启面应保持 80mm 的垂直净高，线槽截面利用率不应超过 50%。

（2）水平布线时，布放在线槽内的缆线可以不绑扎，槽内缆线应顺直，尽量不交叉，缆线不应溢出线槽，在缆线进出线槽部位，拐弯处应绑扎固定。垂直线槽布放缆线应每隔 1.5m 固定在缆线支架上。

（3）塑料线槽槽底固定间距一般为 0.8～1.0m。

（4）信号电缆（线）与电力电缆交叉时，宜成直角；当平行敷设时，其相互间的距离应符合设计规定。

（5）在同一线槽内的不同信号、不同电压等级的电缆，应分类布置；对于交流电源线路和连锁线路，应用隔板与无屏蔽的信号线路隔开敷设。

（6）线槽垂直分层安装时，电缆应按下列规定顺序从上至下排列。

A. 仪表信号线路；B. 安全连锁线路；C. 交流和直流供电线路；

敷设线路时的其他要求：

（1）电线穿管前应清扫保护管，穿管时不应损伤导线。

（2）信号线路、供电线路、连锁线路以及有特殊要求的仪表信号线路，应分别采用各自的保护管。

（3）仪表盘（箱）内端子板两端的线路，均应按施工图纸编号。

（4）每一个接线端子上最多允许接两根线。

（5）导线与接线端子板、仪表、电气设备等连接时，应留有适当余度。

习 题 2

（1）阐述电气传动设计的基本依据有哪些？

（2）什么是绝缘配合？影响绝缘配合的因素有哪些？

（3）电气传动设备接地处理时，应该考虑哪些接地问题？

（4）线路敷设时应该注意哪些问题？

（5）电气传动设备工作环境不同时，防爆等级分为几种？分别阐述他们的区别？

（6）电气传动设备的保护主要分为哪几类？

第3章 电气传动系统方案设计

3.1 方案设计内容及步骤

电气工程设计的内容及步骤需依据设计要求和设计标准，根据设计目的，遵循设计步骤进行。需从总体的概略性框架到具体的功能性模块逐级进行分析设计。下面列出了设计时要考虑的内容和步骤。

（1）从概略图分析，即系统整体的结构分析。首先，从需求出发，分析电气工程设计中各部分功能模块的组成，分别从功能方面、地形学方面、连接形式方面等以概略图的形式描述各部分的关系。功能方面描述了各个功能之间电的连接关系，以及各个功能块的主要功能。地形学方面描述了各个功能块之间的地理位置分布以及确定各个功能块之间的距离，包括水平距离和垂直距离等。连接形式方面根据地形学方面的位置关系，描述各个功能模块间电路连接时的安装方式以及安装线路等。通过概略图的分析对电气传动系统的总体规划、后期设计和实施具有一定的指导性作用。

（2）按照不同功能模块，分别以主电路和控制电路的形式设计各功能模块中器件的连接方式、功能组成、控制形式等。如确定在连接方式上需要选择什么样的网络连接，是用 Modbus 的通信方式还是 Profibus，或是其他的通信方式。如功能组成是需要电机调速还是不需要调速，不需要调速时选择什么样的电机，需要调速时选择什么样的电机以及相应的控制器，控制器的控制精度是多少，考虑控制器的控制方式是通信的方式、A/D 控制的方式还是脉冲的方式等。

（3）确定器件之间的连接方式，参照客户或行业规范等要求，根据成本预算，选择支持该连接方式的器件品牌及能够完成相应功能的器件。不同的品牌具有不同的特点，如稳定性、精度、控制方式等。在器件选择时需要了解不同品牌的特点以及同一品牌不同型号之间的区别。

（4）确定适合该电气工程设计内容的控制器，即根据工程大小、工程的安全级别、工程的成本预算，确定对应的控制器。如果是大型工程，需要的控制点数比较多，且安全级别要求比较高时，可以选择一些大品牌的高端产品，如西门子或霍尼韦尔等品牌的 DCS 系统。该系统具有强的冗余性和系统稳定性，在国内如电厂、化工厂、煤矿等行业具有较广应用。如果是小型工程，且对成本有所要求时，可以选择一些国外大品牌的低端产品，如西门子的PLC200 系列，或者国内一些品牌的小型系统，如台达或永宏等。

（5）确定人机交互方式，同样需要根据工程大小、工程的安全级别、工程的成本预算，确定对应的人机交互平台。当前主要的人机交互产品为各个品牌自有的与对应控制器配套的软件、或计算机控制平台、或各种嵌入式的能够操作的屏。由于国外一些大的品牌各自具有不同的通信方式，品牌之间的兼容性较差，所以在选择人机交互平台时一般选择与对应品牌的控制器相配套的平台。但国内也有一些专门的软件平台和硬件平台对大部分的通信协议都具有一定的兼容性。如国内北京亚控的组态王、北京昆仑通泰和威纶通的触摸屏等。

3.2　电 机 的 选 择

根据需求和现场情况，即根据不同的生产机械负载性质、工艺要求和硬件条件等选择不同类型、不同功率的电机。

电动机的选择：

电机选择是电气传动设计过程中的重要内容，应考虑如应用环境、尺寸大小、结构型式、电动机类型以及电机的额定参数。而额定参数主要包含额定电压、额定转速、额定功率、额定转矩等。

（1）应用环境。选择电动机之前，应详细了解电动机的应用环境，以便选择满足条件要求的电动机。

（2）使用环境。所谓使用环境，主要是指电动机运行地点的海拔、空气温度、空气相对湿度以及是否有爆炸性危险环境等。一般情况下，电动机在以下环境下均能满载正常运行：

1）海拔不超过 1000m。

2）运行地点的最高环境空气温度不超过 40℃，最低环境空气温度为 15℃。

3）运行地点的最湿月份的平均最高相对湿度为 90%，同时该月平均最低温度不高于 25℃。

如果电动机运行地点的环境条件不能满足以上要求，例如，高温、高湿环境，盐雾、霉菌环境，高海拔、低温环境，户外、船用环境以及有爆炸性危险环境等，则应根据国家标准有关规定，慎重选择电动机的类型、结构型式和额定功率等，以保证电动机安全可靠和经济运行。

（3）结构型式。电动机的结构型式主要指电动机的外壳防护型式、冷却方法及安装方法等。

电动机的外壳防护型式根据防止人体触及、固体异物进入电动机内部以及防止水进入电动机内部的情况分为若干等级，大体上可分为开启式、防护式、封闭式、密封式以及防爆式几种。

开启式电动机为无防护式电动机，散热好、价格低，只能在清洁干燥的环境中使用。防护式电动机的机座两侧有通风口，散热较好，能防止固体异物和水滴从上方进入电动机，适用于比较清洁、干燥的环境。封闭式电动机的机座上无通风口，散热能力较差，能防止微小固体异物和任何方向的溅水进入电机内部，适合在较为严酷的环境中使用。密封式电动机可以浸在液体中使用，例如用于潜水泵、潜油泵等。防爆式电动机主要用于有爆炸性危险的环境，如煤矿、石油、化工等场合，对于防爆电动机的结构及其适用的危险场所，国家标准中均有严格的、详细的规定，选用电动机时应谨慎选择。

电动机的冷却方法主要是指根据电动机冷却回路的布置方式、冷却介质的种类以及冷却介质的推动方式等因素进行不同组合。一般用途电动机用空气作为冷却介质，采用机壳表面冷却的方式。因此电动机的体积小、质量轻、价格便宜，在无爆炸性危险的场合，可优先选择一般用途电动机。

按照电动机的结构及安装型式可分为卧式安装和立式安装两种，它们也分为端盖无凸缘和端盖有凸缘两种型式。一般情况下大多采用卧式安装，特殊情况下才考虑采用立式安装。立式和有凸缘安装的电动机价格较贵。

轴伸是电动机转子与机械负载连接，传递转矩和转速从而输出机械功率的部分，有单轴伸、双轴伸、圆柱形轴伸、圆锥形轴伸等型式。工程应用中大多选择为圆柱形单轴伸结构，可根据实际需要选用。

冷却通风：

1）采用直流电动机时：主电路功率流入转子，散热困难，需要的通风功率大，冷却水量多；

2）采用交流同步电动机时：主电路功率流入定子、散热条件好，通风功率小，比直流电动机节能、节水一半左右；

3）采用交流异步电动机时，主电路功率虽也流入定子，但功率因数低，效率与直流电动机相当。

（4）电动机类型选择。

下面列出了电机的基本类型：

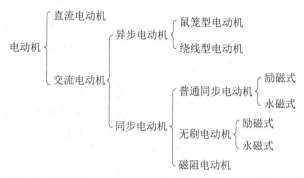

不同类型的电机由于机械特性不同，应根据实际情况选择具有相应运行特性的电机。表 3-1 列出了几种电动机的机械特性。

表 3-1　　　　　　　　　　几种电动机的机械特性

类型		特性公式	符号	特性曲线	性能
交流电动机	异步电动机	$P = m_1 U_1 I_1 c\cos\phi$ $T = \dfrac{m_1 U_1^2 r_2' s}{\omega_s (r_1 s + r_2')^2 + s^2 x_k^2}$ $s_{ct} = \dfrac{r_2'}{\sqrt{r_1^2 + s_k^2}}$ $x_k = x_1 + x_2'$ $T_{CT} = \dfrac{m_1 U_1^2}{2\omega_0 (\sqrt{r_1^2 + x_k^2} - r_1)}$ $T = \dfrac{2T_{ct}(1+q)}{\dfrac{s}{s_{ct}} + \dfrac{s_{ct}}{s} + 2q}$	P 为电磁功率 m_1 为相数 U_1 为定子相电压 I_1 为定子相电流 $\cos\phi$为功率因数 T 为电磁转矩 r_1 为定子相电阻 r_2' 为折算到定子侧的转子相电阻 x_1 为定子电抗 x_2' 为折合到定子侧的转子电抗 x_k 为短路电抗 s 为转差率 S_n 为额定转差率 S_{ct} 为临界转差率	自然特性	笼型电动机：简单，耐用，可靠，易维护，价格低，特性硬，但起动和调速性能差，轻载时功率因数低，一般无调速要求的机械广泛采用。在变频电源供电时可平滑调节，但体积大，价格较贵。

类型	特性公式	符号	特性曲线	性能
交流电动机 异步电动机	$s_{ct}=s_N(\lambda_T+\sqrt{\lambda_T^2-1})$ $\lambda_T=\dfrac{T_{ct}}{T_N}$ $T_S=\dfrac{m_1U_1^2r_2'}{\omega_s(r_1+r_2')^2+x_k^2}$ $s=\dfrac{\omega_s-\omega}{\omega_s}$ $\omega_s=\dfrac{2\pi n_s}{60}$ $n_s=\dfrac{60f_1}{p}$ $q=\dfrac{r_1}{\sqrt{r_1^2+x_k^2}}$ 大型电动机的 r_1 很小,可以忽略,则有 $s_{cr}\approx\dfrac{r_2'}{x_k}$ $T_{cr}\approx\dfrac{m_1U_1^2}{2\omega_s x_k}$ $T\approx\dfrac{2T_{cr}}{\dfrac{s}{s_{cr}}+\dfrac{s_{cr}}{s}}$ $T_S\approx\dfrac{m_1U_1^2r_2'}{\omega_s r_2'^2+x_k^2}$	λ_T 为转矩过载倍数 T_N 为额定转矩 T_{ct} 为临界转矩 T_S 为起动转矩 ω 为角速度 ω_s 为同步角速度 n_s 为同步转速 f_1 为供电频率 p 为磁极对数 q 为系数	 不同转子电阻(U_1=常数) 不同电源电压(R_2=常数) 各种运行状态 不同极对数 不同供电频率(当U_1/f=常数)	绕线转子电动机:因有集电环,比笼型电动机维护麻烦,价格也稍贵,但由于它起动转矩大,起动时功率因数高,且可进行小范围的调速,控制设备简单,故广泛应用于各种生产机械,尤其用于电网容量小,启动次数多的场合。

类型		特性公式	符号	特性曲线	性能
交流电动机	同步电动机	$n_s = \dfrac{60f}{p}$ $T_s = \dfrac{9.55m_1U_1E_0}{n_s x_s}\sin\theta$ $T_{max} = \dfrac{9.55m_1U_1E_0}{n_s n_s}$	E_0 为空载电动势（V） θ 为电动势与电压的相角差 T_S 为同步转矩（N·m） X_s 为同步电抗（Ω）		一般不调速，也可变频调速
直流电动机		$E = K_e\phi n = C_e n$ $K_e = \dfrac{pN}{60a}$ $T = K_T\phi I_a = C_T I_a$ $K_T = \dfrac{K_e}{1.03}$ $n = \dfrac{U - I_a(R_a + R)}{K_e\phi}$ $n_s = \dfrac{U}{K_e\phi}$ $n = \dfrac{U}{K_e\phi} - \dfrac{R_a + R}{K_e K_T\phi^2}T$ $T_N = 9550\dfrac{P_N}{n_N}$	E 为反电动势 ϕ 为磁通 K_e 为电动机电动势结构常数 K_T 为电动机转矩结构常数 N 为电枢绕组的导体总数 a 为电枢绕组的支路对数 I_a 为电枢电流 U 为电枢电压 T 为电磁转矩 R_a 为电枢电阻 R 为电枢回路附加电阻 T_N 为额定转矩 T_L 为负载转矩 P_N 为额定功率 C_e 为电动机电动势常数 C_T 为电动机转矩常数	 他励电动机改变电枢回路附加电阻 他励电动机改变电枢端电压 他励电动机改变励磁（虚线为恒功率调速）	调速性能好，范围宽，采用电子控制下，能充分适应各种机械负载特性的需要，但它价格贵，维护复杂，且需直流电源，因此只在交流电动机不能满足测速要求时采用。 串励直流电动机的特点是起动转矩大，过载能力大，特性软，适用于电力牵引机械，起重机。 复励直流电动机的起动转矩高，过载能力比并励直流电动机大，但调速范围稍窄，接成复励时，适用于起动转矩大，负载具有强烈变化的设备。

类型	特性公式	符号	特性曲线	性能
直流电动机			 他励电动机各种运行状态	

3.2.1　电动机的比较

交流电动机结构简单、价格便宜、维护工作量小，但起、制动及调速性能不如直流电动机。因此在交流电动机能满足使用需要的场合都应采用交流电动机，仅在起、制动和调速等方面不能满足需要时才考虑直流电动机。近年来，随着电力电子及控制技术的发展，交流调速装置的性能与成本已能和直流调速装置竞争，越来越多的直流调速应用场合被交流调速替代，在选择电动机种类时应从以下几方面考虑选用交流电动机还是直流电动机。

根据是否需要调速进行区分，对于不需要调速的机械设备，包括长期工作制、短时工作制和重复短时工作制机械，应采用交流电动机。仅在某些操作特别频繁、交流电动机在发热和起制动特性不能满足要求时，才考虑直流电动机，对只需几级固定速度的机械可先用多极交流电动机。

对于需要调速的机械，参考以下几点进行选型：

（1）转速与功率之积：受换向器换向能力限制，按目前的技术水平，直流电动机最大的转速与功率之积约为 $10^6 \text{kW} \cdot \text{r/min}$，当接近或超过该值时，宜采用交流电动机，这问题不仅对大功率设备存在，对某些中小功率设备在要求转速特别高时也存在。

（2）飞轮力矩：为改善换向器换向条件，要求直流电动机电枢漏感小，电动机转子短，因而造成飞轮力矩 GD^2 大。交流电动机（有换向器电动机除外）无此限制，转子细长，GD^2 小，电动机转速越高，交直流电动机 GD^2 之差越大，当直流电动机的 GD^2 不能满足生产机械要求时，宜采用交流电动机。表 3-2 中列出了几台实际电动机的 GD^2 值供参考。

表 3-2　　　　　　　　　　　　　　交直流电动机的 GD^2 值

功率/kW	转速/（r/min）	GD^2 /（kV·m²）	
		交流	直流
9500	70/140	441	794
9000（交流）2×4500（直流双电枢）	250/578	42	188

（3）为解决直流电动机 GD^2 大和功率受限制的问题，过去许多机械采用双电枢或三电枢直流电动机传动，但电动机造价高，占地面积大，易产生轴扭振。随着交流调速技术的发展，上述方案已不再被选用，应考虑改用单台交流电动机。

（4）在环境恶劣场合，例如高温、多尘、多水气、易燃、易爆等场合，宜采用无换向器、无火花、易密闭的交流电动机。

（5）交直流电动机调速性能差不多，目前高性能系统的转矩响应时间都是 $10\sim20\text{ms}$，速度响应时间都在 100ms 左右，交流电动机 GD^2 小，略快一些，为获得同样的性能，交流调速系统比直流调速系统复杂。

（6）对电网的影响。

1）可控整流直流调速装置存在输入功率因数低及输入电流中存在 5、7、11、13、…次谐波问题。

2）晶闸管交—直—交变频交流调速装置的输入部分仍是可控整流，对电网的影响和直流调速时相同。

3）晶闸管交—交变频交流调速是基于移相控制，输入功率因数和直流调速时差不多，输入电流中除 5、7、11、13、…次谐波外，还有旁频、谐线数目增加，但幅值减少。

4）运用 IGBT 或 IGCT（或 IEGT）的 PWM 交流变频调速传动输入功率因数高，接近"1"，采用有源前端整流（PWM 整流）可以做到功率因数等于"1"，且输入电流为正弦，供电设备容量小，不必装无功补偿装置，节约供电费用。

（7）成本：交流调速用变流装置比直流调速用整流装置贵，因为交流调速用变流装置按电动机的电压电流峰值选择器件，当三相电流中某一相电流处于峰值时，另两相电流只有一半，器件得不到充分利用，交流电动机比直流电动机便宜，可以补偿变流装置增加的成本，目前：

1）中小功率（300kW 以下）传动系统采用 IGBT 的 PWM 变频调速装置的成本比直流装置略贵，但可以从电动机差价和减少维修中得到补偿，交流调速正逐步取代直流调速。

2）大功率（2000kW 以上）传动系统，交流电动机和调速装置的总价格已与直流传动系统相当或略低，新建设备基本上已全部采用交流传动，原有直流调速设备也逐步改用交流调速设备。

3）中功率（200~2000kW）传动系统，交流装置比直流装置贵许多，目前直流装置用的较多，但由于 IGBT 的 PWM 变频可节约电费，现在 1000kW 以下的新建传动系统也在考虑使用交流。

（8）损耗与冷却通风。

1）采用直流电动机时，主电路功率流入转子，散热困难，需要的通风功率大，冷却水多。

2）采用交流同步电动机时，主电路功率流入定子，散热条件好，通风功率小，比直流电动机节能、节水一半左右。

3）采用交流异步电动机时，主电路功率虽也流入定子，但功率因数低，效率与直流电动机相当。

3.2.2　交流电动机的选择

1. 普通励磁同步电动机

普通励磁同步电动机的优点主要有以下几点：

（1）电动机功率因数高。

（2）用于变频传动时，电动机功率因数等于"1"，使变频装置容量最小，变频器输入功率因数改善。

（3）效率比异步电动机的高。

（4）气隙比异步电动机的大，大容量电动机制造容易。

普通励磁同步电动机的缺点主要有以下几点：

（1）需附加励磁装置。

（2）变频调速控制系统比异步电动机的复杂。

它的应用场合主要为：

（1）大功率不调速传动。

（2）600r/min 以下大功率交—交变频调速传动，例如轧机、卷扬机、船舶驱动、水泥磨机等。交—交变频用同步电动机属普通励磁同步电动机范畴，与不调速电动机相比有如下特点：最高频率 20Hz 以下，电动机的电压按晶闸管变频装置最大输出电压配用，目前线电压有效值一般在 1600～1700V；阻尼绕组按改善电动机特性设计，不考虑异步起动；电动机机械强度加强，按直流电动机强度设计。

2. 永磁同步电动机

永磁同步电动机的结构型式和控制方法很多，目前应用较多的是正弦波永磁同步电动机［简称永磁同步电动机（PMSM）］和方波永磁同步电动机［又称无刷直流电动机（BLDCM）］。两者结构基本相同，仅气隙磁场波形不同；PMSM 磁场波形为正弦波，定子三相绕组电流为正弦波；BLDCM 磁场波形为梯形波，定子三相绕组电流为方波。两者中，BLDCM 控制较简单，出力较大，但转矩脉动大，调速性能不如 PMSM。近年来，为减少转矩脉动，BLDCM 的控制也用 PWM，甚至电流也用正弦波，两种电动机的差别越来越小。与普通电动机相比，永磁同步电动机效率高、功率因数（单位重量产生的功率）高、惯量小，但价格略贵。永磁同步电动机的应用场合和功率范围日益扩大，目前容量在几十千瓦以下，个别做到几百千瓦甚至兆瓦。它在车船驱动和伺服系统中得到了广泛应用。

3. 大功率无换向电动机

无换向电动机特点为：

（1）输入电流的相位角为 120°方波，具有转矩脉动大及低速性能差的缺点，设计电动机磁路时需考虑如何减少该影响。

（2）电路设计时需计及谐波电流带来的附加损耗。

（3）大中功率无换向器电动机由晶闸管变频器供电，为实现换相，要求电动机工作在功率因数超前区，因此加大了变频器容量及励磁电流；同时电动机过载能力差（1.5～2 倍），欲降低上述影响，要求电动机定子绕组漏感小，致使电动机结构短粗，GD^2 大。

（4）无转速和频率上限。

它主要用于大功率、高速（600r/min 以上）、负载平稳、过载不多场合，例如风机、泵、压缩机等。

4. 异步电动机

异步电动机的特点为：

（1）笼型异步电动机结构简单，制造容易，价格便宜；

（2）绕线转子异步电动机可以通过在转子回路中串电阻、频敏电阻或通过双馈结构改变电动机特性，改善起动性能或实现调速；

（3）功率因数及效率低。在采用变频调速时，需加大变频器容量；

（4）气隙小，大功率电动机制造困难；

（5）调速控制系统比同步电动机简单。

异步电动机的主要应用场合为：

（1）2000～3000kW 以下、不调速、操作不频繁场合，宜用笼型异步电动机；

（2）2000～3000kW 以下、不调速，但要求起动力矩大或操作较频繁场合，宜用绕线转子异步电动机；

（3）环境恶劣场合宜用笼型异步电动机；

（4）2000～3000kW 以下，转速大于 100r/min 的交流调速系统，由于异步电动机的临界转矩 T_{er} 在恒功率弱磁调速段与 $(\omega_{sn}/\omega_s)^2$ 成比例，随转速上升，以二次方关系下降，所以不适用于 $(\omega_{sn}/\omega_s) > 2$ 场合。

3.2.3　直流电动机的选择

当选择直流电动机时，需要根据不同场合选择不同结构型式和防护等级的直流电动机。

（1）需要较大起动转矩和恒功率调速的机械，如电车、牵引机车等用串励直流电动机。

（2）其他使用直流电动机场合，一般用他励直流电动机。注意要按生产机械的恒转矩和恒功率调速范围，合理地选择电动机的基速及弱磁倍数。

（3）在采暖的干燥厂房中，采用防护式电动机。

（4）在不采暖的干燥厂房，或潮湿而无潮气凝结的厂房中，采用开启式或防护式电动机。但需要能耐潮。

（5）在特别潮湿的厂房中，由于空气中的水蒸气经常饱和，并可能凝成水滴，需用防滴式、防溅式或封闭式电动机，并带耐潮绝缘功能。

（6）在无导电灰尘的厂房中，当灰尘易除掉且对电动机无影响，电动机采用滚珠轴承时，可采用开启式或防护式电动机；当灰尘不易除掉且对绝缘有害时，采用封闭式电动机；当落在电动机绕组上的灰尘或纤维妨碍电动机正常冷却时，宜采用封闭式电动机。

（7）在有导电灰尘或不导电灰尘，但同时有潮气存在的厂房中，应采用封闭式电动机。

（8）当对电动机绝缘有害的灰尘或化学成分不多时，如果通风良好，可不用封闭式电动机。

（9）在有腐蚀性蒸气或气体的厂房中，应采用密闭式电动机或耐酸绝缘的封闭风冷式电动机。

（10）在 21 区及 22 区有火灾危险的厂房中，至少应采用防护式笼型异步电动机。在 21 区厂房中，当其湿度很大时，应采用封闭式电动机。在有可燃但难着火的液体的 21 区厂房中，最低应采用防滴、防溅式笼型异步电动机；在含有易着火液体的 21 区厂房中，应采用封闭式电动机。

（11）在 0 级、1 级区域厂房中，需采用防爆式电动机。

（12）电动机安装在室外时不管是直接露天装设，还是装在棚子下面。必须保护电动机的绝缘不受大气、潮气的破坏。在露天装设时，为防止潮气变为水滴而直接落入电动机内部，应采用封闭式电动机。装在棚子下时，可采用防护式或封闭式电动机。

3.3　电机控制器的选择

对于需要精确调速或保护的电机，直流电机和交流电机都需要相应的保护装置或者控制器来完成相应的功能，而保护装置和控制器的选择根据精度和应用场合可以选择不同的器件。随着新型电力电子器件的出现和计算机技术的发展，传统的电子模拟控制电路和晶闸管变速传动装置，已逐步由新型可关断电力电子元件，如 IGBT 以及微机全数字传动装置所取代。但是由于国内该项技术的起步较晚，产品水平相对落后，市场需求主要依赖国外厂商产品，如德国、法国、瑞典等。其中德国西门子公司进军中国市场比较早，近年随成套设备引进项目较多，在中国市场的占有率较高，国内用户比较熟悉和认同。其他厂商的产品在结构、选型以及性能指标上大同小异，相近之处很多。本章内容仅就德国西门子公司 SIMOREG 6RA70 系列通用型全数字直流传动装置、SIMOVERT 6SE70 系列异步电动机通用变频器等予以介绍。

根据选择的电机和参数要求，选择对应的控制装置，其控制装置无论是交流还是直流，设计时基本的原则为：

（1）查看调速装置与外部电机、电源、编码器等的连接方式，初步了解调速装置上各个端子的功能，如电源的输入输出连接端子、编码器的接线方式、开始/停止信号的端子、速度的控制方式和对应的连接端子等。

（2）根据对调速装置和上位控制器之间通信方式的了解，确定统一可行的通信或者端子连接方式。其包含基本的开始/停止信号、速度控制信号、报警信号等，根据不同控制器选择相应功能的扩展模块。

（3）查看使用说明中关于参数的配置问题，对调速器中需要使用的功能进行配置。例如通信方式、端子信号等相关参数。该部分参数需要根据实际情况进行设置。

（4）不同厂家的控制器的控制方式有所不同，而且控制器内部一般有 2 种或 2 种以上的可选控制方式，根据实际性能要求，选择对应的控制方式。

（5）在系统调试之前，需要将电机的参数在控制器中进行配置，或者利用控制器中的自学习功能对电机的参数进行预配置。

电机控制器的过载能力主要由各个控制器连续运行的额定值决定。而额定值包括额定电压、额定功率（或电流），额定值的选择即控制器的选型主要由电机的额定参数决定，在电机额定参数的基础上留有一定的余度，再根据控制器的参数规格选择适合的控制器型号。选用时要考虑电压波动，并在厂商指定的电压波动范围以内。以西门子变频器为例：西门子变频器的额定电流是按照该公司 6 极标准电动机的额定值计算，电动机定子电压为 400V、500V 或 690V 的标准设计的。如果超过额定值并且工作时间大于 60s 或 300s 工作周期，应按短时过载处理，并且当时间大于规定值（60s 或 30s）条件时软件内部的 I^2t 监视将不允许继续运行。它的最大过载电流允许达到额定电流的 1.36 倍。当传动设备刚投入电源时，其过载时间可达到 60s，因为此时变频器尚未达到它的最大允许温度。当过载前负载电流小于变频器额定电流时，才允许在运行时有 1.36 倍额定电流的过载。因而，当传动设备根据负载情况需要过载时，必须使其基本负载电流仅为额定电流的 91%，基于此基本负载电流，装置在工作周期为 300s 时，可以在 60s 时间内有 1.5 倍过载。如果要发挥全部过载能力，那么可通

过 I^2t 监视器来检测且给出 30s 的警告信号。紧接着,在剩下的 240s 工作时间内,将负载电流降至基本负载电流。

3.3.1 直流调速装置

直流调速装置厂家较多,但其功能基本相同,下面分别列出了直流调速装置的基本结构、组成、技术性能以及几个之间的并联。

表 3-3 列出了 SIMOREG 6RA70 产品的综合技术性能。图 3-1 列出了几种不同规格的西门子直流调速装置。图 3-2 为基本直流调速装置的内部器件布局及组成。图 3-3 为直流调速装置的接线图。图 3-4 为 3 个直流调速装置并联运行的原理图。

表 3-3   6RA70 产品的综合技术性能

项目	综合技术性能及指标					
交流电源电压	3AC 400V	3AC 466V	3AC 575V	3AC 690V	3AC 830V	单象限工作 四象限工作
额定直流电压	DC 485V	DC 420V	DC 600V DC 690V	DC 725V DC 830V	DC 875V DC 1000V	
励磁额定电压	最大 DC 325V					
运行环境温度	强迫风冷、额定电流时:0~40℃					
控制精度	数字量给定及脉冲编码器测速反馈时,在电动机基速下 $\Delta h = 0.006\%$					
允许电压波动	交流电源电压 3AC 400V 时:+15%~-20%;3AC 575~830V 时:+10%~-15%					

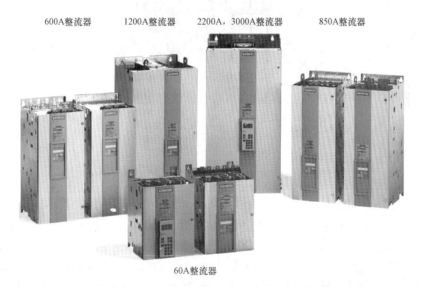

图 3-1   几种不同规格的西门子直流调速装置

西门子直流传动 SIMOREG 6RA70 调速装置的容量范围为 0.7~1550kW(额定电枢电流为 15~2000A),其设备组成如图 3-2 所示。下面列出了 6RA70 调速装置的基本组成:

(1)电力电子整流器部分(功率单元)。用于直流电动机电枢及励磁回路供电,其中:电枢回路为三相全控桥式电路,用于单象限工作装置的功率部分电路为三相桥。用于四象限工作装置的功率部分为反并联三相桥;励磁部分采用单相半控桥。

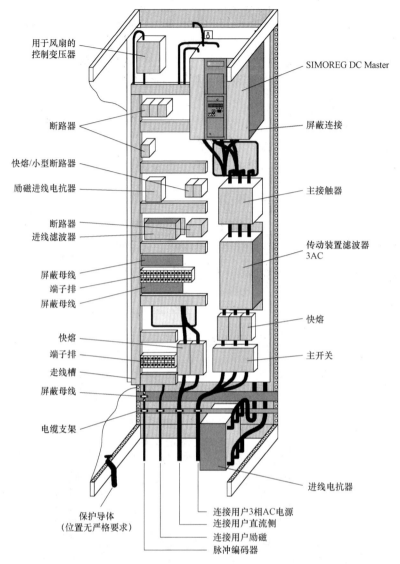

用于风扇的
控制变压器

SIMOREG DC Master

屏蔽连接

断路器

快熔/小型断路器

励磁进线电抗器

主接触器

断路器
进线滤波器

传动装置滤波器
3AC

屏蔽母线
端子排
屏蔽母线

快熔

快熔
端子排
走线槽

主开关

屏蔽母线

电缆支架

进线电抗器

保护导体
（位置无严格要求）

连接用户3相AC电源
连接用户直流侧
连接用户励磁
脉冲编码器

图3-2　基本直流调速装置的内部器件布局及组成

　　（2）紧凑式电子箱。西门子 SIMOREG 6RA70 装置的特点是结构紧凑、体积小，装置的门内装有一个电子箱，箱内装入基本电子板以及可供技术扩展的各个选件板、串行接口的附加板、功率电力电子整流回路和各类电子板的连接见图 3-3。

　　（3）参数设定单元。基本操作面板参数设定单元（Parameterization Unit—PMU）用于系统操作和对装置进行参数化设置，以及运行状态的简易代码显示，如开机/关机、设置值增大/减小等，安装在装置的前门上，它由 5 位 7 段显示板和三个状态指示发光二极管（LED）及三个操作键组成，它作为标准产品的基本组成部分。

　　（4）冷却单元。对于直流输出额定电流≤125A 的装置，采用自然风冷；对于额定电流直流伺服控制 210A 以上的装置，设有不同形式的强制风冷风机单元。其中，基本电子板（CUD1）是 SIMOREG 6RA70 装置的核心部件，通过基本电子板 CUD1 实现闭环控制以及技术扩展，用以连接选件模板，实现输入/输出（I/O）数据信息通信等。

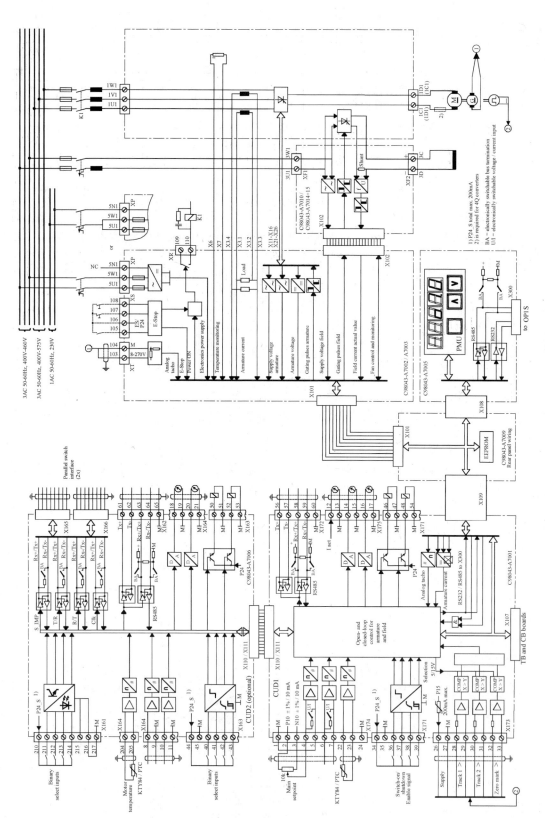

图 3 - 3　直流调速装置的接线图

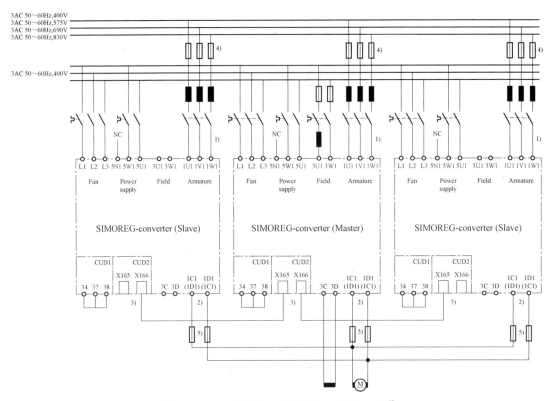

图3-4　3个直流调速装置并联运行的连接图

3.3.2　交流变频器

下面以西门子 SIMOVERT MASTERDRIVES 变频器（简称 SIMOVERT 6SE70）为例进行介绍，该型号系列产品为电压源型变频器，功率范围为 0.55～2300kW，交流供电电压为交流三相 380～480V、500～600V、660～690V，其主要包含增强书本型装置、书本型和装机装柜型装置。图3-5 显示了三种不同形式的装置。表3-4 显示了装置的技术数据。

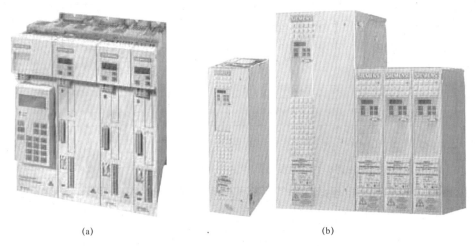

(a)　　　　　　　　　　　　　　　　　(b)

图3-5　三种不同形式的装置（一）

（a）书本型装置；（b）增强书本型装置

(c)

图 3−5　三种不同形式的装置（二）

（c）装机装柜型装置

表 3−4　　　　　　　　　　　**装 置 的 技 术 数 据 表**

额定电压			
电网电压 U_{supply}	3AC380（1−15%）～480（1+10%）V	3AC500（1−15%）−60（1+10%）V	3AC660（1−15%）～690（1+15%）V
直流母线电压 U_D	DC510（1−15%）～650（1+10%）V	DC675（1−15%）−810（1+10%）V	DC890（1−15%）～930（1+15%）V
输出电压			
变频器	3AC 0V～电网电压	3AC 0V～电网电压	3AC 0V～电网电压
逆变器	3AC 0V～0.75 U_D	3AC 0V～0.75 U_D	3AC 0V～0.75 U_D
额定频率			
电网频率	50/60（1±6%）Hz	50/60（1±6%）Hz	50/60（1±6%）Hz
输出频率			
U/f = 常数	0～200Hz （纺织工业最大到 500Hz， 与功率有关）	0～200Hz （纺织工业最大到 500Hz， 与功率有关）	0～200Hz （纺织工业最大到 300Hz， 与功率有关）
U = 常数	8～300Hz（与功率有关）	8～300Hz（与功率有关）	8～300Hz（与功率有关）
脉冲频率			
最小脉冲频率	1.7kHz	1.7kHz	1.7kHz
工厂设定频率	2.5kHz	2.5kHz	2.5kHz
最大设定频率	与功率有关，最大 16Hz	与功率有关，最大 16Hz	与功率有关，最大 16Hz
按 EN60 146−1−1 负载级 Ⅱ			
基本负载电流	0.91×额定输出电流		
短时电流	1.36×额定输出电流（对于过载时间 60s）		
周期时间	或 1.60×额定输出电流（对于过载时间 30s 和装置规格直到 G，电网电压最大 600V）		
功率因数	300s		
基波	≥0.98		
综合	0.93～0.96		
效率	0.96～0.98		

　　变频器和逆变器的运行模式，总体上可分为单电动机传动和多电动机传动两种模式。

　　（1）单电动机传动即由 1 台变频器带 1 台交流电动机，或者由 1 台变频器带多台交流电动机，但在变频器和多台电动机之间应该设置用于控制多台电动机的配电保护箱。

　　（2）当采用多电动机传动时，推荐使用接到直流电压母线上的逆变器装置，而直流电压由交流三相电网通过整流单元、整流/回馈单元或 AFE（Active Front End 有源前端）整流/回馈单元组成。使用将逆变器接到直流电压中间回路方案与采用单台变频器方案相比，具有以下优点：

　　1）如果有一个传动装置工作于发电状态，对其他逆变器可通过中间回路进行能量交换，以有利于节能和减少整流部分容量。

2）如果出现较大的发电功率，或者下面中间回路的所有传动装置同时制动停车时，则可以采用一个总的制动单元和电阻回路，以减少安装尺寸。

3）同单台变频器传动比较，可减少网侧元件（如断路器、交流电抗器、接触器等）。

单台西门子 SIMOVERT 6SE70 装置的系统配置包括单台装置的变频器（AC–AC）及单台装置的逆变器（DC–AC）。

图 3–6 为单台装置的变频器。其传动系统配置中，其他部件（统称系统元件），应按照变频器或逆变器运行的需求，以及各自的技术标准和规格数据，在系统集成中确定。组成传动系统配置的其他部件应包括：

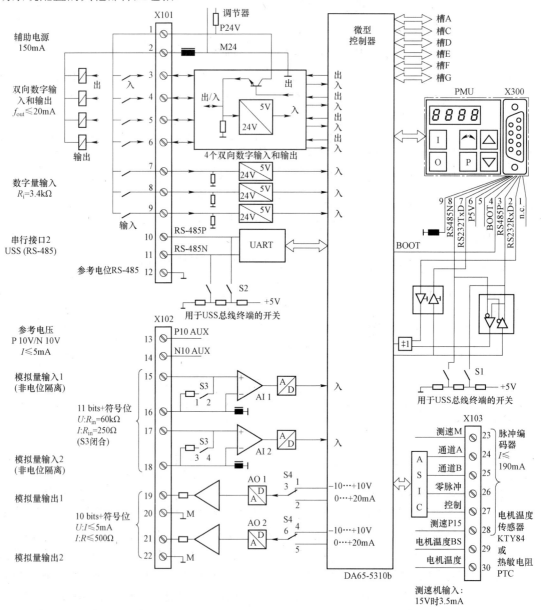

图 3–6 变频器的接线端子（矢量控制）

（1）网侧熔断器。网侧熔断器起短路保护作用，它们也保护所连接的电力电子器件或装置的输入整流器。

（2）网侧接触器 K1。通过网侧接触器，变频器或整流单元或整流/回馈单元连接到电源上，在需要时或故障情况下从电源处断开。系统按所连接的变频器、整流单元或整流/回馈单元的功率进行设计。

（3）无线电干扰抑制滤波器。由变频器或整流单元产生的无线电干扰电压降低时，需要使用无线电干扰抑制滤波器。

（4）网侧进线电抗器。网侧进线电抗器用来限制电流尖峰并减小谐波。尤其是依照 EN 50178 的系统允许扰动和依照允许的无线电干扰抑制电压，则需要安装网侧进线电抗器。

（5）控制端子排 X101。X101 控制端子排与供电装置连接，需要外加一个 DC 24V 电源。在书本型装置（逆变器）的端子 X101 和在装机装柜型（变频器和逆变器）的端子 X101 允许输出一个隔离的数字信号，例如控制一台主接触器。

（6）逆变器装置的风扇电源。风扇需要连接一个 AC 220V、50/60H 电源。

（7）24V 辅助电源。当网侧电压中断时，外部 24V 电源用于支持被连接装置的通信功能和诊断功能。整流单元始终需要一个外部 24V 电源。在选择设备时，必须遵守下列准则：

1）接通 24V 电源时，出现的起动电流必须由电源控制。

2）没必要安装稳压电源；但电压范围必须保持在 20～30V 之间。

（8）X300 串行接口。串行接口用于连接 OP1S 操作面板或 PC。根据 RS-232 或 RS-485 协议操作。参见使用说明书中有关操作的内容。

（9）输出电抗器。限制由较长的电动机电缆而产生的电容性电流，使位于离变频器/逆变器距离较远的电动机能够运行。

（10）正弦波滤波器。限制在电动机端子上产生的电压上升率和电压峰值（du/dt 滤波器）或在电动机端子上产生的正弦波电压（正弦滤波器）。

（11）输出接触器。输出接触器用于中间回路，电动机必须与变频器/整流单元电气隔离。

（12）脉冲发生器。用于检测电动机速度，并允许具有最高级动态响应的速度控制。

（13）电动机风扇。在单独风冷电动机情况下使用。

（14）续流二极管。在换相失败时保护所连接的逆变器。

（15）熔断器保护。大电流保护。

（16）相故障继电器。适合于系统电压为 400V。

（17）电压变换器。如果电源电压偏离 400V，则必须使用相应的一次电压为 U_1，二次电压 $U_2=400V$ 的电压变换器。

图 3-7 为控制柜上和负载机械上需要实施的接地措施和高频等电位连接措施，图 3-8 为变频器上的端子连接接口图。

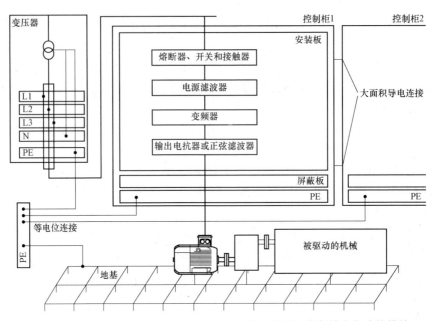

图 3-7　控制柜上和负载机械上需要实施的接地措施和高频等电位连接措施

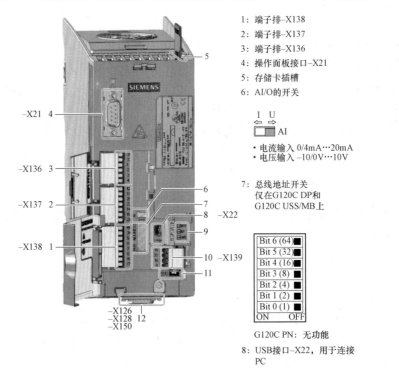

1: 端子排-X138
2: 端子排-X137
3: 端子排-X136
4: 操作面板接口-X21
5: 存储卡插槽
6: AI/O 的开关

- 电流输入 0/4mA…20mA
- 电压输入 -10/0V…10V

7: 总线地址开关
仅在 G120C DP 和
G120C USS/MB 上

Bit 6 (64)	■
Bit 5 (32)	■
Bit 4 (16)	■
Bit 3 (8)	■
Bit 2 (4)	■
Bit 1 (2)	■
Bit 0 (1)	■
ON	OFF

G120C PN: 无功能

8: USB 接口-X22, 用于连接
PC

9: LNK1　RDY　状态 LED
　 LNK2　BF
　 SAFE　仅在 G120C PN 上的 LNK1/2

10: 端子排-X139

11: OFF ON　总线终端开关, 仅在 G120C USS/MB 上
　　　　　　G120 DP 和 G120C PN: 无功能

12: 底部的现场总线接口

图 3-8　变频器接口

3.3.3　软启动器

下面介绍西门子 3RA40 软起动器。图 3-9 为软启动器外部结构图。

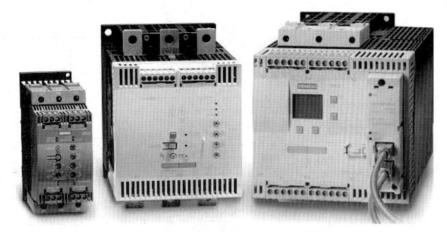

图 3-9　软启动器外部结构图

1. 软起动器的简介

软起动器是通过限制起动电流和起动转矩，实现防止起动过程中的机械冲击和电网压降功能。通过对可控硅导通角的控制来降低电机起动电压，并在设定的起动时间内，将电机起动电压升高到额定电压。凭借这种电机电压的无阶跃控制，可以根据被控机器的负载特性对电机进行调节，使机械设备起动过程实现平稳加速，从而显著提高机械设备的运行性能，延长其使用寿命。总之，通过软起动/软停车能够有效保护所连设备，确保生产运行平稳、可靠。

该软起动器的优点为：

（1）软起动，软停车。

（2）平滑起动。

（3）降低电机起动时的峰值电流。

（4）避免起动过程中引起电网电压波动。

（5）减轻电网压力，减轻传动系统中的机械冲击。

（6）与其他起动器相比，显著节省空间和布线。

（7）降低维护费用。

（8）操作简便。

（9）可与其他 SIRIUS 设备完美搭配。

2. 软起动器的结构及组成

图 3-10 为软起动器外围接口图。其中电压斜坡软起动参数为：起动电压调节范围 U_S 为 40%～100%，斜坡时间 t_R 为 0～20s；集成旁路触点系统可降低功耗；使用两个电位器进行设定；安装与调试简单；电源电压为 50/60Hz，200～480V；两种控制电压 24V AC/DC 及 110～230V AC/DC；温度范围为 -25℃～+60℃；内置辅助触点，可方便地集成于控制系统。图 3-11 为控制主接触器的外围接线图。图 3-12 为直接起动、星三角起动和软起动时的效果比较图。

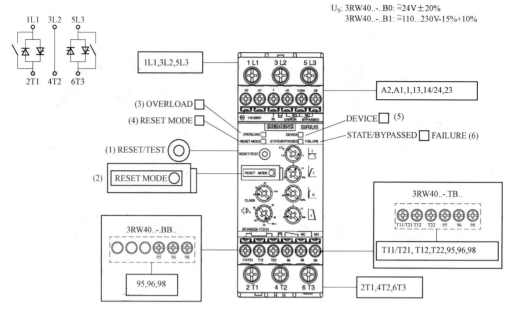

图 3-10　软起动器外围接口介绍图

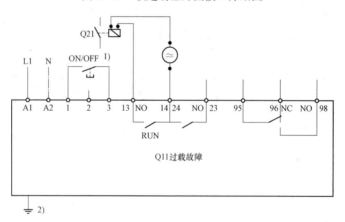

图 3-11　控制主接触器的外围接线图

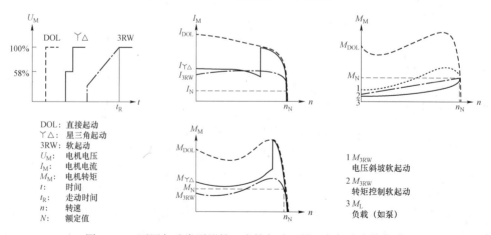

图 3-12　不同起动类型比较：直接起动、星三角起动和软起动

3.4　工　业　现　场　总　线

近年来，现场总线得到了迅猛发展，已广泛用于各类工业自动化控制系统，受到国内外工业自动化设备制造厂商及用户的广泛关注。现场总线（Fieldbus）是指安装在制造过程区域的现场装置与控制室内的自动控制装置之间进行的开放的、数字式的、串行多点通信的数据控制网络。它在制造业、交通、楼宇等方面的自动化系统中具有广泛的应用前景。

现场总线控制系统既是一个开放通信网络，又是一种分布式控制系统。它作为智能设备的联系纽带，把挂接在现场总线上、作为网络节点的智能设备连接为网络系统，并进一步构成自动化系统，实现基本控制、补偿计算、参数修改、报警、显示、监控、优化及控管一体化的综合自动化功能。这是一项以智能传感器、控制、计算机、数字通信、网络为主要内容的综合技术。

3.4.1　现场总线的技术特点

（1）系统的开放性。

开放是指对相关标准的一致性、公开性，强调对标准的共识与遵从。一个开放系统，是指它可以与世界上任何遵守相同标准的其他设备或系统连接。通信协议一致且公开，各不同制造厂商的设备之间可实现信息交换。现场总线开发者就是要致力于建立统一的工厂底层网络的开放系统。用户可按自己的需要考虑，把来自不同制造厂商的产品组成大小随意的系统。通过现场总线构筑自动化领域的开放互连系统。

（2）可互操作性与互用性。

可互操作性，是指实现互连设备间、系统间的信息传送与交换；而互用性则指不同制造厂商的性能类似的设备可实现相互替换。

（3）现场设备的智能化与功能自治性。

它将传感测量、补偿计算、工程量处理与控制等功能分散到现场设备中完成，仅靠现场设备即可完成自动控制的基本功能，并可随时诊断设备的运行状态。

（4）系统结构的高度分散性。

现场总线已构成一种新的全分散性控制系统的体系结构，从根本上改变了现有集中与分散相结合的集散控制系统体系，简化了系统结构，提高了可靠性。

（5）对现场环境的适应性。

工作在生产现场前端、作为工厂网络底层的现场总线，是专为现场环境而设计的，可支持双绞线、同轴电缆、光缆、射频、红外线和电力线等，具有较强的抗干扰能力，能采用两线制实现供电与通信，并可满足本质安全防爆要求等。

3.4.2　电气传动自动化常用的现场总线

1．现场总线类型

随着现场总线技术的不断发展，2003 年 4 月，现场总线标准第三版 IEC61158 Ed.3 正式成为国际标准，为了反映工业网络通信技术的最新发展，新版包含了 10 种类型的现场总线，概括如下：

（1）Type 1 TS61158 现场总线。本标准是以 IEC/TC65/SC65C 最早提出的技术报告TS61158 为基础形成的，由以下部分构成：

物理层（PHL）：IEC 6159 - 2：1993 标准的超集（Super - set）；

Foundation Fieldbus 的超集；

WorldFIP 的功能超集；

数据链路层（DLL）：IEC TS61158 - 3，TS61158 - 4；

Foundation Fieldbus 的超集；

WorldFIP 的功能超集；

应用层（AL）：IEC TS61158 - 5，TS61158 - 6。

（2）Type 2 ControlNet 和 Ethernet/IP 现场总线。本标准由 ControlNet International（CI）组织负责制定的，主要由 Rockwell 等公司支持，由以下部分构成：

PHL 和 DLL：ControlNet；

AL：ControlNet 和 Ethernet/IP。

（3）Type 3 Profibus 现场总线。本标准由 Profibus 用户组织（PNO）支持，得到了德国 SIEMENS 等公司的大力支持。Pofibus 系列由三个兼容部分组成，即 Profibus DP、Profibus FMS 和 Profibus PA。为了提高 Profibus 总线性能，近几年 PNO 陆续推出了新版本的 Profibus DP - V1 和 Profibus DP - V2，同时逐步取消 Profibus FMS 总线。

（4）Type 4 P - NET 现场总线。本标准由丹麦的 Process - Data 公司从 1983 年开始开发，主要应用于啤酒、食品、农业和饲养业等，得到了 P - NET 用户组织的支持。P - NET 现场总线是一种多主站、多网络系统，采用分段结构，每个分段总线上可以连接多个主站，主站之间通过接口能够实现网上互连。

（5）Type 5 FF HSE 现场总线。本标准是美国现场总线基金会（Fieldbus Foundation—FF）于 1998 年用高速以太网（High Speed Ethernet—HSE）技术开发的 H2 现场总线，作为现场总线控制系统控制级通信网的主干网络。HSE 遵循标准的以太网规范，并根据过程控制的需要适当增加了一些功能，但这些增加的功能可以在标准的 Ethernet 结构框架内无缝地进行操作，因而 FF HSE 现场总线可以使用当前流行的商用以太网设备。

（6）Type 6 SwiftNet 现场总线。本标准是由美国 SHIP STAR 协会主持制定，得到了波音等公司的支持，主要应用于航空和航天领域。SwiftNet 是一种结构简单、实时性强的现场总线，协议仅包括物理层和数据链路层。

（7）Type 7 WorldFIP 现场总线。WorldFIP 现场总线是由 1987 年成立的 WorldFIP 组织制定的，WorldFIP 是欧洲标准 EN50170 的第三部分，物理层采用了 IEC61158 - 2 标准，该标准产品在法国有较高的市场占有率。

（8）Type 8 Interbus 现场总线。本现场总线标准由德国 Phoenix Contact 公司开发，Interbus 俱乐部支持。

（9）Type 9 FF H_1 现场总线。H_1 现场总线是由现场总线基金会负责制定的。由于基金会的成员是由世界著名的仪表商和用户组成，其成员生产的变送器、DCS、执行器、流量仪表占市场的 90%，他们对过程控制现场工业网络的功能需求了解透彻，在过程控制方面积累了丰富的经验，提出的现场总线网络架构也较为全面。

（10）Type 10 PROFInet 现场总线。本标准基于 PNO 于 2001 年 8 月发表的 PROFInet 规范。PROFInet 将工厂自动化和企业信息管现层 IT 有机地融为一体，同时又完全保留了 Pofibus 现有的开放性。该总线支持开放的、面向对象的通信，这种通信建立在通用的 Ethernet TCP/IP

基础上，优化的通信机制还可以满足实时通信的要求。

除 IEC/TC65 外，IEC 及 ISO 的其他部门还制定了一些特殊行业的现场总线国际标准如下：

1993 年 ISO/TC22/SC3（公路车辆技术委员会电气电子分委员会）发布的 1SO 11898《道路车辆数字信息交换　高速通信用局域网络控制器（CAN）》总线以及用于低速通信的标准。

ISO 11519（所有部分）：1994 年《道路车辆　低速串行数据通信》。

1999 年 IEC/TC9（铁路电气设备技术委员会）发布的 IEC 61375 - 1：1999《道路电气设备　列车总线　列车通信网》。

1995 年 IEC/TC44（机械设备电气安全技术委员会）发布的 IEC 61491：1995《工业机械电气设备　控制和传动间实时通信用串行数据链路》。

IEC/SC17B（低压开关设备和控制设备技术委员会）发布的 IEC 62026：2002《低压开关控制设备　控制器　器件的接口（CDls）》。包含了 4 种现场总线，2000 年发布的 DeviceNet、SDS（Smart Distributed System）、AS - i（Actuator Sensor interface）及 2001 年通过的 Seriplex（Serial Muliplexed Control Bus）。DeviceNet 和 SDS 都是基于 CAN 现场总线的；AS - i 和 Seriplex 是两种面向位（bit）的价格低廉的现场总线，适合以开关量为主的智能配电系统。

除上述外，还有几种有影响的当前还不是国际标准的现场总线，如 LonWorks、Modbus、HART 及 BIT Bus 等现场总线。

2. 现场总线的国内标准现状

中国的现场总线标准主要由 IEC/TC65 的全国工业过程测量和控制标准化技术委员会 TC124 的第四分技术委员会 SC4 制定，现正积极实施现场总线中国标准的制定工作，至今已发布 JB/T 10308.2—2006《测量和控制数字数据通信　工业控制系统用现场总线　类型 2：CantrolNet 和 EtherNet/IP 规范（修改采用 IEC61158）Type2：2003、JB/T 10308.3—2005（测量和控制数字数据通信工业控制系统用现场总线）类型 3：PROFIBUS 规范》（等效采用 IEC 61158 Type3：2002）和 JB/T 10308.8—2005《测量和控制数字数据通信　工业控制系统用现场总线　类型 8：INTERBUS 规范》（修改采用 IEC61158 Type 8：2002）。Modbus 和 CC - Link 标准的送审稿工作也已完成。中国自主知识产权的 EPA（Ethernet for Plant Automation）现场总线的国家标准也在制定中，并已被 IEC/TC65/SC65C 接纳，将先以 PAS 文件发布。

另外，对应于 IEC/SC17B 的全国低压电器标准化技术委员会（TC189）制定的 DeviceNet 国家标准 GB/T 18858.3—2002《低压开关设备和控制设备　控制器　设备接口（CDI）第 3 部分：DeviceNet》已于 2003 年 4 月开始实施。

3. 几种电气传动自动化系统常用的有影响的现场总线简介

（1）基金会现场总线。基金会现场总线，即 Foundation Fieldbus，简称 FF。

这是在过程自动化领域得到广泛支持和具有良好发展前景的技术。其前身是以美国 Fisher - Rousemount 公司为首，联合 Foxboro、横河、ABB、西门子等 80 家公司制订的 ISP 协议和以 Honeywell 公司为首，联合欧洲等地的 150 家公司制订的 WordFIP 协议。屈于用户的压力，这两大集团于 1994 年 9 月合并，成立了现场总线基金会，致力于开发出国际上统一的现场总线协议。

它以 ISO/OSI 开放系统互连模型为基础，取其物理层、数据链路层、应用层为 FF 通信模型的相应层次，并在应用层上增加了用户层。基金会现场总线分低速 H_1 和高速 H_2 两种通信速率。H_1 的传输速率为 3125kbit/s，通信距离可达 1900m（可加中继器延长），可支持总线供电，支持本质安全防爆环境。H_2 的传输速率为 1Mbit/s 和 25Mbit/s 两种，其通信距离为 750m 和 500m。物理传输介质可支持双绞线、光缆和无线发射，协议符合 IEC 1158-2 标准。为满足用户需要，Honeywell、Ronan 等公司已开发出可完成物理层和部分数据链路层协议的专用芯片，许多仪表公司也已开发出符合 FF 协议的产品。

（2）Lon Works。Lon Works 是又一具有强劲实力的现场总线技术。它是由美国 Echelon 公司推出并由它们与 Motorola、东芝公司共同倡导，于 1990 年正式公布而形成的。它采用了 ISO/OSI 模型的全部七层通信协议，采用了面向对象的设计方法，通过网络变量把网络通信设计简化为参数设置，其通信速率从 300bit/s～15Mbit/s 不等，直接通信距离可达到 2700m（78kbit/s，双绞线），开发出支持双绞线、同轴电缆、光纤、射频、红外线、电源线等多种通信介质的总线，并开发了相应的本质安全防爆产品，被誉为通用控制网络。Lon Works 技术所采用的 Lon Talk 协议被封装在称之为 Neuron 的芯片中并得以实现。集成芯片中有 3 个 8 位 CPU：第 1 个用于完成开放互连模型中第 1 层～第 2 层的功能，称为媒体访问控制处理器，实现介质访问的控制与处理；第 2 个用于完成第 3 层～第 6 层的功能，称为网络处理器，进行网络变量处理的寻址、处理、背景诊断、函数路径选择、软件计量、网络管理，并负责网络通信控制、收发数据包等；第 3 个是应用处理器，执行操作系统服务与用户代码。芯片中还具有存储信息缓冲区，以实现 CPU 之间的信息传递，并作为网络缓冲区和应用缓冲区。如，Motorola 公司生产的神经元集成芯片 MC143120E2 就包含了 2kB RAM 和 2kB EEPROM。Lon Works 技术的不断推广促成了神经元芯片的低成本（每片价格约 5～9 美元），而芯片的低成本反过来又促进了 Lon Works 技术的推广应用，形成了良好循环。Lon Works 公司的技术策略是鼓励各 OEM 开发商运用 Lon Works 技术和神经元芯片，开发自己的应用产品。它被广泛应用在楼宇自动化、家庭自动化、保安系统、办公设备、运输设备、工业过程控制等行业。为了支持 Lon Works 与其他协议和网络之间的互连与互操作，该公司正在开发各种网关，以便将 Lon Works 与以太网、FF、Modbus、DeviceNet、Profibus、Serplex 等互连为系统。

（3）Profibus。Profibus 是作为德国国家标准 DIN19245 和欧洲标准 prEN50170 的现场总线。ISO/OSI 模型是它的参考模型。由 Profibus-DP、Profibus-FMS、Profibus-PA 组成了 Profibus 系列。DP 型用于分散外设间的高速传输，适合于加工自动化领域的应用；FMS 型意为现场信息规范，适用于纺织、楼宇自动化、可编程控制器、低压开关等一般自动化；而 PA 型则是用于过程自动化的总线类型，它遵从 IEC 1158-2 标准。Profibus 的传输速率为 96～12kbit/s，最大传输距离在 12kbit/s 时为 1000m，0.5Mbit/s 时为 400m，可用中继器延长至 10km。其传输介质可以是双绞线，也可以是光缆，最多可挂接 127 个站点。

（4）CAN。CAN 是控制网络 Control Area Network 的简称，最早由德国 BOSCH 公司推出，用于汽车内部测量与执行部件之间的数据通信。其总线规范现已被 ISO 国际标准组织制订为国际标准，得到了 Motorola、Intel、Philips、Siemens、NEC 等公司的支持，已广泛应用在离散控制领域。CAN 支持多主点方式工作，网络上任何节点均可在任意时刻主动向其他节点发送信息，支持点对点、一点对多点和全局广播方式接收/发送数据。它采用总线仲裁技术，当出现几个节点同时在网络上传输信息时，优先级高的节点可继续传输数据，而优先级低的节点则主动停止发送，从而避免了总线冲突。已有多家公司开发生产了符合 CAN 协议的通信芯片，如 Intel 公司的 82527、Motorola 公司的 MC68HC05X4、Philips 公司的 82C250

等。另外，插在 PC 机上的 CAN 总线接口卡，具有接口简单、编程方便、开发系统价格便宜等优点。

（5）HART。HART 是 Highway Addressable Remote Transducer 的缩写。最早由 Rosemount 公司开发并得到 80 多家著名仪表公司的支持，于 1993 年成立了 HART 通信基金会。这种被称为可寻址远程传感高速通道的开放通信协议，其特点是可在现有模拟信号传输线上实现数字通信，属于模拟系统向数字系统转变过程中工业过程控制的过渡性产品，因而在当前的过渡时期具有较强的市场竞争能力，得到了较好的发展。

HART 支持点对点主从应答方式和多点广播方式，按应答方式工作时的数据更新速率为 2～3 次/s，按广播方式工作时的数据更新速率为 3～4 次/s。它还可支持两个通信主设备，总线上可挂设备数多达 15 个，每个现场设备可有 256 个变量，每个信息最大可包含 4 个变量，最大传输距离 3000m。HART 采用统一的设备描述语言 DDL，现场设备开发商采用这种标准语言来描述设备特性，由 HART 基金会负责登记管理这些设备描述并把它们编为设备描述字典。主设备运用 DDL 技术，来理解这些设备的特性参数而不必为这些设备开发专用接口。但由于采用模拟数字混合信号制，导致难以开发出一种能满足各公司要求的通信接口芯片。HART 能利用总线供电，可满足本质安全防爆要求。

根据选择的不同控制器，选择相应的控制系统平台和网络通信方式。图 3-13 为变频器作为以太网节点的网络。图 3-14 为变频器作为 Profibus 节点的网络。

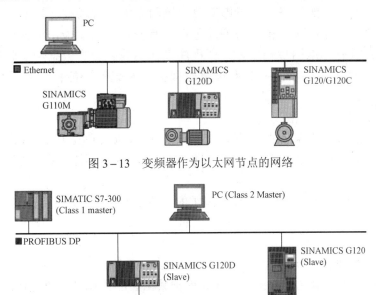

图 3-13　变频器作为以太网节点的网络

图 3-14　变频器作为 Profibus 节点的网络

3.5　人机交互方式的选择

利用特有的设备或者利用特有的软件完成数据的显示和操作等功能。

3.5.1　监控组态软件

组态的概念最早来自英文 configuration，含义是使用软件工具对计算机及软件的各种资源进行配置，达到使计算机或软件按照预先设置，自动执行特定任务，满足使用者要求的目的。监控组态软件是面向监控与数据采集（Supervisory Control and Data Acquisition—SCADA）的软件平台工具，具有丰富的设置项目，使用方式灵活，功能强大。监控组态软件最早出现时，人机接口（Human Machine Interface—HM1 或 Man Machine Interface—MMI）是其主要内涵，即主要解决人机图形界面问题。随着它的快速发展，实时数据库、实时控制、SCADA、网络通信、开放数据接口、对 I/O 设备的广泛支持已经成为它的主要内容。

组态软件的主要任务是使用软件的自动化工程技术人员在不改动软件程序源代码的情况下，生成适合工程需要的应用系统。自动化工程技术人员在组态软件中只需填写一些设计的表格，再利用图形功能把被控对象形象地画出来，通过内部数据连接把被控对象的属性与 I/O 设备实时数据进行逻辑连接。当用组态软件生成的应用系统投入运行后，与被控对象相连的 I/O 设备数据发生变化会直接带动被控对象的属性变化。

组态软件的主要特点是实时多任务。例如数据采集与输出、数据处理与算法实现、图形显示及人机对话、实时数据的存储、实时通信等多个任务要在同一台计算机上同时运行。一般的组态软件都由图形界面系统、实时数据库系统、第三方程序接口组件组成。

该软件具有图形化的编辑器，能够简单快捷的完成与现场或者其他控制系统之间的数据交互，它具有脚本编辑功能，方便编程；具有变量记录功能，能够记录历史数据和显示实时数据；具有标准图形模板，方便程序设计；具有历史数据和实时数据的趋势图显示功能；具有报表生成功能；具有报警时间提示及记录功能；以及具有用户管理等功能。

3.5.2　常用人机接口设备

（1）客户机/服务器。客户机/服务器（Client/Server）是在网络基础上以数据库管理为后援、以微机为工作站的一种系统结构。客户机/服务器结构包括连接在一个网络中的多台计算机。

客户机运行那些使用户能阐明其服务请求的程序，并将这些请求传送到服务器。由客户机执行的处理为前端处理（Front–end Processing）。前端处理具有所有操作和显示相关数据的功能。

在服务器上执行的计算机称为后端处理（Back–end Processing）。后端硬件是一台管理数据资源并执行引擎功能（如存储、操作和保护数据）的计算机。通过将任务合理分配到 Client 端和 Server 端，降低系统的通信开销，充分利用两端硬件的资源优势。生产管理人员可通过 Client 端，输入、调用和察看生产数据。

（2）专用的人机接口设备（HMI）。人机接口设备用于设置、显示、存储和记录信息及变量，并能进行设备的运行操作。

这类设备防护等级高，一般放置在工业现场。可通过以太网、Profibus–DP 等通信方式与下一级控制设备进行通信。

3.5.3　常用监控组态软件

（1）国际上较知名的监控组态软件（见表 3–5）。

表 3 − 5　　　　　　　　　　　　　　国际上较知名的监控组态软件

公司名称	产品名称	国别	公司名称	产品名称	国别
Iintellution	FIX、iFIX	美国	Rockwell	RSView	美国
onderware	Intouch	美国	信肯通	Think&Do	美国
Nema Soft	Paragon、Paragon TNT	美国	National Instruments	LabView	美国
TA Engineering	AIMAX	美国	Iconics	genesis	美国
GE	Cimplicity	美国	PC soft	WizCon	以色列
Siemens	WinCC	德国	Citech	Citect	澳大利亚

（2）国内较知名的监控组态软件。

国内较知名的组态软件有：力控、Kingview（组态王）、MCGS 等。

3.6　控 制 器 的 选 择

工业自动化是综合性应用技术，涉及自动控制、计算机、通信及网络等多学科、多技术领域，通过对工业生产过程进行数据采集、控制、优化、调度、管理和决策，达到增加产量、提高产品质量、降低消耗、确保安全的目的。

工业自动化系统通常分为生产管理级、生产调度控制级、过程优化级、基础自动化级和检测驱动级。下面仅讨论基础自动化级的功能及控制器。

3.6.1　基础自动化系统的任务

基础自动化是工业自动化系统多级结构中的一个子层，对不同的应用对象，由不同的系统组成，其控制功能的层次不完全一致。概括起来，基础自动化系统的主要任务是：

（1）起停、顺序控制。对单机进行起动与停止的控制，对生产机械的各个部分或生产线实现顺序控制，根据生产工艺流程的要求，按照预定的程序实现自动化。

（2）数值给定及控制。对生产过程的参量，如速度、位置、压力等根据工艺的要求形成给定值。给定值可为定值或变化值，用于本级或下一级控制的参考值。控制可以是开环的，也可以是闭环的，如前馈控制、补偿控制、PID 调节、模糊控制等。

（3）状态检测与数据采集。对生产机械及加工对象的状态及物理参量周期地或随机地进行检测、采集、显示与记录，作为各种自动控制功能动作与控制的依据，以便操作人员监视生产过程，并可作为对生产过程、产品质量、设备故障进行分析的依据。

（4）故障诊断。包括硬件故障诊断及软件处理故障诊断，这是提高可靠性和可维修性、尽量缩短故障查找及停机时间的有效手段。

（5）人机接口。基于个人计算机（PC）或与 PC 兼容的工业控制计算机（IPC，简称为工控机）操作站，是新一代人机接口。一方面取代以各种操作电器、信号灯、指示仪表为主的操作功能，使操作更加简洁。另一方面，基础自动化级的人机接口与上一过程优化级共用，方便集中监视和操作。

3.6.2　工业控制计算机

工业控制用计算机与生产过程直接相连接，对生产过程进行实时控制的计算机。因此与通用计算机、办公室使用的 PC 相比，在运行环境、硬件构成、软件配置等方面都有不同的要求。在工业生产中使用的控制计算机的分类方法很多，有以其规模大小分类的，也有以系统功能分类的。按规模大体可分为四类，即大型、中型、小型及微型计算机。按系统功能分为：数据采集和处理型、直接数字控制型、监控计算机控制型和生产及综合管理型几种。工业控制计算机突出的特点是：

（1）耐工业现场环境。所谓工业环境，它包括温度、振动、冲击、尘埃及腐蚀等因素。当今的工业 PC，即与 PC 兼容的工控机（IPC），在结构、通风、模板安装加固及元器件选型等方面，都定位于更高的可靠性标准。IPC 主机板的平均无故障运行时间或平均故障间隔时间（MTBF）已达 10 万小时以上。

（2）实时性。实时性常用"系统响应时间"来衡量，即当一个外部事件发生，系统能在多少时间内响应事件。生产过程要求控制计算机在规定的时间内对被控对象完成所要求的任务。生产过程中有些信号变化频率非常快，要求计算机系统在几毫秒甚至若干微秒内采集到一个事件信号或数据，并记录保存它。某些重要的状态如发生突变，表明有事故发生，也要求计算机系统在几毫秒内发出相应的控制信号，并记录当时时间及相关量的状态或数值，以便于事故的分析等。

计算机系统的实时性，一方面与 CPU 的性能与指令有关，更主要取决于操作系统对程序运行的调度方法。因此，实时性强的工业控制计算机多采用实时操作系统。

（3）丰富的过程输入输出。生产过程的大量信息是通过各种各样的仪表、传感器等输入到控制计算机，由计算机作出决策及将控制信息输出到各类执行机构。因此，和一般用于办公或管理的计算机不同，除人机接口、常规的各种外部设备外，过程输入输出设备是控制计算机必不可少的，是控制系统的重要组成部分。过程输入输出设备包括开关量、数字量、模拟量及脉冲计数等特殊功能接口。

在组成计算机控制系统时，需要在部件与部件之间进行连接与通信，经常采用的是总线方式。所谓"总线"，是指某种设计标准和工艺标准。技术设计标准是约定信号名称、电平等级、负载能力及连接原则；工艺标准是指结构尺寸，布线次序，印制电路或连接器的使用方法、引出线数目、用途及名称等，以及兼容使用的范围。标准总线在广义上讲也是接口电路，使用总线组成计算机系统、便于过程输入输出通道的添加或更换。

对于工控机的操作系统，当前基本可以与普通的 PC 机共用相同的操作系统，同时工业专用的 Windows NT 操作系统在工业领域也具有一定的地位，而网络服务器主要用 Windows Server。

3.6.3　可编程序控制器

可编程序控制器（Programmable Logic Controller—PLC）是一种专用的工业控制装置。它比一般的计算机具有更强的与工业过程相连接的接口和更直接的适用于控制要求的编程语言。所以 PLC 与计算机控制系统相似，也具有电源模块、中央处理单元（CPU）、存储器、输入输出接口模块、编程器和外部设备等。小型 PLC 多为 CPU 与 I/O 接口集成在一起的单元式结构，功能较少，大中型 PLC 通常采用模块化结构，功能强，设计灵活。

（1）中央处理单元（Central Processing Unit—CPU）是 PLC 控制系统的中枢。它包括微处理器和控制接口电路。它要完成软硬件系统的诊断，对电源和系统硬件配置、编程过程中的语法进行检查，并根据不同情况进行处理，在运行过程中，按系统程序赋予的功能，读入存储器内的用户程序，并以扫描方式读入所有输入装置的状态和数据，存入输入映像区中，然后逐条解读用户程序，执行包括逻辑运算、算术运算、比较、变换、数据传输等任务，在扫描程序结束后，更新内部标志位，将结果送入输出映像区或寄存器内，最后将映像区内的各输出状态和数据传送到相应的输出设备中，如此循环运行。CPU 还要完成与编程设备的通信、连接打印机等功能。

（2）存储器是用来存放程序和数据的存储器，包括系统程序存储区，用户程序存储区和系统数据存储区。系统程序存储区存放 PLC 的系统程序，包括监控程序、管理程序、命令解释程序、自诊断程序、模块化功能子程序等，其随 CPU 固化在 EPROM 中。用户程序存储区用于存放用户编制的应用程序，不同的 PLC 存储容量大小不同，有随机的，也有扩展存储的，RAM、EPROM、EEPROM 都可用来存放用户程序。系统数据存储区包括输入过程映像区、输出过程映像区及内部继电器、数据寄存器、定时器、计数器、累加器等。

（3）电源单元是 PLC 内部电源及总线电源供给部分。其作用是把外部供给电源变换成 PLC 内部各单元所需电源。它还应包括掉电保护电路和后备电池电源，以保持 RAM 在外部电源掉电后存储的内容不丢失。因其应用于工业环境中，各种电磁干扰较多，且工业供电电压波动范围较大，应采用电压适应范围宽、输出稳定的专用电源模块。一般电源模块供电电压范围为 AC 85～264V 和 DC 18～30V。

（4）I/O 接口模块是 PLC 的 CPU 与现场输入、输出装置或其他外部设备之间的连接接口部件。PLC 系统通过 I/O 模块与现场设备相连，每个模块都有与之对应的编程地址，模块上具有 I/O 状态显示，为满足不同的需要，有数字量输入输出模块、模拟量输入输出模块、计数器等特殊功能模块可供选择，PLC 所有 I/O 模块都具有光耦合电路，以提高 PLC 的抗干扰能力。I/O 接口模块既可与 CPU 放置在一起，也可通过远程站放置在设备附近。

（5）编程器与外部设备。编程器通过通信接口与 CPU 相连，实现人机对话，用户可通过编程器对 PLC 进行程序编制、系统调试和状态监控等操作。根据功能需要，有手持式和台式编程器可供选择，手持式编程器多用于小型 PLC 上，采用液晶显示器，信息量少，必须在线编程。大中型 PLC 多采用台式编程器，它由台式计算机或笔记本计算机，配以专用的程序开发软件组成，信息量大，功能齐全，既可实现在线（on line）和离线（off line）编程，还可完成程序的上载及打印输出等功能。

习 题 3

（1）电动机选型时应该考虑的因素是什么？不需要调速的电动机和需要调速的电动机相比，选型时有什么不同？

（2）阐述交流电动机和直流电动机的异同点？

（3）阐述普通励磁同步电动机和永磁同步电动机的不同点？

（4）电机调速器选型时需要注意哪些问题？

（5）交流变频器通过哪些参数的变化可以进行调速？

（6）阐述软起动器的功能？

（7）工业现场总线主要包含哪几种？

第4章　电气传动系统图纸设计

依据电气设计需求，根据电气设计相关标准和产品手册等，遵循电气设计的相关步骤，选择主要的功能器件后，需要设计图纸以进行后期实施。图纸的设计内容主要包含概略图设计、电路图设计、接线图设计、布置图设计及主要设备材料表的罗列等。在图纸绘制过程中，需要遵守电气图纸中相关内容的规范表示方式。

4.1　项目代号组成的一般原则

目前我国电气技术中采用的项目代号组成是采用 IEC 60750：1983 的 GB/T 5094—1985《电气技术中的项目代号》制定的，而文字符号是根据 GB/T 5094—1985 中对项目种类的规定和结合我国国情制定的 GB/T 7159—1987《电气技术中的文字符号制订通则》中规定的。21 世纪初，我国相继发布了等同采用 IEC 61346.1-4：1996—2001 的 GB/T 5094.1～4—2002～2005 标准，以代替 GB/T 5094—1985，并于 2005 年废止了 GB/T 7159—1987 标准。新旧 GB/T 5094 标准名称和范围见表 4-1。

表 4-1　　　　　　　　　　新旧 GB/T 5094 标准名称和范围表

标准编号	标准名称	标准范围
GB/T 5094—1985	电气技术中的项目代号	规定电气技术领域中项目代号的组成方法和应用原则
GB/T 5094.1—2002	工业系统、装置与设备以及工业产品结构原则与参照代号 第 1 部分：基本规则	规定描述系统有关信息和系统本身结构的一般原则
GB/T 5094.2—2003	工业系统、装置与设备以及工业产品结构原则与参照代号 第 2 部分：项目的分类与分类码	规定项目的分类及在参照代号中表示项目类别的字母代码（分类表适用于一切技术领域的项目）
GB/T 5094.3—2005	工业系统、装置与设备以及工业产品 结构原则与参照代号 第 3 部分：应用指南	提供了技术项目信息的构成和选择用作参照代号的适当字母指南和示例
GB/T 5094.4—2005	工业系统、装置与设备以及工业产品、结构原则与参照代号 第 4 部分：概念的说明	以"项目"为基础按其寿命的历程说明用于 GB/T 5094.1—2002 中的一些概念

项目代号组成原来采用的标准是 GB/T 5094—1985，而对应的新标准为 GB/T 5094.1—2002。两者在项目代号组成方法上有很大的差异，考虑到旧项目代号组成方法已在我国电气工程技术中得到广泛应用，且两者相差很大，因此本手册同时介绍新旧标准规定的项目代号组成。

下面列出了新标准规定的项目代号的一般组成原则：

结构原则如下：

（1）为使系统的设计、制造、维修或运营高效率地进行，往往将系统及其信息分解成若干部分，每一部分又可进一步细分。这种连续分解成的部分和这些部分的组合就称为结构。

已建成的结构应有如下内容：

1）系统的信息结构，即信息在不同的文件和信息系统中如何分布；

2）每一种文件中的内容结构（示例参见 GB/T 6988.1—2008《电气技术用文件的编制 第 1 部分：规则》）；

3）参照代号的构成。

一个系统以及每一个组成的项目，都可以从诸多方面进行观察，例如：它做什么；它是如何构成的；它位于何处。

系统内项目的相关信息和结构，因所用的方面不同而可能大不相同。因此，每一方面均需有单独的结构。

相对于所研究方面的三种类型，本标准把相应结构称为功能面结构、产品面结构、位置面结构。

其他类型的方面和结构也是存在的，例如按计划管理和材料分类，它们也可以作为其他代号系统的基础。

（2）功能面结构以系统的用途为基础。它表示系统根据功能方面被细分为若干组成项目，而不必考虑位置或实现功能的产品。

以功能面结构为基础提供信息的文件，可以用图或文字来说明系统的功能如何被分解为若干子功能，正是这些子功能共同完成预期的用途。图 4-1 示出功能面结构的图解。

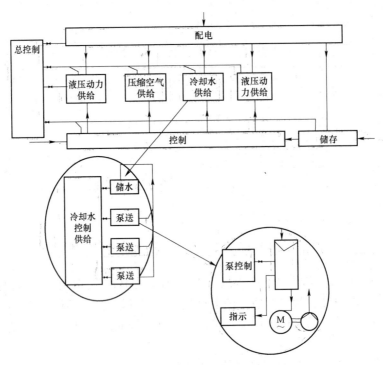

图 4-1 功能面结构的图解

（3）产品面结构以系统的实施、加工或交付使用中间产品或成品的方式为基础。它表示系统根据产品方面被细分为若干组成项目，而不考虑功能或位置。一个产品可以完成一种或多种独立功能。一个产品可独处于一处，或与其他产品合并于一处。一个产品也可位于多处

（如带负载—扬声器的立体声系统）。

以产品面结构为基础提供信息的文件，用图或文字说明产品如何被分解为若干子产品，正是这些子产品的制造、装配或包装共同完成或汇集成产品。图 4-2 示出产品面结构的图解。

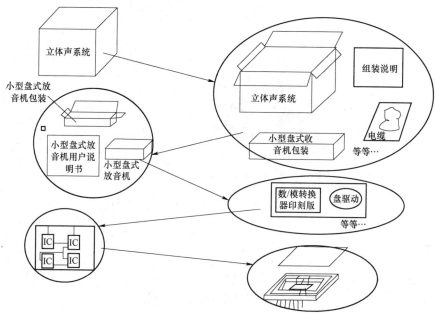

图 4-2　产品面结构的图解

（4）位置面结构以系统的位置布局或系统所在的环境为基础。位置面结构表示系统根据位置方面被分解为若干子项目而不必考虑产品或功能。一个位置可以包含任意数量的产品。

在位置面结构中，位置可以被连续分解，例如可分解为地区、大楼、楼层、房间、坐标、柜组或柜列的位置、柜的位置、面板的位置、印制电路板槽和印制板上的位置。

以位置面结构为基础提供信息的文件，用图或文字说明构成系统的产品实际处于何位置。

（5）一个项目的任何方面，可以用其他项目的同一方面来描述。对所标识项目同一方面连续分解的结果，可以用图 4-3 所示的结构树来表示。此结构树的另一种形式见图 4-4。

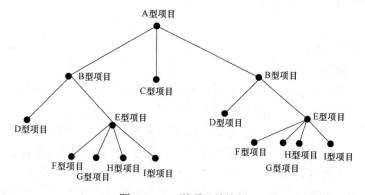

图 4-3　A 型项目结构树

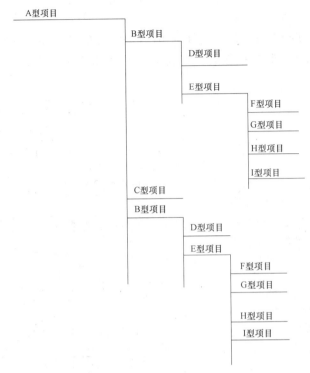

图 4-4　A 型项目结构树的另一种形式

参照代号的构成：

（1）参照代号应唯一地标识所研究系统所关注的项目。

像图 4-3 所示的树状结构中，节点代表这些项目，分支代表这些项目其他项目（即子项目）的分解。对事件在另一项目内的每一个项目应给予单层参照代号。

此单层参照代号对其内事件项目而言是唯一的。对顶端节点所代表的项目，则不应给予单层参照代号。

（2）参照代号的格式。

1）单层参照代号：给予项目的单层参照代号应包含前缀符号，前缀符号之后为以下三种代码的一种：字母代码，字母代码加数字，数字。

用来表示参照代号的前缀符号的字符应为：

＝表示项目的功能面；

－表示项目的产品面；

＋表示项目的位置面。

因计算机工具方面的缘故，前缀符号应从 GB/T 1988—1988《信息技术　信息交换用七位编码字符集》的 GO 集或等效的国际标准中选取。

如果同时采用字母代码和数字，则数字应在字母代码之后。对相同字母代码的同一项目的各组成项目，应以数字来区分。如果数字本身或与字母代码相组合的数字具有重要意义，则应在文件或支持文件中说明。

数字可以包含前置零，如果前置零具有重要意义，则应在文件或支持文件中说明。为了有较好的可读性，建议数字和字母代码尽可能短。表 4-2 示出单层参照代号的例子。

表 4-2　　　　　　　　　　　　单 层 参 照 代 号 示 例

项目功能面参照代号	项目产品面参照代号	项目位置面参照代号
=A1	-A1	+G1
=ABC	-RELAY	+RM
=123	-561	+101
=TXT12	-LET12	+RM101

2）多层参照代号应为从结构树顶端下至所关注项目所经路径的一种代码表示法。这一路径将包含若干个节点。通过连接从最高点开始路径上代表每个项目的单层参照代号，便构成多层参照代号。路径上的节点数根据所研究系统的实际需要和复杂性而定。

当单层参照代号的前缀符号与前面的单层参照代号的前缀符号相同时：

如果单层参照代号以数字结尾，并且下一代号以字母代码开始，则前缀符号可以省略；前缀符号可用 "."（下脚点）代替。

表 4-3 为多层参照代号及其书写方法的示例。

表 4-3　　　　　　　　　　　　多 层 参 照 代 号 示 例

=A1=B2=C3	-A1-1-C-D4	-A1-B2-C-D4	+G1+111+2	+G1+H2+3+S4
=A1B2C3	-A1-1C-D4	-A1B2C-D4	+G1.111.2	+G1H2+3S4
=A1.B2.C3	-A1.1.C.D4	-A1.B2.C.D4		+G1.H2.3.S4

在多层参照代号的表示方法中，可以采用空格来分隔不同的单层参照代号。空格无特殊意义，只是为了增加可读性。

（3）当某方面类型的视点需要补充，应采用两个（三个等）前缀符号的字符在该视点的范围内构成项目的代号。补充视点的含义和应用应在文件或支持文件中说明。

表 4-4 示出多层参照代号采用多个前缀符号的一些例子。

表 4-4　　　　　　　　　　多个前缀符号的多层参照代号示例

==A==B==W	--A1—B2--3--D	++B1++2++D++G1++H2
==A.B.W	--A1B2--3D	++B1++2D++G1H2
	--A1.B2.3.D	++B1.2.D.G1.H2

下列规定适用于位置的代号：

1）国家的代号应按照 GB/T 2659—2000《世界各国和地区名称代码》。

2）城市、乡村、有名称的区域等的代号要尽量短。

3）如果适当，可采用 UTM 坐标系或其他地图坐标系来标识地理区域。

4）大楼的代号应按照 ISO 4157-1《建筑制图　第 1 部分：建筑物与建筑物部件的代号》。

5）大楼中楼层的代号应按照 ISO 4157-1。

6）大楼中房间的代号应按照 ISO 4157-2《技术制图　建筑图　建筑与建筑部件的代号　第 2 部分：房间与其他区域的代号》。也可以用坐标识大楼内或建筑物内的位置。设备、组件等内部的位置代号由设备、组件等制造商自行规定。图 4-5 表示出了材料加工厂加工系统（U1）部分和供电系统（G1）部分的概略图。着重说明的是加工系统的输送带功能（=W2）。图 4-6 示出材料加工厂各部分的功能面结构树。

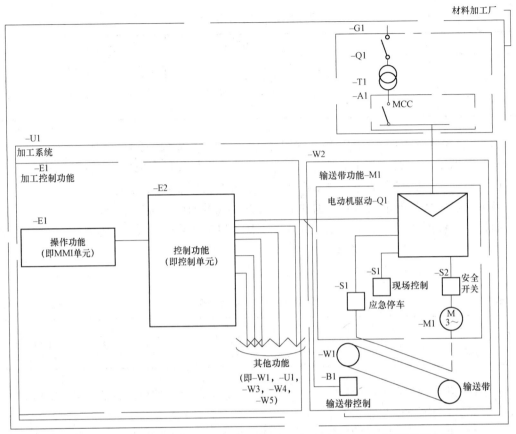

图 4-5　材料加工厂加工系统（U1）部分和供电系统（G1）部分的概略图

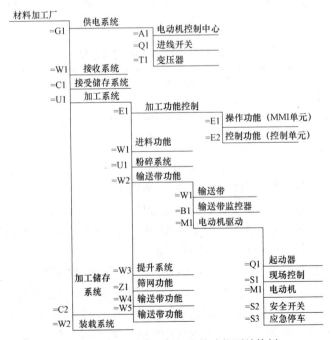

图 4-6　材料加工厂各部分的功能面结构树

4.2 概 略 图 设 计

系统概略图主要是根据对项目功能的前期了解，利用图形符号或者框图的形式描述各个结构、功能、地形等模块之间的关系，为具体电路图的设计提供一个总体的描述。该图分别能够描述出项目的功能方面、地形学方面和连接性方面的特征。

功能方面：主要强调系统中各子功能块的功能，及描述功能块之间的连接方式。

地形学方面：主要强调各子功能模块之间连接的距离及位置分布。

连接性方面：主要强调各子功能块之间的电气流向、类型、数量、连接线的线径以及之间的连接方式（通信或者直连线）。图 4-7 为材料处理工厂的概率图，图 4-8 为利用框图形式表示的处理厂运行流程的概率图。

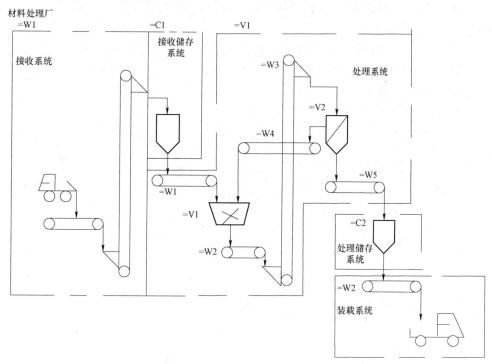

图 4-7 材料处理工厂概率图

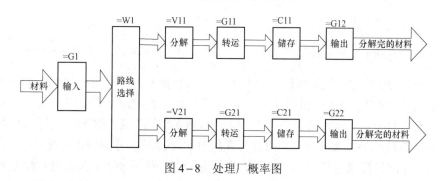

图 4-8 处理厂概率图

4.3　电 路 图 设 计

电路图是根据项目的各子功能模块图描述的功能，即包含对应功能元器件，并将各个元器件相互连接的图。首先在选型时，利用器件选型手册，根据参数介绍和功能说明等选择合适的器件。但电路图中只显示各个元器件的型号、图形符号和连接方式，不描述元器件的实际物理尺寸和形状，该图的目的是为了便于理解项目的功能。

电路图应包含下面的内容：

1）图形符号：用于各元器件的表示符号。

2）连接线：用于表示电路中各元器件的连接信息（线径、信号代号、位置检索）。

3）端子代号：各个接线端的连接代号，用于查找相同的接线点。

4）参照代号：表示各元器件的代号，以便于对元器件类型等进行查询。

4.3.1　主电路的设计

图 4-9 是一个配置比较全面的单机三相笼型异步电动机单向全电压起、停的电气主电路，也是最常见的异步电动机控制电路之一。大多数工业自动化控制系统中的控制主电路就是由该基本电路派生而成的。

由图 4-10 可见，电路具有以下环节：

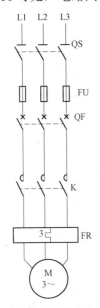

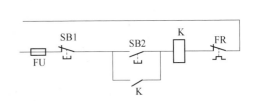

图 4-9　三相异步电动机全压启动停止主电路　　　　图 4-10　三相异步电动机全压启动停止控制电路

（1）刀开关 QS 起电源隔离作用。刀开关（刀形转换开关）是一种结构简单、应用十分广泛的手动电器，主要供无载通断电路用，即在不分断负载电流或分断时两触刀之间不会出现明显极间电压的条件下接通或分断开关用。当能满足隔离功能要求时，刀开关也可用作电源隔离开关。当刀开关有灭弧罩，并用杠杆操作时也可接通或分断额定电流。

兼有开关作用的隔离器称作隔离开关，它具备一定的接通能力。隔离器和熔断器串联合成一个单元，隔离器的动触刀由熔断体或带熔断体的载熔件组成时，即为隔离器式熔断器或称为熔断器式隔离器。

（2）熔断器 FU 作为电路后备断路保护。

熔断器是一种当电流超过规定值一定时间后，以它本身产生的热量使熔体熔化而分断电路的电器。它广泛应用于低压配电系统和控制系统，在用电设备中作短路和过电流保护，能在电路发生短路或严重过电流时快速自动熔断，从而切断电路电源，起到保护作用。

熔断器电流的确定：

1）用于保护负载电流比较平稳的照明或电热设备，以及一般控制电路的熔断器，其熔体额定电流 I_n 按线路计算电流确定。

2）用于保护电动机的熔断器，应按电动机的起动电流倍数考虑躲过电动机起动电流的影响，一般选熔体额定电流 I_{Fe} 为电动机额定电流 I_{Me} 的 1.5～3.5 倍。对于不经常起动或起动时间不长的电动机，选较小倍数；对于频繁起动的电动机选较大倍数；对于给多台电动机供电的主干线母线处的熔断器的熔体额定电流可按下式计算

$$I_{Fe} \geqslant (2.0 \sim 2.5) I_{Me\max} + \sum I_{Me}$$

式中：I_{Fe} 为熔断器的额定电流；I_{Me} 为电动机的额定电流；$I_{Me\max}$ 为多台电动机中容量最大的一台电动机的额定电流；$\sum I_{Me}$ 为其余电动机额定电流之和。

为防止发生越级熔断，上、下级（即供电干、支线）熔断器间应有良好的协调配合，宜进行较详细的整定计算和校验。

（3）低压断路器 QF 是电路的电源开关，并作为电路的短路和过电流主保护。低压断路器俗称自动空气开关，是低压配电网中的主要开关电器之一，它不仅可以接通和分断正常负载电流、电动机工作电流和过载电流，而且可以接通和分断短路电流。它主要用在不频繁操作的低压配电线路或开关柜（箱）中作为电源开关使用，并对线路、电气设备及电动机等实行保护，当它们发生严重过电流、过载、短路、断相、漏电等故障时，能自动切断线路，起到保护作用，低压断路器有多种功能，它以脱扣器或附件的形式实现。

（4）热继电器 FR 具有对电动机过载保护作用，与电动机的反时限特性相匹配。热继电器是一种利用电流热效应原理工作的电器，具有与电动机容许过载特性相近的反时限动作特性，主要与接触器配合使用，用于对三相异步电动机的过电流和缺相保护。

（5）接触器 K 为控制过程中的自动执行机构，欠电压保护与失电压保护是依靠接触器本身的电磁结构来实现的。

接触器是一种适用于在低压配电系统中远距离控制、频繁操作交直流主电路及大容量控制电路的自动控制开关电器，主要应用于自动控制交直流电动机、电热设备、电容器组等设备，应用十分广泛。

接触器的线圈电压应按选定的控制电路电压确定。主要的控制电压有：

直流：24、48、110、125、220、250V。

交流：24、36、48、110、127、220V。

交流接触器的控制电路按电流种类分为交流和直流两种，一般情况下，多用交流，当操作频繁时则常选用直流。

4.3.2　控制电路的设计

图 4-8 为三相异步电动机全压起动、停止控制电路，该控制电路中主要包含一些主令

电器和用于控制的辅助器件。其中 SB1 和 SB2 为按钮开关，SB1 为按钮开关常闭触点表示方法，SB2 为按钮开关常开触点表示方法。K 为主电路中接触器的控制线包和常开触点的表示，FU 为熔断器的表示方法，主要用来保护控制电路。下面列出几种控制电路常用的辅助和主令器件。

（1）继电器。继电器是一种利用各种物理量的变化，将电量或非电量信号转化为电磁力（有触头式）或使输出状态发生阶跃变化（无触头式），从而通过其触头或突变量促使在同一电路或另一电路中的器件和装置动作的一种控制组件。常用典型继电器主要有电磁式继电器、通用直流电磁继电器、小型电磁继电器、时间继电器、温度继电器、固态继电器和一些可编程通用逻辑控制继电器。

（2）按钮控制。按钮在电气自动控制电路中，用于手动发出控制信号，以控制接触器、继电器、电磁起动器等。按钮的结构种类很多，可分为普通揿钮式、蘑菇头式、自锁式、自复位式、旋柄式、带指示灯式、带灯符号式及钥匙式等。有单钮、双钮、三钮及不同组合形式。有一对常闭触头和常开触头，有的产品可通过多个组件的串联增加触头对数，最多可增至 8 对。

为了标明各个按钮的作用，避免误操作，通常将按钮帽做成不同的颜色，以示区别，其颜色有红、绿、黑、黄、蓝、白等，另外还有形象化符号可供选用。按钮的主要参数有型式及安装孔尺寸、触头数量及触头的电流容量，在产品说明书中都有详细说明。常用国产产品有 LAY3、LAY6、LA20、LA25、LA38、LA101、NPI 等系列。

（3）行程开关。行程开关又称限位开关，是一种利用生产机械某些运动部件的碰撞来发出控制指令的主令电器，用于控制生产机械的运动方向、速度、行程大小或位置的一种自动控制器件。其基本结构可以分为三个主要部分：摆杆（操作机构）、触头系统和外壳。其中摆杆形式主要有直动式、杠杆式和万向式三种。触头类型有一常开一常闭、一常开两常闭、两常开一常闭、两常开两常闭等形式。动作方式可分为瞬动、蠕动、交叉从动式三种。行程开关的主要参数有型式、动作行程、工作电压及触头的电流容量。目前国内生产的行程开关有 LXK3、3SE3、LX19、LXW、WL、LX、JLXK 等系列。

（4）接近开关。接近开关又称为无触头行程开关，它不仅能代替有触头行程开关完成行程控制和限位保护，还可用于高频计数、测速、液面控制、零件尺寸检测、加工程序的自动衔接等的非接触式开关。接近开关按其工作原理分，主要有高频振荡式、霍尔式、超声波式、电容式、差动线圈式、永磁式等，其中高频振荡式最为常用。

接近开关的工作电源种类有交流和直流两种；输出形式有两线、三线和四线制三种；晶体管输出类型有 NPN 和 PNP 两种。接近开关的主要参数有型式、动作距离范围、动作频率、响应时间、重复精度、输出型式、工作电压及触头的电流容量。

（5）转换开关。转换开关是一种多档式，控制多回路的主令电器，广泛应用于各种配电装置的电源隔离、电路转换、电动机远距离控制等。

目前常用的转换开关类型主要有两大类：万能转换开关和组合开关。转换开关一般采用组合式结构设计，由操作机构、定位系统、限位系统、接触系统、面板及子柄等组成。转换开关的主要参数有型式、手柄类型、操作图型式、工作电压、触头数量及其电流容量，在产品说明书中，都有详细说明。

（6）指示灯。指示灯在各类电气设备及电气线路中用作电源指示及指挥信号、预告信号、运行信号、事故信号及其他信号的指示。

对于人力操作的按钮、开关，包括按钮、转换开关、脚踏开关和主令控制器等，除满足控制电路电气要求外，主要是安全要求与防护等级，必须有良好的绝缘和接地性能，应尽可能选用经过安全认证的产品，必要时宜采用低电压操作等措施，以提高安全性。其次，是选择按钮颜色、标记及组合原则、开关的操作图等。

（7）电气安装附件。电气安装附件是保证电气安装质量及安全而必需的一种工艺材料，在电路中起整理、连接、固定和防护等作用，是实现设计功能的必备材料。正确地选用电气安装附件，对提高产品质量和性能十分重要。

4.4 接线图设计

接线图在设计时主要根据概略图中各功能模块的电路图进行设计，该图的主要目的是为了便于后期柜体等线路的敷设以及检修。其设计内容与电路图中的内容一致，仅表现形式和突出重点存在差别，下面列出了在接线图设计时应该遵守的规定。

（1）一般规定。接线图提供下列信息：

单元或组件的元器件之间的物理连接（内部）。

组件不同单元之间的物理连接（外部）（见图 4-11）。

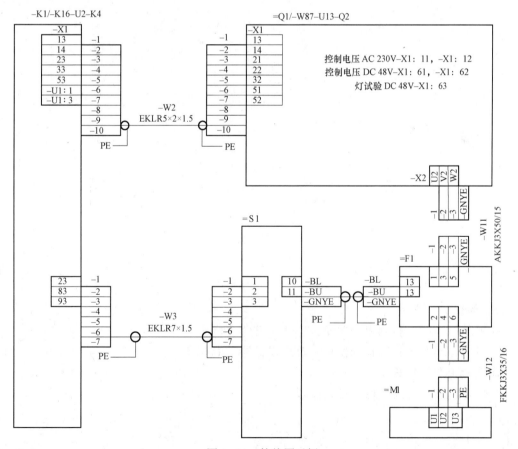

图 4-11　接线图示例

到另外一个单元的物理连接（外部）。

图中示出的连接点应用其端子代号标识，并且应标识使用的导体或电缆。例如：

1）导线或电缆的类型信息（例如：型号、项目或零件号、材料、结构、尺寸、绝缘颜色、额定电压、导线数量及其他技术数据）；

2）导线、电缆数量或参照代号；

3）布局、行程、附件、扭曲、屏蔽等的说明或方法；

4）导体或电缆的长度。

（2）器件、单元或组件的表示方法。器件、单元或组件的连接，应用正方形、矩形或圆形等简单的外形或简化图形表示法表示，也可采用 GB/T 4728 的图形符号。表达器件、单元或组件的布置，应方便简图按预定目的使用。

（3）端子的表示方法。应示出表示每个端子的标识。端子表示的顺序应便于表示简图的预定用途。

（4）电缆及其组成线芯的表示方法。如果用单条连接线表示多芯电缆，而且要表示出其组成线芯连接到物理端子，表示电缆的连接线应在交叉线处终止，并且表示线芯的连接线应从该交叉线直至物理端子。电缆及其线芯应清楚地标识（例如：用其参照代号），见图 4-12。

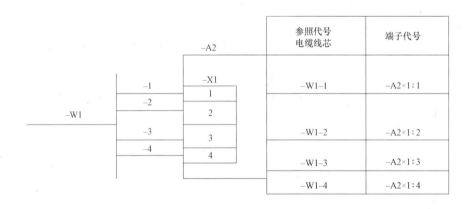

图 4-12　多芯电缆终端表示方法示例

（5）导体连接时除非有物理接点，否则不要用 GB/T 4728 中的符号 S00019 和 S00020。

（6）简化表示方法。

1）垂直（水平）排列每个单元、器件或组件的端子。

2）垂直（水平）排列不同器件、单元或组件互相连接的端子。

3）省略其外形的表示。

图 4-13 表示了接线图的简化表示方法。

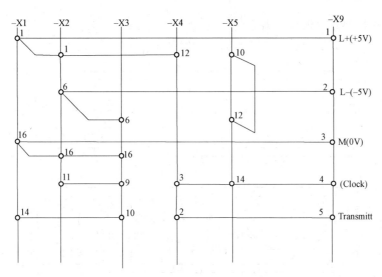

图 4-13　接线图简化表示方法示例

4.5　布　置　图　设　计

布置图是表达项目的相对或绝对位置信息的图。

下面列出了设计布置图时需要遵守的一些规定。

（1）一般规定。布置图主要描述通常基于 2D 或 3D 模型的项目的拓扑或几何位置，并遵照相关标准的规则。

本节规定电工技术用布置图的规则，常常用基本文件制定。

（2）基本文件要求。基本文件如总平面图、建筑图、尺寸图（对于机械单元），应按比例绘制。基本文件的内容是布置图的完整部分。基本图应示出编制定位电气设备布置图的全部必要信息，例如：

1）地理位置点。

2）指北针。

3）建筑物位置和轮廓、场地道路、附属设施、出入口及场地边界。

4）平面图和局部视图中房间、小室、走廊、开口、窗户、门等的轮廓和构造详情。

5）与建筑物有关的障碍物，例如：结构梁、支柱。

6）地板或装饰板的负载容量及对切割、钻孔或焊接的任何限制。

7）电梯、起重机，加热，冷却和通风系统等特殊安装的间隙。

8）危险区域。

9）接地点。

10）所需的有用空间和出入口。

11）设备布置。

12）导体路径。

13）出入口。

14）绝缘条件。

15）外壳防护要求（湿度、灰尘）。

图 4-14 示出基本文件如何用于不同的布置图中。

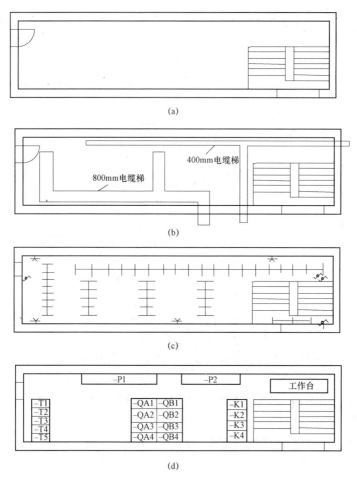

图 4-14　基本文件用法示例

（3）布置图表示方法。布置图示出项目的相对或绝对位置或尺寸。

项目用下列方法表示：形状、简化外形、主要尺寸和符合 GB/T 4728 的符号。

（4）电气柜布置图。电气柜中的布局除了标注出原理图设计的器件，还需要标注出器件的尺寸大小，以及电气柜中为了使导线走向美观、元器件装卸容易、维修方便和加强电气安全，满足电气工艺而需要的一些附件尺寸。

而配套附件主要是用于配电箱柜及电气成套设备内的元器件、导线的固定和安装。安装附件种类很多。下面列出几种主要的常用标准附件。

1）接线号。可作为导线的线端标记，线号标记可采用专用印号机打印或用记号笔标记。

2）字码管。是一种用 PVC 软质塑料制造而成的字符代号或号码的成品，可单独套在导线上作线号标记用。

3）行线槽。行线槽采用聚氯乙烯塑料制造而成，用于配电箱柜及电气成套设备内作为布线工艺槽用，对置于其内的导线起防护作用。

4）波纹管、缠绕管。采用 PVC 软质塑料制造而成，用于配电箱柜及电气成套设备的活动部分及建筑电气工程中用作电线保护。缠绕管既可用于行线、捆绑和保护导线级，又可用于过门导线的保护。

5）固定线夹、贴盘、扎带。固定线夹用于配电箱柜及电气成套设备中过门导级及其他配线的固定。贴盘和扎带配合广泛应用于电气仪表、电气装置等配线的线束固定。

6）母线绝缘框。用于配电柜中的铜、铝母线排的支撑和固定安装。

以上几种附件需要设计及安装人员根据现场情况自由搭配，尽量做到使配电柜内部接线整齐、布局安全。

布置图可包括连接的表示方法。连接线应能清楚地与基本文件的线区别开。连接线应示出连接到每条电路的元器件及其顺序。如果是表面安装或采用了输送管和管道时，应示出连接的实际路线。

可以用单线表示方法表示多线电路。可以用简化表示法表示多条平行连接线。图4-15 示出配电室安装面板的布置图示例，而图4-16 示出工业厂房布置图示例。图4-17 为柜体的表面开孔尺寸图。

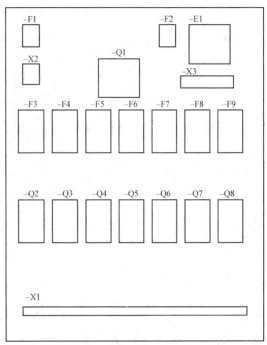

图 4-15　配电室安装面板布置图

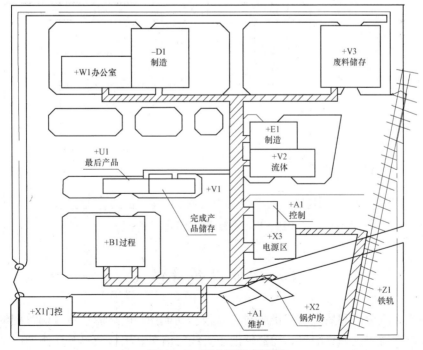

图 4-16　工业厂房布置图

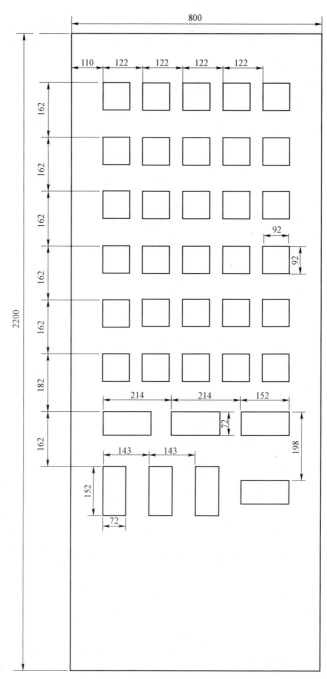

图 4-17 柜体表面开孔尺寸图

4.6 主要设备材料表

为了便于系统分析和后期材料准备过程，根据功能图、电路图和接线图等图纸，列出项目中的主要材料清单，如总清单、元器件清单、线材清单、辅材清单等。例如：在项目的总清单中包含项目中的序号、设备名称、型号、单位、数量、生产厂家、备注等。其格式如表 4−5 所示。如果在元器件清单中需要详细的列出器件序号、代号、名称、型号、单位、数量、参数、生产厂家、备注等。其格式如表 4−6 所示。

表 4−5　　　　　　　　　　　　　　项 目 总 清 单

序号	设备名称	型号	单位	数量	生产厂家	备注

表 4−6　　　　　　　　　　　　　　元 器 件 材 料 清 单

序号	代号	名称	型号	单位	数量	参数	生产厂家	备注

清单的具体代号根据图纸中各个项目的相应命名方式进行命名。清单的具体内容可根据实际项目的需要在表 4−5 和表 4−6 的基础上进行适量删减。

习 题 4

（1）参照代号的构成和格式有哪些？在项目里一般起到什么作用？

（2）页面布局一般包含哪几部分？作用是什么？

（3）阐述概略图和电路图的不同点？

（4）电路图的绘制规则有哪些？

（5）刀开关的作用是什么？与带电源隔离作用的刀开关相比，不同点是什么？

（6）阐述控制电路与主回路的共同点和不同点？

第 5 章　电气传动系统图纸审查

5.1　器件及功能检查

（1）利用产品说明，检查器件的运行参数、环境要求、防护等级等是否满足设计要求。

1）根据实际使用环境检查是否防护等级满足系统要求；尤其是高压产品，其安全性、安装场所和安装距离等安装要遵守严格的规范。

2）检查室外安装时是否具有防护措施；针对一些需要安装在室外的器件，是否具有配套的防雨防潮措施，如果没有，要考虑额外添加防雨防潮设施。

3）检查防爆级别是否满足设计要求；针对特殊应用的场合，需要具有一定的防爆等级，确定相关器件是否满足要求。

4）检查器件的抗干扰能力是否满足要求；确定电气系统器件不会被大功率等器件影响，致使其工作不稳定或损坏。

5）检查器件是否对其他器件造成干扰；确定器件，尤其是大功率器件不会对系统中的其他电气设施造成影响。

6）检查器件是否具有产品认证；对电气器件，为了保证安全，国家或者行业都有一些强制性的认证要求。常见的产品认证有中国 CCC（以前长城认证）、欧盟 CE、美国 UL、加拿大 CSA、日本 JET/PSE 等。

7）检查器件的运行参数是否满足电气设计的要求；如器件能够承受的最大电流、电压、功率和各种传感器的量程等是否满足设计要求。

8）器件是否为正规厂家的合格产品；确定选型的产品厂家是否为正规厂家，确定其产品是否为问题频发的产品等。

9）根据设计要求，检查器件参数是否具有一定的余量；电气设计产品选型时都需要考虑系统能够承受的极值，且根据该值选择对应容量参数的器件。

10）器件之间配套参数的检查；当选择一个器件运行参数时，需要考虑与其上下关联的器件参数。确定各个器件之间是否搭配合理。

（2）根据设计要求，检查设计的系统是否满足要求；

1）检查设计的系统是否满足国家和行业规范；国家和行业规范对图纸的设计、线路的选择、线路的安装方式、器件的应用等方面具有明确的说明，需检查是否满足要求。

2）逐条检查设计内容是否满足设计要求；如精度的要求、安装方式的要求、采集参数的数量等要求。

3）检查系统是否具有一定的容错性和运行余度。需要判断系统在误操作等情况下是否造成损坏，是否需要增添相应功能减小误操作的影响。确定系统运行时能承受的最大功率等参数是否满足要求。

4）检查系统长期运行时的发热等是否满足环境要求；确定系统如果长期运行时，设计的通风等冷却方式是否能够满足长期、稳定运行的要求。

5.2 接 地 检 查

（1）三相五线制的电气系统动力部分的设备保护接地线和零线的有效线径在任何情况下不得小于相线的 1/2，照明系统中无论三相五线或单相三线制的地线和零线必须与相线有效线径相同。

（2）工作接地与保护接地的干线允许合用，但其截面不得小于相线截面的 1/2。

（3）每个电气装置的接地应以单独的接地线与接地干线相连接，不得在一个接地线中串接几个需要接地的电气装置。

（4）380V 配电箱、检修电源箱、照明电源箱接地铜裸线截面应＞4mm²，铝裸线截面应＞6mm²，有绝缘铜线截面应＞2.5mm²，有绝缘铝线截面应＞4mm²。

（5）接地线离地面距离宜为 250～300mm。

（6）工作接地用黄绿相间的条纹涂在表面，保护接地应用黑色涂在表面上，设备中性线宜涂淡蓝色标志。

（7）地线焊接时，应采用搭接焊，其搭接长度必须符合扁钢为其宽度的 2 倍（且至少 3 个棱边焊接），圆钢为其直径的 6 倍（且要双面焊接），圆钢与扁铁连接时，搭接焊长度为圆钢的 6 倍（且要双面焊接）。

（8）接地装置的入地短路电流，采用在接地装置内外短路时，经接地装置流入地中的最大短路电流对称分量的最大值，应按 5～10 年发展后的系统最大运行方式确定，并应考虑系统中各接地中性点间的短路电流分配，以及避雷线中分走的接地短路电流。

5.3 抗干扰设计检查

在系统设计和产品生产调试中应自始至终检查和改进抗干扰能力，以达到预期的目的，表 5-1 列出常见的自检项目。

表 5-1　　　　　　　　　　　抗 干 扰 自 检 项 目

项号	类别	检 查 项 目	采取的措施
1		本设备运行时对其他装置的干扰	
2		设备在所规定的电磁环境中的抗干扰能力	抑制对外的电磁干扰
3		现场的电源波动和温度变化的影响	测试现场条件，采取措施
4	设计	负载变化及通断的浪涌对器件的危害	防浪涌措施
5		大电容负载的冲击电流和过电压的抑制能力	加限流电阻、电感、保护二极管
6		TTL 电流源器件"与"连接时个别器件过电流损坏的可能性	
7		电源短路的保护措施	

续表

项号	类别	检 查 项 目	采取的措施
8 9 10 11 12	电源	电源通断时产生的尖峰脉冲的影响 电网波动对电源的影响 电源发生瞬时变化时的工作稳定性 连续运行的局部温升异常 集成式电源或运算放大器有否自锁现象	采用过零开关或错开敏感期 加自动调压器 散热通风措施 纠正电源建立顺序
13 14 15 16 17	输入输出	集成电路开关动作引起的振荡，尤其是前后沿时间短于 $1\mu s$ 时 作为其他电路（晶体管等）输入的集成电路与输出信号匹配 集成电路多余输入端的处理 集电极开路的集成元件输出端配置"上拉电阻"，以提高噪声容限 集成电路输入端配置接地电阻或负钳位电压，以保持输入为低电平	加整形电路 提高晶体管输入阻抗等 合并或接电源 接 $1\sim10k\Omega$ 上拉电阻 接 390Ω 以下接地电阻或钳位二极管
18	信号	时钟脉冲或信号有无双脉冲、振铃和振荡现象	
19 20	波形	触发器的触发脉冲宽度和信号宽度是否过宽 集成式单稳态触发器的尖脉冲干扰动作	加积分电路或加选通信号
21 22 23 24 25 26 27	布线	开关电路印制板的电源加旁路电容器，降低板内电源干扰 印制板组成系统的调试步骤合理，以免印制板过载运行 印制板的插拔操作，及其对其他板的影响 各印制板接地线的电位差影响 屏蔽线的接地 动力线与信号线的干扰影响 交流接地与数控装置机壳分开接地	合理布线 分开布线或加屏蔽
28 29 30 31 32 33	加工工艺	双列直插式集成电路插脚不宜多次弯曲 电烙铁漏电 钳子、螺钉旋具的磁化 印制线条有无断开或短路 装配中的静电危害 焊接温度过高	弯曲不应超过 30° 操作者、工作台、地面去静电措施 不超过 $260^\circ C$，采用浸焊

5.4　电动机的功率计算校验

电动机的功率计算一般由机械设计部门选定。根据负载先预选一台电机，然后进行下述校验。

（1）发热校验根据生产机械的工作制及负载图，按照等效电流（方均根电流）法或平均损耗法进行计算。有些生产机械负载图不易确定，可通过试验、实测或对比（与实际运行的类似机械相比较）等方法来校验。从生产的发展、负载的性质以及考虑电网电压的波动、计算误差等因素综合考虑，应留有适当余度（一般为10%左右；采用同步电动机时还应考虑到其他一些因素，如补偿功率因数等，可以更大一些）。

（2）起动校验。考虑到起动时电源电压的降低，应对起动过程中的最小转矩是否大于负载转矩进行校验，以保证电动机顺利起动。

（3）过载能力校验。对于短时工作制、重复短时工作制和长期工作制，需校验电动机最大过载转矩是否大于负载最大峰值转矩。

（4）电动机 GD^2 校验。某些机械对电动机动态性能有特殊要求，例如飞剪对电动机起动时间和行程有要求；连轧机主传动对速降及速度响应时间有要求；这时需校验电动机 GD^2 能否满足生产要求。

（5）其他一些特殊的校验。例如辊道类电动机的打滑转矩校验等。

表 5-2 列出了电动机容量计算的基本公式。

表 5-2　　　　　　　　　　　　　　　电动机容量计算常用公式

名　称	公　式	符　号
1. 功率	$P = \dfrac{T_M n_M}{9550}$ $P = \dfrac{F_v}{\eta} \times 10^{-3}$ $P = \dfrac{T_M \omega_M}{1000}$	P 为电动机功率（kW） T_M 为电动机转矩（N·m） n_M 为电动机转速（r/min） ω_M 为电动机角速度（rad/s） F 为作用力（N）
2. 运动物体的动能	$\omega_M = \dfrac{\pi n_M}{30}$ $E = \dfrac{mv^2}{2}$ $E = \dfrac{J\omega^2}{2}$ $E = \dfrac{GD^2 n^2}{7200}$	v 为运动速度（m/s） η 为传动效率 E 为运动物体的动能（J） m 为物体的质量（kg） J 为转动惯量（kg·m²） GD^2 为飞轮力矩（N·m²） T_L 为电动机轴上的静阻负载转矩（N·m） T_m 为机械轴上的静阻矩转（N·m）
3. 折算到电动机轴上的静阻负载转矩	$T_L = T_m \dfrac{1}{i\eta}$ $T_L = F \dfrac{v}{\omega_M} \dfrac{1}{\eta}$ $T_L = \dfrac{FR}{i\eta}$ $i = \dfrac{n_M}{n_m}$	R 为物体运动的旋转半径（m） i 为传动比 n_m 为机械轴转速（r/min） J_m 为机械轴上的转动惯量（kg·m²） GD_m^2 为机械轴上的飞轮知咙（N·m²） g 为重力加速度（m/s²） G_m 为直线运动物体的重力（N）
4. 折算到电动机轴上的转动惯量和飞轮转矩	$J = J_m / i^2$ $GD^2 = GD_m^2 / i^2$ $GD^2 = 365 G_m v^2 / n_D^2$ $GD^2 = 4gJ$ $GD^2 = GD_M^2 + \dfrac{GD_{m1}^2}{i_1^2} + \dfrac{GD_{m2}^2}{i_2^2} + \cdots + \dfrac{GD_{mn}^2}{i_n^2}$ $i_1 = \dfrac{n_M}{n_{m1}}, i_2 = \dfrac{n_M}{n_{m2}} \cdots i_n = \dfrac{n_M}{n_{mn}}$	v_m 为直线运动物体的速度（m/s） GD_M^2 为电动机转子飞轮转矩（N·m²） GD_{m1}^2、GD_{m2}^2、$\cdots$、GD_{mn}^2 为相应于转速 n_{m1}、n_{m2}、$\cdots$、n_{mn} 为轴上的飞轮转矩 i_1、i_2、$\cdots$、i_n 为各轴对电动机轴的传动比 i_s 为起动（加速）时间（s） i_b 为制动（减速）时间（s） T_d 为动态（加减速）转矩（N·m）

名　称	公　式	符　号
5. 电动机起、制动时间 （1）动态转矩恒定下起动（加速）时间、制动（减速）时间 （2）动态转矩线性变化下 （3）动态转矩非恒定，也非线性变化时	$t_s = \dfrac{GD^2(n_2 - n_1)}{375T_d}$ $T_d = T_M - T_L$ $t_b = \dfrac{GD^2(n_1 - n_2)}{375(-T_d)}$ $-T_d = -(T_M + T_L)$ $t_s = \dfrac{GD^2(n_2 - n_1)}{375(T_{M1} - T_{M2})} \ln \dfrac{T_{M1} - T_L}{T_{M2} - T_L}$ $t_b = \dfrac{GD^2(n_2 - n_1)}{375(T_{M1} - T_{M2})} \ln \dfrac{T_{M1} + T_L}{T_{M2} + T_L}$ $t_s = \dfrac{GD^2}{375} \displaystyle\int_{n_1}^{n_2} \dfrac{dn}{dt}$（$T_d > 0$时加速） $t_s = \dfrac{GD^2}{375} \displaystyle\int_{n_2}^{n_1} \dfrac{dn}{dt}$（$T_d < 0$时减速）	
6. 动态转矩恒定时，加减速过程电动机行程	$s = \dfrac{GD^2(n_2^2 - n_1^2)}{4500T_d}$	

对于恒定负载连续工作制下电动机的校验。根据负载转矩及转速，计算出所需的负载功率 P_L，选择电动机的额定功率 P_N(kW) 略大于 P_L。

$$P_N > P_L = \frac{T_L n_N}{9550} \tag{5-1}$$

式中：T_L 为折算到电动机轴上的负载转矩（N·m）；n_N 为电动机额定转速（r/min）。

当负载转矩恒定且需要在基速以下调速时，其额定功率（kW）应按所要求的最高工作转速计算

$$P_N \geqslant \frac{T_L n_{max}}{9550} \tag{5-2}$$

式中：n_{max} 为电动机的最高工作转速（r/min）。

对起动条件严酷（静阻转矩较大或带有较大的飞轮力矩）而采用笼型异步电动机或同步电动机传动的场合，在初选电动机的额定功率和转速后，还要按式（5-2）和式（5-3）分别校验起动过程中的最小转矩和允许的最大飞轮力矩，以保证生产机械能顺利地起动和在起动过程中电动机不致过热。

电动机的最小起动转矩（N·m）为

$$T_{Mmin} \geqslant \frac{T_{Lmax} K_s}{K_u^2} \tag{5-3}$$

式中：T_{Lmax} 为起动过程中可能出现的最大负载转矩（N·m）；K_s 为保证起动时有足够加速转矩的系数，一般取 $K_s = 1.15 \sim 1.25$；K_u 为电压波动系数，即起动时电动机端电压与额定电压之比，全压起动时 $K_u = 0.85$。

允许的最大飞轮力矩 GD_{xm}^2（N·m²）为

$$GD_{mec}^2 \leqslant GD_{xm}^2 = GD_0^2\left(1 - \frac{T_{Lmax}}{T_{sav}K_u^2}\right) - GD_M^2 \qquad (5-4)$$

式中：GD_{mec}^2 为折算到电动机轴上传动机械的最大飞轮力矩（N·m²）；GD_0^2 为包括电动机在内的整个传动系统所允许的最大飞轮力矩（N·m²），折算到电动机轴上的数值，由电机资料中查取；GD_M^2 为电动机转子的飞轮力矩（N·m²）；T_{sav} 为电动机的平均启动转矩（N·m）。

按式（5-3）和式（5-4）两项校验均能通过，则可确定所选电动机的功率。

对于变动负载连续工作制电动机的校验：对于图 5-1（a）所示的变动负载连续周期工作制下电动机的发热校验，可分为两个步骤。先按等效（方均根）电流法或等效转矩法，计算出一个周期 T_e 内的等效电流 I_{rms} 或等效转矩 T_{rms}。选取电动机的额定电流 $I_N \geqslant I_{rms}$ 或额定转矩 $T_N \geqslant T_{rms}$，即

$$I_N \geqslant I_{rms} = \sqrt{\frac{I_1^2 t_1 + I_2^2 t_2 + I_3^2 t_3 + \cdots + I_n^2 t_n}{T_C}} \qquad (5-5)$$

或

$$T_N \geqslant T_{rms} = \sqrt{\frac{T_1^2 t_1 + T_2^2 t_2 + T_3^2 t_3 + \cdots + T_n^2 t_n}{T_C}} \qquad (5-6)$$

式中：$I_1 \sim I_n$ 为各分段时间内的电流值（A）；$T_1 \sim T_2$ 为各分段时间内的转矩值（N·m）；T_C 为一个周期总时间，$T_C = t_1 + t_2 + \cdots + t_n$(s)。

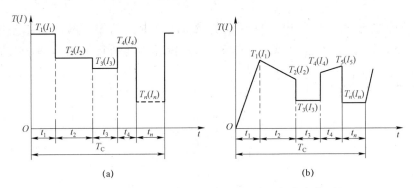

图 5-1　变动负载连续周期工作制电动机的负载图
（a）矩形负载；（b）梯形或三角形负载

当负载不是矩形，而是图 5-1（b）所示的三角形或梯形时，则应将每一时间间隔内转矩（或电流）值换算成等效平均值后，同样用式（5-5）或式（5-6）计算等效电流或等效转矩。对应时间 t_2 内电流（或转矩）的等效平均值为

$$T_{av2} = \sqrt{\frac{T_1^2 + T_1 T_2 + T_2^2}{3}} \qquad (5-7)$$

或

$$I_{av2} = \sqrt{\frac{I_1^2 + I_1 I_2 + I_2^2}{3}} \qquad (5-8)$$

对应时间 t_1 内三角形曲线电流（或转矩）的等效平均值为

$$I_{av1} = \sqrt{\frac{I_1^2}{3}} = 0.578I_1 \tag{5-9}$$

或

$$T_{av1} = \sqrt{\frac{T_1^2}{3}} = 0.578T_1 \tag{5-10}$$

根据 I_{rms}（或 T_{rms}）选取电动机的额定值后，还要用最大负载转矩 T_{Lmax} 校验电动机过载能力，即

$$T_N \geqslant \frac{T_{Lmax}}{0.9K_u\lambda} \tag{5-11}$$

式中：T_N 为电动机额定转矩（N·m）；T_{Lmax} 为最大负载转矩（N·m）；K_u 为电网电压波动对电动机转矩影响的系数，一般对同步电动机取 $K_u = 0.85$，对异步电动机取 $K_u = 0.72$，对直流电动机取 $K_u = 1.0$；λ 为电动机转矩过载倍数，在电机资料中查取。

对于笼型和绕线转子异步电动机及恒定励磁的并（他）励直流电动机，采用等效电流（或等效转矩）法均可；但对于串励直流电动机和利用变励磁调速的直流并（他）励电动机，则不能采用等效转矩法，而应采用等效电流法。

实际的负载持续率 FC_S 值为

$$FC_S = \frac{\sum t_s + \sum t_b + \sum t_{st}}{T_c} \times 100\% \tag{5-12}$$

当求出的 FC_S 值与所选的电动机额定负载持续率 FC_N 值不相等（但相差不多）时，应将按上述公式计算出的 I_{rms}（或 T_{rms}）值（A）折算为与所选电动机的 FC_N 值下相等效的数值，即

$$I'_{rms} = \sqrt{\frac{FC_S}{FC_N}}I_{rms} \tag{5-13}$$

或

$$T'_{rms} = \sqrt{\frac{FC_S}{FC_N}}T_{rms} \tag{5-14}$$

如果求出的 FC_S 值与所选 FC_N 值相差较大，例如实际算出的 FC_S 值为35%，而初选的电动机定额 FC_N 为25%，则应再选 $FC_N = 40\%$ 的额定值，重新进行校验。

当选取的电动机额定转矩 $T_N \geqslant T'_{rms}$，或额定电流 $I_N \geqslant I'_{rms}$ 时，若再按式（5-13）或式（5-14）校验最大过载电流或转矩也能通过，则可以采用所选电动机。

5.5 调试前现场的检查

调试前现场的检查如下：

（1）检查连接螺栓是否松动、锈蚀。

（2）检查地面以下的接地线、接地体的腐蚀情况，是否脱焊。

（3）检查地面上的接地线有无损伤、断裂、腐蚀等，对架空进线的电源线包括零线，其截面选择应按规定铝线不应小于16mm²，铜线不应小于10mm²。

（4）为便于识别各种导线的不同用途，相线、工作零线与保护线均应以不同颜色加以区别，以防止相线与零线混用或工作零线与保护零线混用，为保证各种插座的正确接线提供有利条件，推荐使用三相五线制配电方式。

（5）对用户端电源的自动空气开关或熔断器，要在其中加装单相漏电保护器。对年久失修、绝缘老化或负荷增加、截面小的用户线路，应尽快更换，以消除电气火灾隐患及为漏电保护器正常工作提供条件。

（6）不能利用蛇皮管、管道保温层的金属外皮或金属网以及电缆金属护层代替接地线使用。

（7）铜、铝线与地排连接必须采用固定螺丝压接，不得缠绕连接，采用扁铜软线作接地线时，要求长短适宜，并且通过压接线鼻子与接地螺丝连接。

（8）设备运行期间由运行人员检查电气设备接地线与地网、电气设备是否连接良好，有无断裂等使接地线截面减小的情况，否则按缺陷对待。

（9）设备检修进行验收时，必须检查电气设备接地线状况是否良好。

（10）设备部应定期对电气设备接地情况进行检查，发现问题及时通知整改。

（11）电气设备的接地电阻，应按照不超过周期规定或设备大小修时检修监测，发现问题及时分析原因并进行处理。

（12）高压电气设备接地及接地网的接地电阻由设备部按照《电力设备交接和预防性试验规程》进行，低压电气设备接地由设备所辖部门进行。

习　题　5

（1）对电气系统设计的内容校验时需要对_____、_____、_____和_____等进行校验。

（2）有一个平稳负载长期工作制电动机，其机械和工艺要求参数为：负载转矩 $T_L = 1447\mathrm{N} \cdot \mathrm{m}$，起动过程中的最大静阻转矩 $T_{L\max} = 562\mathrm{N} \cdot \mathrm{m}$，要求电动机的转速 $n = 2800 \sim 3000\mathrm{r/min}$，传动机械折算到电动机轴上的总飞轮力矩 $GD^2_{mec} = 1962\mathrm{N} \cdot \mathrm{m}^2$。而选择的鼠笼型异步电动机的参数为：$P_N = 500\mathrm{kW}$，$n_N = 2975\mathrm{r/min}$，$\lambda = 2.5$，最小起动转矩倍数 $T^*_{M\min} = \dfrac{T_{M\min}}{M_N} = 0.73$，电动机转子飞轮力矩 $GD^2_M = 441\mathrm{N} \cdot \mathrm{m}^2$，允许的最大飞轮力矩 $GD^2_0 = 3826\mathrm{N} \cdot \mathrm{m}^2$。

试校验选择的电动机功率、转矩、最小起动转矩是否满足要求？

第6章　电气传动系统直流调速的设计

6.1　直流电机基本知识

6.1.1　直流电机的基本结构

直流电动机是利用通电导体在磁场中受到电磁力的作用而发生运动的原理工作。电流流过线圈，在磁场的作用下线圈产生转矩，使电动机旋转。从能量角度上讲，直流电动机是一种机电能量转换元件，其作用是将电能转换为机械能。要对直流电动机进行速度控制，首先需要分析直流电动机的运行过程及其特点。

直流电机结构示意图如图6-1所示。

直流电机主要有定子、转子和气隙部分组成。

定子：定子是电机的静止部分，主要用来产生磁场。它主要包括：主磁极、换向极、电刷装置、机座和端盖。

转子：转子是电机的转动部分，转子的主要作用是感应电动势，产生电磁转矩，使机械能变为电能（发电机）或电能变为机械能（电动机）。它主要包括：电枢、换向器和转轴。

直流电机励磁方式如图6-2所示。

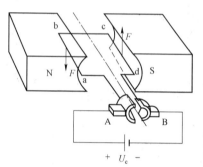

图6-1　直流电机结构示意图

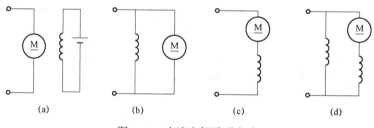

图6-2　直流电机励磁方式

（a）他励；（b）并励；（c）串励；（d）复励

气隙：在小容量电机中，气隙为0.5～3.0mm。气隙大小对电机运行性能影响很大。

直流电动机通常按励磁方式分类，主要分为永磁、他励和自励3类，其中自励又分为并励、串励和复励3种。

（1）他励直流电机。励磁绕组与电枢绕组无连接关系，而由其他直流电源对励磁绕组供电的直流电机称为他励直流电机，永磁直流电机通常也可看作他励直流电机。

（2）并励直流电机。并励直流电机的励磁绕组与电枢绕组相并联。对于并励发电机来说，是电机本身发出来的端电压为励磁绕组供电；励磁绕组与电枢共用同一电源，从性能上讲与他励直流电动机相同。

（3）串励直流电机。串励直流电机的励磁绕组与电枢绕组串联后，再接于直流电源，这种直流电机的励磁电流就是电枢电流。

（4）复励直流电机。复励直流电机有并励和串励两个励磁绕组。若串励绕组产生的磁通势与并励绕组产生的磁通势方向相同称为积复励。若两个磁通势方向相反，则称为差复励。

通常情况下为了减小体积，小型直流电机采用永磁式。

6.1.2　直流电机运行原理

（1）直流电动机的电枢电动势。

直流电动机运行时，当电枢绕组导体在磁场中作相对运动时，将会产生感应电动势，该感应电动势产生在直流电动机的电枢上，又称电枢电动势或反向电动势，其大小为

$$E = C_e \Phi n \tag{6-1}$$

式中：C_e 为电动机的电势常数，取决于电动机的结构；Φ 为电动机内部的磁通；n 为电动机的转速。

由此可见，对于直流电动机，其电枢电动势 E 正比于磁通 Φ 和转速 n。当直流电机工作于发电机状态时，其产生的电动势的大小也可以这样计算。在闭环系统中使用的测速发电机 TG 也是使用这样的原理工作的，转速和 TG 输出的电动势成正比关系。转速越高，测速发电机输出的电压越高。

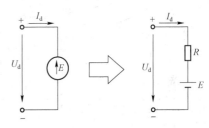

图 6-3　直流电机等效电路

（2）直流电动机的电压平衡方程。可以把直流电动机等效成如图 6-3 所示的电路。

可得电势平衡方程

$$U_d = E + I_d R \tag{6-2}$$

从电压平衡方程中可以看出，直流电机处于电动机状态下运行时 $U_d > E$。

（3）直流电动机转速方程。将式（6-1）代入电压平衡方程（6-2）可得

$$U_d = C_e \cdot \Phi \cdot n + I_d R \tag{6-3}$$

整理即得电动机的转速方程，有

$$n = \frac{U_d - I_d R}{C_e \phi} \tag{6-4}$$

式（6-4）是直流调速中最重要的一个方程，它直接揭示了直流电动机的转速与哪些参数有关。直流电动机的机械特性曲线也可以从此式中推导出来。

（4）直流电动机中的电流。直流电动机产生转矩的原因就是电枢上有电流流过，产生电磁力及电磁转矩。电动机输出的电磁转矩与电枢电流直接相关。

$$T_{em} = C_T \cdot \Phi \cdot I_d \tag{6-5}$$

式中：C_T 为转矩常数。

可以通过限制电动机的电枢电流来限制电动机输出的转矩，这是一个非常重要的概念，即直流电动机系统中，电流直接代表了直流电动机输出转矩（负载）的大小。

这也可以用来解释为什么一般情况下直流电动机负载增加以后转速会下降：当负载增

加，电流增大，根据转速方程，$U-IR$ 减小，电动机的转速降低。

此外，由于电流的增加，电枢电阻上的发热量亦会增加 $Q=I^2Rt$，这就是直流电动机在重负载或堵转情况下，容易过热损坏的主要原因。

（5）直流电动机的机械特性。

1）定义：当 $U=C_1$，$R_a=C_2$，$R_f=C_3$ 时，$n=f(T_{em})$。

2）直流电动机的机械特性为

$$n=\frac{U}{C_e\Phi}-\frac{R_a}{C_eC_T\Phi^2}\cdot T_{em}=n_0-\beta T_{em}$$

若忽略电枢反应，Φ 为常数 C，则为一直线。

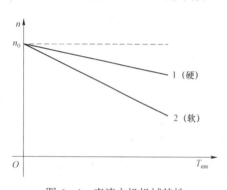

图 6-4 直流电机机械特性

直流电机机械特性如图 6-4 所示。

（6）直流电动机的起动。

1）定义：从静止到稳定运行。

2）要求：T_{st} 尽量大；I_{st} 尽量小。

3）直接起动电流：$n=0$，$E_a=0$ 时，$I_{st}=\dfrac{U}{R_a}$，一般为 10～20 倍 I_N。

4）限制起动电流的方法：电枢回路中串接起动电阻；降低电压。

5）起动方法：全压起动（直接起动）；电枢回路串联电阻起动；降低电压。

（7）直流电动机的调速。

1）公式为

$$n=\frac{U_d-I_dR_a}{C_e\Phi}=\frac{U_d}{C_e\cdot\Phi}-\frac{R_a}{C_eC_T\cdot\Phi}T \qquad (6-6)$$

2）调速方法如下：

改变电枢端电压调速（调压调速）；改变电枢回路调节电阻 R_a（串电阻调速）；改变 I_f 的弱磁调速（削弱磁场调速）。

（8）各种调速方法的特点：

1）改变电源电压 U_d 调速。调压调速装置的种类很多，从最早的 G-M 系统，到广泛使用的 V-M 系统。现在随着电力电子技术的发展，小功率的直流调压调速系统越来越多地使用 IGBT 或电力晶体管的 PWM 系统。

调压调速的控制量是电压，它与被控量之间是简单的线性关系。调压调速的机械特性曲线如图所示，是线性的。改变电枢电压 U_d 得到的是一组平行直线。因此很容易实现高性能的控制。

直流电机调压调速机械特性如图 6-5 所示。

2）改变电枢回路电阻调速。在电动机的主回路中串

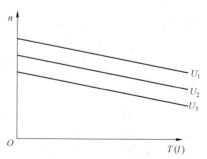

图 6-5 直流电机调压调速机械特性

联一个电阻器，这时电动机转速公式中的电枢回路总电阻 R：$R = R_a + R_j$，其中 R_a 为电动机的电阻，R_j 为调速电阻的阻值。

3）改变励磁磁通调速。直流电动机转速公式中的分母项 $\varPhi$ 即直流电动机的励磁磁通。通过改变励磁磁通 $\varPhi$ 同样可以实现电动机的调速。由于随着磁通减弱，电机的机械特性变软，带负载能力降低，因此调速范围较小。

结论：对于要求在一定范围内无级平滑调速，以调节电枢供电电压的方式最好。改变电阻一般只能有级调速；减弱磁通虽能无级调速，但调速范围不大，往往只是配合调压方案，在基速（额定转速）以上作小范围升速。因此，自动控制的直流调速系统往往以调压调速为主。

6.2　直流传动系统电源转换装置

直流传动系统中，晶闸管整流装置和 PWM 可调电源装置是调压调速目前常用的可控直流源。

晶闸管整流装置通过调整门极触发信号的触发延迟角 α 来控制整流装置输出的平均电压 U_d。PWM（脉宽调制技术）利用一个固定的频率来控制电源的接通或断开，并通过改变一个周期内"接通"和"断开"时间的长短，即改变一个周期内输出电压"占空比"来改变平均电压大小，从而控制电动机的转速，因此，PWM 又被称为"开关"驱动装置。

6.2.1　晶闸管整流装置

晶闸管整流装置主要由整流主回路、触发装置、给定装置构成。整流主回路主要有单相半波整流、单相全波整流、三相半波整流和三相全桥整流几种模式。传动系统中为了减小电流波动抑制电流断续情况多采用三相全桥整流电路。

（1）整流主回路。三相桥式整流装置传动系统主回路结构示意如图 6-6 所示。

当触发脉冲依次送给三相全桥整流电路的六个晶闸管的门极时，三相全桥整流电路就能够输出整流波形，其平均电压 U_d 与触发角 α 有关，当主回路电流连续时，整流电压的平均值可以通过下式求得

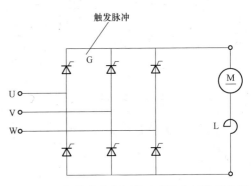

图 6-6　晶闸管整流装置传动系统主回路示意图

$$U_d = 2.34U_2 \cos\alpha \qquad (6-7)$$

其中，U_2 是整流装置输入电压的线电压有效值，此式成立的前提是电枢电流连续，在多数情况下，由于直流调速电动机电枢回路的电感较大，电流基本能保持连续。

（2）触发脉冲发生器。不管是单相整流电路，还是三相整流电路，都需要有序的触发脉冲才能正常工作。如果交流电源端 1、2 和 3 分别接 U、V 相和 W 相（正相序接法），则晶闸管触发的顺序为 VT1→VT2→VT3→VT4→VT5→VT6，如果 1、2 和 3 接 U、W 和 V（逆相序）则触发顺序为 VT1→VT6→VT5→VT4→VT3→VT2，相序相差均为 60°。触发脉冲与相序对应关系如图 6-7 所示。

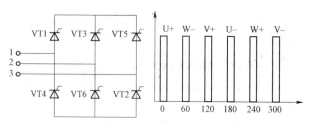

图 6-7　三相全桥整流触发脉冲的相序关系

在三相全控桥电路中，接感性负载电流连续时，脉冲初始相位应定在 $a=90°$；如果是可逆系统，需要在整流和逆变状态下工作，要求脉冲的移相范围理论上为 $180°$（由于考虑 a_{min} 和 β_{min}，实际一般为 $120°$）。触发脉冲发生器主要有模拟电路构成的锯齿波移相触发器和采用数字电路实现的计数触发脉冲电路。锯齿波移相触发器需要对相序进行鉴别以防止误触发，因此使用起来较为烦琐。数字脉冲触发器采用同步信号产生电路、压控振荡电路和相序自适应技术，在工作时只需将进线和控制信号接入即可，目前被广泛使用。

6.2.2　PWM 变换装置

（1）单极式 PWM。单极式 PWM 又称为直流降压斩波器，功率开关器件采用全控器件如 IGBT、GTO 等实现。其主电路如图 6-8 所示。

如图 6-8，全控器件 V 在控制信号的作用下开通与关断。开通时，二极管截止，电流 i_o 流过大电感 L，电源给电感充电，同时为负载供电。而 V 截止时，电感 L 开始放电为负载供电，二极管 VD 导通，形成回路。IGBT 以这种方式不断重复开通和关断，若电感 L 足够大，使得负载电流连续。每个周期的输出电压的平均值与 V 的导通时间成正比关系。输出电压与输入电压之比由控制信号每个周期的占空比来决定。这也就是降压斩波电路的工作原理。

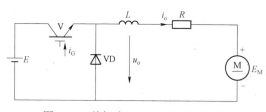

图 6-8　单极式 PWM 主电路结构图

降压斩波的典型波形如图 6-8 所示。

图 6-8 中的负载为电动机。负载有电流断续和电流连续两种工作状态，分别如图 6-9 中（a）和（b）所示。

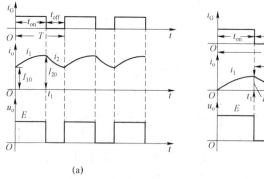
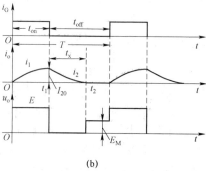

(a)　　　　　　　　　　　　　　(b)

图 6-9　单极式 PWM 电路中电流电压波形图

（a）电流连续；（b）电流断续

无论哪一种情况，输出电压的平均值都与负载无关，其大小为

$$U_O = \frac{t_{on}}{t_{on}+t_{off}}E = \frac{t_{on}}{T}E = \rho E \tag{6-8}$$

式中：T_{on} 为导通时间；T_{off} 为截止时间；ρ 为导通时间占空比。

对于输出电流，当在 t_{off} 阶段，电感释放完能量 t_{off} 还未结束时就会出现电流断续的现象。一般不希望出现电流断续的现象，因此需要通过调节控制信号的占空比来维持负载电流。

单极式 PWM 占空比在 0～1 之间调节，因此输出为单极性电压，只能适用单向运转的传动系统。

（2）双极式 PWM。双极式 PWM 又称为可逆 PWM 变换器或桥式 PWM（也称 H 形）电路，如图 6-10 所示。

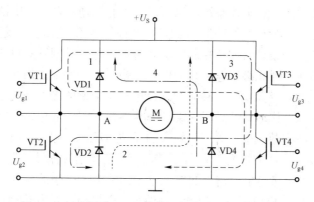

图 6-10　双极式 PWM 变换器的电路原理及电流状态

电动机 M 两端电压 U_{AB} 的极性随全控型电力电子器件的开关状态而改变。

双极式控制可逆 PWM 变换器的四个驱动电压的关系是：$U_{g1} = U_{g4} = -U_{g2} = -U_{g3}$。在一个开关周期内，当 $0 \leqslant t < t_{on}$ 时，$U_{AB} = U_S$，电枢电流 i_d 沿回路 1 流通；当 $t_{on} \leqslant t < T$ 时，驱动电压反号，i_d 沿回路 2 经二极管续流，$U_{AB} = -U_S$。因此，U_{AB} 在一个周期内具有正负相间的脉冲波形，这是双极式名称的由来。其输出电压

$$U_O = \frac{t_{on}}{T} - \frac{t_{off}}{T}U_S = \frac{(2t_{on}-T)}{T}U_S = (2\rho-1)U_S \tag{6-9}$$

由式（6-9）可知，占空比 $\rho < 0.5$ 时输出电压为负极性，此时电机反转，当 $\rho > 0.5$ 时输出电压为正极性，电机正转，因此双极式 PWM 可实现直流传动的可逆运行。

但双极式控制方式在使用时需要注意的是：工作过程中，4 个开关器件可能都处于开关状态，开关损耗大，而且在切换时可能发生上、下桥臂直通的事故，为了防止直通，在上、下桥臂的驱动脉冲之间，应设置逻辑延时。[9]

6.3　直流传动系统工程设计

6.3.1　设计思路及步骤

设计思路如下：

（1）"以检测偏差纠正偏差"这一原理设计闭环传动系统。

（2）首先满足稳态传动指标设计系统结构，再按照动态指标设计系统参数。

设计步骤：

（1）分析系统提出的指标要求，确定传动系统的结构。

（2）传动系统主电路结构设计并计算参数。

（3）控制回路结构设计并根据指标选择调节器结构。

（4）设计反馈环节电路和参数计算。

6.3.2 可控直流供电电源设计

（1）供电电源选择。晶闸管可控整流器的功率放大倍数在 10^4 以上，控制作用时间是毫秒级，对于大部分的直流调速系统动态特性响应基本能够满足系统要求。但晶闸管整流器由于其单相导电特性不允许电流反向，给传动系统的可逆运行造成困难。半控整流电路构成的传动系统只允许单象限运行，全控整流电路可以实现有源逆变，允许电动机工作在反转制动状态，是在二象限运行。当传动系统必须四象限运行时，只能采用正、反两组全控整流电路，所用的变流设备要增加一倍，其相位控制也成倍增加。同时晶闸管对过压、过流和过高的电压电流变化都十分敏感，因此必须有可靠的保护电路和符合要求的散热条件，在整流电路器件选择时应留有适当的功率余量。同时晶闸管可控整流装置的谐波与无功功率造成的"电力公害"也必须充分考虑。传动系统处于深度调速状态时，即较低速运行时，晶闸管的触发角度很大，使系统的功率因数很低，并产生较大的谐波电流，引起电网电压波形畸变，殃及传动系统附近的用电设备，这种情况下必须添置无功补偿和谐波滤波装置。

PWM 变换装置主电路简单，需用的电力电子器件少。采用的全控器件开关频率高，一般在 10kHz 左右，因此电机电流容易连续，谐波少，电机损耗及发热都较小。在低速传动时调节其占空比可实现高精度的稳速性能，调速范围可达 1:10 000 左右。若 PWM 变换装置与快速响应电动机配合，则系统频带宽，动态响应快，动态抗扰能力强。全控器件在开关状态时导通损耗小，因而装置效率高。PWM 装置的供电采用二极管不控整流，电网功率因数比相控整流器高。基于 PWM 的动态和稳态的特点在直流调速中应用日益广泛，但由于全控器件的功率容量的限制，主要在中、小容量的高动态性能传动系统中应用。

（2）主电路进线保护。电网侧进线电抗器：它的作用是限制变流器换相时电网侧的电压降；抑制谐波以及并联变流器组的解耦；限制电网电压的跳跃或电网系统操作时产生的电流冲击。当电网断路容量与变流器、变频器容量比大于 33:1 时，网侧进线电抗器的相对电压降，单象限工作时为 2%，四象限时为 4%。当电网短路电压大于 6% 时，允许无网侧进线电抗器运行。对于 12 脉动整流单元，至少需要一相对电压降为 2% 的网侧进线电抗器，或一台三绕组整流变压器，其二次绕组的电源偏差应不大于 0.5%。

（3）PWM 电源能量回馈及泵升电压限制。PWM 变换器的直流电源主电路通常由交流电网经不可控的二极管整流器产生，并采用大电容 C 滤波，以获得恒定的直流电压如图 6－11 所示。由于电容容量较大，突加电源时相当于短路，势必产生很大的充电电流，容易损坏整流二极管。为了限制充电电流，在整流器和滤波电容之间串入限流电阻（或电抗），合上电源以后延时，用接触器将电阻短路以免在运行中造成附加损耗。

变换器中的滤波电容，其作用除滤波外，还有当电机制动时吸收运行系统动能的作用。由于直流电源靠二极管整流器供电，不可能回馈电能，电机制动时只好对滤波电容充电，

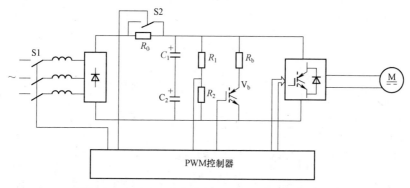

图 6-11　PWM 直流脉宽调速系统电路原理框图

这将使电容两端电压升高，称作"泵升电压"。电力电子器件的耐压限制着最高泵升电压，因此电容量不可能很小，一般几千瓦的调速系统所需的电容量达到数千微法。在大容量或负载有较大惯量的系统中，不可能只靠电容器来限制泵升电压，这时，可以采用图中的镇流电阻 R_b 消耗掉部分动能。分流电路靠开关器件 V_b 在泵升电压达到允许数值时接通。对于更大容量的系统，为了提高效率，可以在二极管整流器输出端并接逆变器，把多余的能量逆变后回馈电网。当然，这样一来，系统就更复杂了。

6.3.3　控制回路设计

根据需满足的指标选择调节器结构，单闭环主要满足稳态指标的同时进行过流保护。双闭环在满足稳态指标的基础上重点为满足动态指标而设计。

（1）单闭环直流调速系统的组成及其静态特性。无静差直流调速系统的示例如图 6-12 所示，采用比例积分调节器以实现无静差，采用电流截止负反馈来限制动态过程的冲击电流。TA 为检测电流的交流互感器，经整流后得到电流反馈信号 U_i。当电流超过截止电流 I_{dct} 时，U_i 高于稳压管 VS 的击穿电压，使晶体三极管 VBT 导通，则 PI 调节器的输出电压 U_c 接近于零，电力电子变换器 UPE 的输出电压 U_d 急剧下降，达到限制电流的目的。

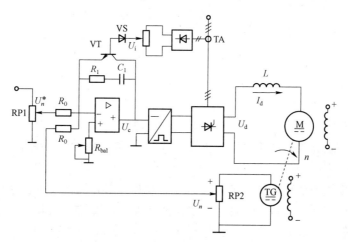

图 6-12　无静差直流系统示例

当电动机电流低于其截止值时，上述系统的稳态结构框图为图 6-13，其中代表 PI 调节器的方框中无法用放大系数表示，一般画出它的输出特性，以表明是比例积分作用。

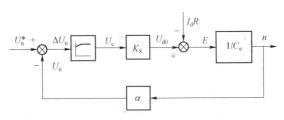

图 6-13 无静差直流调速系统稳态结构框图（$I_d < I_{dcr}$）

上述无静差调速系统的理想静特性如图 6-14 中的实线所示。当 $I_d < I_{dcr}$ 时，系统无静差静特性是不同转速时的一组水平线。当 $I_d \geq I_{dcr}$ 时，电流截止负反馈起作用，静特性急剧下垂，基本上是一条垂直线。整个静特性近似呈矩形。

严格地说，"无静差"只是理论上的，实际系统在稳态时，PI 调节器积分电容 C_1 两端电压不变，相当于运算放大器的反馈回路开路，其放大系数等于运算放大器本身的开环放大系数，数值虽大，但并不是无穷大。因此其输入端仍存在很小的 ΔU_n，而不是零。也就是说，

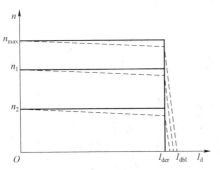

图 6-14 带电流截止的无静差
直流调速系统的静特性

实际上仍有很小的静差，只是在一般精度要求下可以忽略不计而已。

在实际系统中，为了避免运算放大器长期工作产生零点漂移，常常在 R_1C_1 两端再并联一个几兆欧的电阻 R_1'，以便把放大系数压低一些。这样就成为一个近似的 PI 调节器，或称"准 PI 调节器"，系统也只是一个近似的无静差调速系统，其静特性见图 6-14 中的虚线。

无静差调速系统的稳态参数计算很简单，在理想情况下。稳态时 $\Delta U_n = 0$，因而 $U_n = U_n^*$，可以按下式直接计算转速反馈系数。

$$\alpha = \frac{U_{n\,max}^*}{n_{max}} \tag{6-10}$$

式中：α 为转速反馈系数，V·min/r；n_{max} 为电动机调压时的最高转速，r/min；$U_{n\,max}^*$ 为相应的最高给定电压，V。

电流截止环节的参数很容易根据其电路和截止电流 I_{dcr} 计算出。PI 调节器的参数 K_{pi} 和 r 可按动态校正的要求计算。如果采用准 PI 调节器，其稳态放大系数为 $K_p' = R_1'/R_0$，由 K_p' 可以计算实际的静差率。

（2）转速、电流双闭环直流调速系统的组成及其静态特性。采用转速负反馈和 PI 调节器的单闭环直流调速系统可以在保证系统稳定的前提下实现转速无静差。但是，如果对系统的动态性能要求较高，例如：要求快速起制动，突加负载动态速降小等，单闭环系统就难以满足需要。在单闭环系统中不能随心所欲地控制电流和转矩的动态过程。

单闭环直流调速系统中，电流截止负反馈环节是专门用来控制电流的，但它只能在超过临界电流值 I_{dcr} 以后，靠强烈的负反馈作用限制电流的冲击，并不能很理想地控制电流的动

态波形。带电流截止负反馈的单闭环直流调速系统起动电流和转速波形如图 6–15（a）所示，起动电流突破 I_{dcr} 以后，受电流负反馈的作用，电流只能再升高一点，经过某一最大值 I_{drn} 后就降低下来，电机的电磁转矩也随之减小，因而加速过程必然拖长。

对于经常正、反转运行的调速系统，例如刨床、可逆轧钢机等，尽量缩短起制动过程的时间是提高生产率的重要因素。为此，在电机最大允许电流和转矩受限制的条件下，应该充分利用电机的过载能力，最好是在过渡过程中始终保持电流（转矩）为允许的最大值，使电力拖动系统以最大的加速度起动，到达稳态转速时，立即让电流降下来，使转矩马上与负载相平衡，从而转入稳态运行。这样的理想起动过程波形为图 6–15（b），这时，起动电流呈方形波，转速按线性增长。这是在最大电流（转矩）受限制时调速系统所能获得的最快的起动过程。

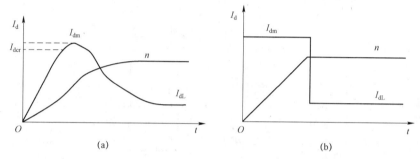

图 6–15　直流调速系统起动过程的电流和转速波形
（a）带电流截止负反馈的单闭环调速系统；（b）理想的快速起动过程

实际上，由于主电路电感的作用，电流不可能突跳，图 6–15（b）所示的理想波形只能得到近似的逼近，不可能准确实现。为了实现在允许条件下的最快起动，关键是要获得一段使电流保持为最大值 I_{dm} 的恒流过程。按照反馈控制规律，采用某个物理量的负反馈就可以保持该量基本不变，那么，采用电流负反馈应该能够得到近似的恒流过程。问题是，应该在起动过程中只有电流负反馈，没有转速负反馈，达到稳态转速后，又希望只要转速负反馈，不能让电流负反馈发挥作用。怎样才能做到这种既存在转速和电流两种负反馈，又使它们只能分别在不同阶段里起作用呢？只用一个调节器显然是不可能的，可以考虑采用转速和电流两个调节器，问题是在系统中应该如何连接？

为了实现转速和电流两种负反馈分别起作用，可在系统中设置两个调节器，分别调节转速和电流，即分别引入转速负反馈和电流负反馈。二者之间实行嵌套（或称串级）连接，如图 6–16 所示。把转速调节器的输出当作电流调节器的输入，再用电流调节器的输出去控制电力电子变换器 UPE。从闭环结构上看，电流环在里面，称作内环；转速环在外边，称作外环。这就形成了转速、电流双闭环调速系统。

为了获得良好的静、动态性能，转速和电流两个调节器一般都采用 PI 调节器，这样构成的双闭环直流调速系统的电路原理图如图 6–17。图中标出了两个调节器输入输出电压的实际极性，它们是按照电力电子变换器的控制电压 U_c 为正电压的情况标出，并考虑到运算放大器的作用。图中还表示了两个调节器的输出都是带限幅作用的，转速调节器 ASR 的输出限幅电压 U_{im}^* 决定了最大的电流给定电压，电流调节器 ACR 的输出限幅电压 U_{cm} 限制了电力电子变换器的最大输出电压 U_{dm}。

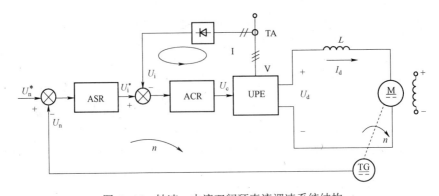

图 6-16　转速、电流双闭环直流调速系统结构

ASR—转速调节器；ACR—电流调节器；TG—测速发电机；TA—电流互感器；UPE—电力电子变换器

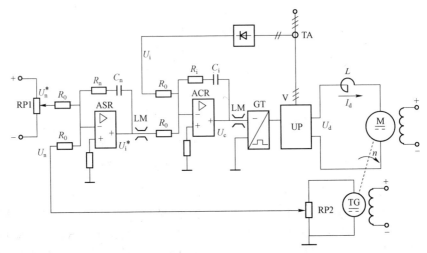

图 6-17　双闭环直流调速系统电路原理图

6.3.4　三环调速系统

运动控制系统课程中着重分析了转速、电流双闭环调速系统的基本原理，控制规律和设计方法，其中许多方面都代表着多环控制系统的一般规律，现在再来推广到其他多环控制系统。本节分析一类三环调速系统即带电流变化率内环的调速系统，作为推广多环控制规律的范例。

从双闭环调速系统原理可以看出，外环——转速环是决定调速系统主要性质的基本控制环，内环——电流环也有其不可湮灭的重要贡献。归纳起来，内环的作用有以下三点。首先，对本环的被调量实行限制和保护。其次，对内环的扰动实行及时的调节。最后，改造本环所包围的控制对象，使它更有利于外环控制。这三点作用对于任何多环控制系统的内环来说都是适用的，只是不同系统各有侧重。

在双闭环调速系统中，为了提高系统的快速性，希望电流环具有尽量快的响应特性，除了在第 Ⅱ 阶段保持恒流控制以外，在第 Ⅰ 阶段和第 Ⅲ 阶段都希望电流尽快地上升和下降。也就是说，希望电流的变换率较大，使整个系统更接近理想的动态波形，如图6-15（b）所示。

晶闸管整流装置电流变化率的瞬时值甚至高达 100~2001nom/s 以上。这样高的电流变化率会使直流电动机产生很高的换向电动势，使换向器上出现不能容许的火花。电机容量越大，问题越严重，有时不得不为此而设计专用的电机。但是，即使电机的问题解决了，过高的电流变化率还伴随着很大的转矩变化率，会在机械传动机构中产生很强的冲击，从而加快其磨损，缩短设备的检修周期甚至使用寿命。如果单纯延缓电流环的跟随作用以压低电流变化率，又会影响系统的快速性。最好是在电流变化过程中保持容许的最大变化率，以充分发挥其效益，这恰好是前面总结的内环的一种作用。因此，在电流环内再设置一个电流变化率环，构成了转速、电流、电流变化率三环调速系统，如图 6-18 所示。

在带电流变化率内环的三环调速系统中，ASR 的输出仍是 ACR 的给定信号，并用其限幅值 U_{im}^* 限制最大电流；ACR 的输出不是直接控制触发电路，而是作为电流变化率调节器 ADR 的给定输入，ADR 的负反馈信号由电流检测通过微分环节 CD 得到，ACR 的输出限幅 U_{dim}^* 则限制最大的电流变化率。最后，由第三个调节器 ADR 的输出限幅 U_{cim} 决定脉冲的最小控制角 α_{min}。

简单的电流变化率调节器如图 6-19，一般采用积分调节器，C_d 是调节器的积分电容，积分时间常数的大小靠分压比 ρ 来调节。电流检测信号 $\beta_{di}I_d$ 通过微分电容 C_{di} 和微分反馈滤波电阻 R_{di} 为 ADR 提供电流变化率反馈信号，反馈系数 β_{di} 与电流反馈系数 β 可以不同。

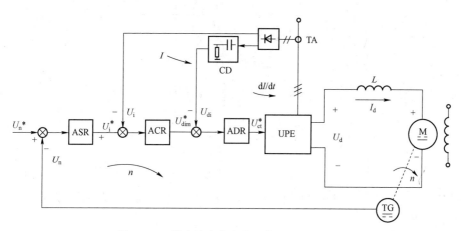

图 6-18　带电流变化率内环的三环调速系统
ADR—电流变化率调节器；CD—电流微分环节

令：$\tau_d = R_0 C_d$ 为 ADR 的积分时间常数；

$\rho = \dfrac{R_3}{R_3 + R_4}$ 为 ADR 时间常数调整器的分压比；

$\tau_{di} = R_0 C_{di}$ 为电流微分时间常数；$T_{odi} = R_{di} C_{di}$ 为电流微分时间常数。

在虚地点 A 处的电流平衡方程式为

$$\frac{U_{di}^*(s)}{R_0} - \frac{\beta_{di}I_d(s)}{R_{di} + \dfrac{1}{C_{di}s}} = \frac{\rho U_{ci}(s)}{\dfrac{1}{C_d s}}$$

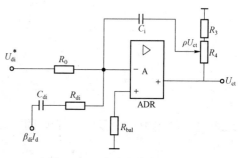

图 6-19　电流变化率调节器

$$\sum_{i-1}^{N} \cos(2i-1)\frac{\pi}{N} = 0 \qquad (6-11)$$

式（6-11）所对应的电流变化率环动态结构图如图6-20。和双闭环系统一样，在这里也暂时先忽略 E 的影响。

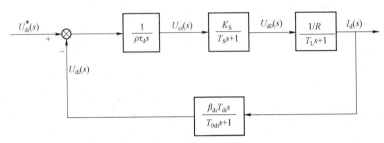

图 6-20 电流变化率环动态结构图

电流变化率环的闭环传递函数为

$$W_{cLd}(S) = \cfrac{\cfrac{\cfrac{K_S}{\rho\tau_d R}}{S(T_S S+1)(T_L S+1)}}{1+\cfrac{\cfrac{K_S\beta_{di}\tau_{di}}{\rho\tau_d R}}{(T_{odi}S+1)(T_S S+1)(T_L S+1)}}$$

$$= \cfrac{\cfrac{K_{di}}{\beta_{di}\tau_{di}}T_{odi}S+1}{S[(T_{odi}S+1)(T_S S+1)(T_L S+1)+K_{di}]}$$

式中

$$K_{di} = \frac{K_S\beta_{di}\tau_{di}}{\rho\tau_d R}$$

一般 T_{odi} 很小，暂且忽略它的影响（或者在 U_{di}^* 后面加入以 T_{odi} 为时间常数的给定滤波，而将它并到小时间常数中去），则

$$W_{cld} \approx \cfrac{\cfrac{K_{di}}{\beta_{di}\tau_{di}}}{S[T_L T_S S^2 + (T_L+T_S)S+1+K_{di}]}$$

$$= \cfrac{\cfrac{K_{di}}{1+K_{di}}}{\beta_{di}\tau_{di}S\left(\cfrac{T_L T_S}{1+K_{di}}S^2 + \cfrac{T_L+T_S}{1+K_{di}}S+1\right)} \qquad (6-12)$$

这就是经过电流微分反馈改造后的电流环调节对象，与没有电流变化率环的电流环调节对象

$$\frac{K_S / R}{T_L T_S S^2 + (T_L+T_S)S+1}$$

相比，当 K_{di} 足够大时，二阶惯性环节部分的时间常数被大大缩小，因而提高了电流控制的快速性，而且这些参数变化的影响也明显地受到了抑制。

6.3.5 微机控制技术在传动技术中应用

（1）数字控制双闭环直流调速系统的硬件结构。微机数字控制双闭环直流调速系统主电路中的 UPE 可以是晶闸管可控整流器，也可以是直流 PWM 功率变换器，现以后者为例讨论系统的实现，其硬件结构如图 6-21 所示。如果采用晶闸管可控整流器，不用微机中的 PWM 生成环节，而采用 D/A 转换将计算的控制值转换为控制电压来控制晶闸管的触发相角。

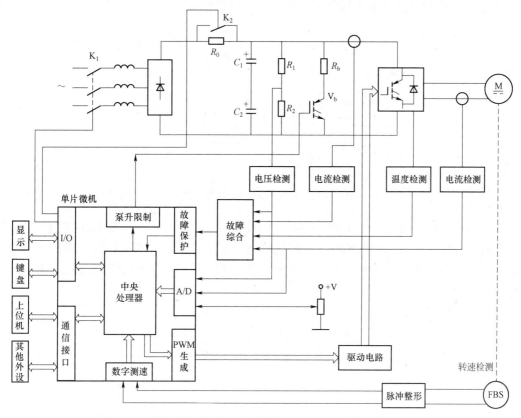

图 6-21 微机数字控制双闭环直流 PWM 调速系统硬件结构图

三相交流电源经不可控整流器变换为电压恒定的直流电源，再经过直流 PWM 变换器得到可调的直流电压，给直流电动机供电。

1）检测回路。检测回路包括电压、电流、温度和转速检测，其中电压、电流和温度检测由 A/D 转换通道变为数字量送入微机，转速检测用数字测速。

2）故障综合。对电压、电流、温度等信号进行分析比较，若发生故障立即通知微机，以便及时处理，以免故障进一步扩大。

由于闭环控制系统的精度主要由反馈环节的精度和给定精度决定，控制系统的动态特性主要由调节器的特性决定，因此下面主要介绍数字调速的系统中转速测量和数字调节器的优化方法。

（2）数字测速。数字测速具有测速精度高、分辨能力强、受器件影响小等优点，被广泛应用于调速要求高、调速范围大的调速系统和伺服系统。

旋转编码器。光电式旋转编码器是转速或转角的检测元件，旋转编码器与电动机相连，当电动机转动时，带动码盘旋转，便发出转速或转角信号。旋转编码器可分为绝对式和增量式两种。绝对式编码器在码盘上分层刻上表示角度的二进制数码或循环码（格雷码），通过接收器将该数码送入计算机。绝对式编码器常用于检测转角，若需得到转速信号，必须对转角进行微分处理。增量式编码器在码盘上均匀地刻制一定数量的光栅，如图 6-22 所示，当电动机旋转时，码盘随之一起转动。通过光栅的作用，持续不断地开放或封闭光通路，因此，在接收装置的输出端便得到频率与转速成正比的方波脉冲序列，从而可以计算转速。

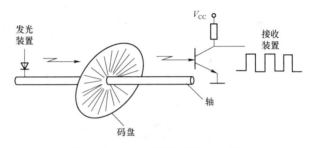

图 6-22　增量式旋转编码器示意图

上述脉冲序列正确地反映了转速的高低，但不能鉴别转向。为了获得转速的方向，可增加一对发光与接收装置，使发光与接收装置错开光栅节距的 1/4，则两组脉冲序列 A 和 B 的相位差 90°，如图 6-23 所示。正传时 A 相超前 B 相；反转时 B 相超前 A 相。采用简单的鉴相电路就可以分辨出转向。

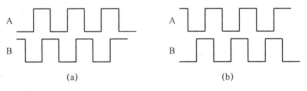

图 6-23　区分旋转方向的 A、B 两组脉冲序列
（a）正转；（b）反转

若码盘的光栅数为 N，则转速分辨率为 $1/N$，常用的旋转编码器光栅数有 1024、2048、4096 等。再增加光栅数将大大增加旋转编码器的制作难度和成本。采用倍频电路可以有效地提高转速分辨率，而不增加旋转编码器的光栅数，一般多采用四倍频电路，大于四倍频则较难实现。

采用旋转编码器的数字测速方法有 M 法、T 法和 M/T 法三种。

1）M 法测速。在一定的时间 T_c 内测取旋转编码器输出的脉冲个数 M_1，用以计算这段时间内的平均转速，称作 M 法测速（如图 6-24 所示）。把 M_1 除以 T_c 就可得到旋转编码器输出脉冲的频率，所以又称频率法。电动机每转一圈共产生 Z 个脉冲（$Z=$ 倍频系数 × 编码器光栅数），把 f_1 除以 Z 就得到电动机的转速。在习惯上，时间 T_c 以秒为单位，而转速是以每分钟的转速 r/min 为单位。

在上式中 Z 和 T_c 均为常值，因此转速 n 正比于脉冲个数 M_1。高速时 M_1 大，量化误差较小，随着转速的降低误差增大，转速过低时 M_1 将小于 1，测速装置便不能正常工作。所以 M 法只适用于高速段。

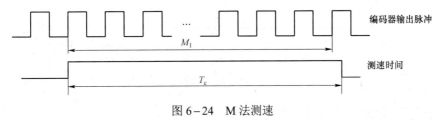

图 6-24　M 法测速

2）T 法测速。在编码器两个相邻输出脉冲的间隔时间内，用一个计数器对已知频率 f_0 的高频时钟脉冲进行计数，并由此来计算转速，称作 T 法测速（见图 6-25），在这里，测速时间缘于编码器输出脉冲的周期，所以又称周期法。在 T 法测速中，准确的测速时间 T_t 是用所得的高频时钟脉冲个数 M_2 计算，即 $T_t = M_2/f_0$，则电动机转速为

$$n = \frac{60}{ZT_c} = \frac{60 f_0}{Z M_2} \qquad (6-13)$$

高速 M_2 小，量化误差大，随着转速的降低误差减小，所以 T 法测速适用于低速端，与 M 法恰好相反。

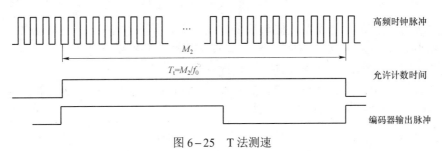

图 6-25　T 法测速

3）M/T 法。把 M 法和 T 法结合起来，既检测 T_c 时间内旋转编码器输出的脉冲个数 M_1，又检测同一时间间隔的高频时钟脉冲个数 M_2，用来计算转速，称作 M/T 测速。设高频时钟脉冲的频率为 f_0，则准确的测速时间 $T_t = M_2/f_0$，而电动机转速为

$$n = \frac{60 M_1}{Z T_t} = \frac{60 M_1 f_0}{Z M_2} \qquad (6-14)$$

采用 M/T 法测速时，应保证高频时钟脉冲计数器与旋转编码器输出脉冲计数器同时开启与关闭，以减小误差如图 6-26 所示，只有等到编码器输出脉冲前沿到达时，两个计数器才同时允许开始或停止计数。

由于 M/T 法的计数值 M_1 和 M_2 都随着转速的变化而变化，高速时，相当于 M 法测速，对低速时，$M_1 = 1$，自动进入 T 法测速。因此，M/T 法测速适用的转速范围明显大于前两种，是目前广泛应用的一种测速方法。

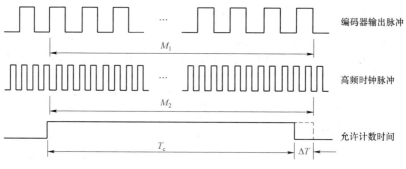

图 6-26　M/T 法测速

（3）各种数字测速方法的精度指标。

1）分辨率。分辨率是用来衡量一种测速方法对被测转速变化的分辨能力的，在数字测速方法中，用改变一个计数值所对应的转速变化量来表示分辨率，用 Q 表示。如果当被测转速由 n_1 变为 n_2 时，引起计数值改变了一个值，则该测速方法的分辨率是

$$Q = n_2 - n_1$$

式中：Q 越小，说明该测速方法的分辨能力越强。

M 法测速的分辨率：在 M 法中，当计数值 M_1 变为（M_1+1）时，按式（6-12），相应的转速由 $60M_1/ZT_c$ 变为 $60（M_1+1）/ZT_c$，则 M 法测速分辨率为

$$Q = \frac{60(M_1+1)}{ZT_c} - \frac{60M_1}{ZT_c} = \frac{60}{ZT_c} \tag{6-15}$$

可见，M 法测速的分辨率与实际转速的大小无关。从式（6-15）还可看出，要提高分辨率（即减小 Q），必须增大 T_c 或 Z。但在实际应用中，两者都受到限制，增大 Z 受到编码器制造工艺的限制，增大 T_c 势必使采样周期变长。

T 法测速的分辨率：为了使结果得到正值，T 法测速的分辨率定义为时钟脉冲个数由 M_2 变成（M_2-1）时转速的变化量，于是

$$Q = \frac{60f_0}{Z(M_2-1)} - \frac{60f_0}{ZM_2} = \frac{60f_0}{ZM_2(M_2-1)} \tag{6-16}$$

综合式（6-13）和式（6-16），可得

$$Q = \frac{Zn^2}{60f_0 - Zn} \tag{6-17}$$

由上式可以看出，T 法测速的分辨率与转速高低有关，转速越低，Q 值越小，分辨能力越强。这也说明，T 法更适合于测量低速。

M/T 法测速的分辨率：M/T 法测速在高速段与 M 法相近，在低速段与 T 法相近，所以兼有 M 法和 T 法的特点，在高速和低速都具有较强的分辨能力。

2）测速误差率。转速实际值和测量值之差 Δn 与实际值 n 之比定义为测速误差率，记作

$$\delta = \frac{\Delta n}{n} \times 100\% \tag{6-18}$$

测速误差率反映测速方法的准确性，δ 越小，准确度越高。测速误差率的大小决定于测速元件的制造精度，并与测速方式有关。

M 法测速误差率：

在 M 法测速中，测速误差决定于编码器的制造精度，以及编码器输出脉冲前沿和测速时间采样脉冲前沿不齐所造成的误差等，最多可能产生 1 个脉冲的误差。因此，M 法测速误差率的最大值为

$$\delta_{\max} = \frac{\dfrac{60M_1}{ZT_c} - \dfrac{60(M_1-1)}{ZT_c}}{\dfrac{60M_1}{ZT_c}} \times 100\% = \frac{1}{M_1} \times 100\% \qquad (6-19)$$

由式（6-19）可知，$\delta_{\max}$ 与 M_1 成反比，即转速越低，M_1 越小，误差越大。

T 法测速误差率：采用 T 法测速时，产生误差的原因与 M 法中相仿，M_2 最多可能产生一个脉冲误差。因此，T 法测速误差率的最大值为

$$\delta_{\max} = \frac{\dfrac{60f_0}{Z(M_2-1)} - \dfrac{60f_0}{ZM_2}}{\dfrac{60f_0}{ZM_2}} \times 100\% = \frac{1}{M_2-1} \times 100\% \qquad (6-20)$$

低速时，编码器相邻脉冲间隔时间长，测得的高频时钟脉冲个数 M_2 多，所以误差率小，精度高，故 T 法测速适用于低速段。

M/T 法测速误差率：低速时 M/T 法趋向于 T 法，在高速段 M/T 法相当于 T 法的 M_1 次平均，而在这 M_1 次中最多产生一个高频时钟脉冲的误差。因此，M/T 法测速可在较宽的转速范围内，具有较高的测速精度。

6.3.6　数字 PID（改进 PID 算法）

PI 调节器的参数直接影响着系统的性能指标。在高性能的调速系统中，有时仅仅靠调整 PI 参数难以同时满足各项静、动态性能指标。采用模拟 PI 调节器时，由于受到物理条件的限制，只好在不同指标中折中。而微机数字控制系统具有很强的逻辑判断和数值运算能力，充分利用这些能力，可以衍生出多种改进的 PI 算法，提高系统控制性能。

（1）积分分离算法。在 PI 调节器中，比例部分能快速响应控制应用，而积分部分是偏差的积累，能最终消除稳态误差。在模拟 PI 调节器中，只要有偏差存在，P 和 I 就同时起作用。因此，在满足快速调节功能的同时，会不可避免地带来过大的退饱和超调，严重时将导致系统的振荡。

在微机数字控制系统中，很容易把 P 和 I 分开。当偏差大时，只让比例部分起作用，以快速减少偏差；当偏差降低到一定程度后，再将积分作用投入，既可最终消除稳态偏差，又能避免较大的退饱和超调。这就是积分分离算法的基本思想。

积分分离算法的表达式为

$$u(k) = K_p e(k) + C_1 K_1 T_{sam} \sum_{i=1}^{k} e(i) \qquad (6-21)$$

其中：$C_1 = \begin{cases} 1, |e(i)| \leq \delta \\ 0, |e(i)| > \delta \end{cases}$　（δ 为常值）

积分分离法能有效压抑振荡或减小超调，常用于转速调节器。

（2）分段 PI 算法。在双闭环直流调速系统中，电流调节器的作用之一是克服反电动势的扰动。在转速变化过程中，必须依靠积分作用抑制反电动势，使电枢电流快速跟随给定值，以保证最大的起、制动电流。因此，在转速偏差大时，电流调节器应选用较大的 K_P 和 K_1 参数，使实际电流能迅速跟随给定值。在转速偏差较小时，过大的 K_P 和 K_1 又将导致输出电流的振荡，增加转速调节器的负担，严重时还将导致转速的振荡。

分段 PI 算法可以解决动态跟随性和稳定性的矛盾，分段 PI 算法可根据转速或电流偏差的大小，在多套参数间进行切换。

（3）积分量化误差的消除。积分部分是偏差的累积，当采用周期 T_{sam} 较小，且偏差 $e(k)$ 也较小时，当前的积分项 $K_1 T_{sam} e(k)$ 可能很小，在运算时被计算机整量化而舍掉，从而产生积分量化误差。

扩大运算变量的字长，提高计算精度和分辨率，都能有效地减小积分量化误差，但这会使存储空间和运算复杂程度成倍地增加。为了解决这个矛盾，可以只增加积分项的有效字长，并将它分为整数与尾数两部分，整数与比例部分构成调节器输出，尾数保留下来作为下一拍累加的基数值。这样做的好处是，可以减小积分量化误差，而存储空间和运算复杂程度增加得并不多。[4]

6.4　步进电机的控制

6.4.1　步进电机概念

步进电机是将电脉冲信号转变为角位移或线位移的开环控制电机。在非超载的情况下，电机的转速、停止的位置只取决于脉冲信号的频率和脉冲数，而不受负载变化的影响，当步进驱动器接收到一个脉冲信号，它就驱动步进电机按设定的方向转动一个固定的角度，称为"步距角"，它的旋转是以固定的角度一步一步运行的。可以通过控制脉冲个数来控制角位移量，从而达到准确定位的目的；同时可以通过控制脉冲频率来控制电机转动的速度和加速度，从而达到调速的目的。

步进电机是一种感应电机，它的工作原理是利用电子电路，将直流电变成分时供电的，多相时序控制电流，用这种电流为步进电机供电，步进电机才能正常工作，驱动器就是为步进电机分时供电的多相时序控制器。虽然步进电机已被广泛地应用，但步进电机并不能像普通的直流电机和交流电机在常规下使用。它必须由双环形脉冲信号、功率驱动电路等组成控制系统方可使用。因此用好步进电机却非易事，它涉及机械、电机、电子及计算机等许多专业知识。

步进电机在构造上有三种主要类型：反应式（Variable Reluctance—VR）、永磁式（Permanent Magnet—PM）和混合式（Hybrid Stepping—HS）。

6.4.2　基本原理

（1）工作原理。通常电机的转子为永磁体，当电流流过定子绕组时，定子绕组产生一矢量磁场。该磁场会带动转子旋转一角度，使得转子的一对磁场方向与定子的磁场方向一致。当定子的矢量磁场旋转一个角度，转子也随着该磁场转一个角度。每输入一个电脉冲，电动机转动一个角度前进一步。它输出的角位移与输入的脉冲数成正比、转速与脉冲频率成正比。改变绕组通电的顺序，电机就会反转。所以可用控制脉冲数量、频率及电动机各相绕组的通

电顺序来控制步进电机的转动。

（2）发热原理。通常见到的各类电机，内部都是有铁芯和绕组线圈的。绕组有电阻，通电会产生损耗，损耗大小与电阻和电流的平方成正比，这就是我们常说的铜损，如果电流不是标准的直流或正弦波，还会产生谐波损耗；铁芯有磁滞涡流效应，在交变磁场中也会产生损耗，其大小与材料、电流、频率、电压有关，这叫铁损。铜损和铁损都会以发热的形式表现出来，从而影响电机的效率。步进电机一般追求定位精度和力矩输出，效率比较低，电流一般比较大，且谐波成分高，电流交变的频率也随转速而变化，因而步进电机普遍存在发热情况，且情况比一般交流电机严重。

6.4.3　步进电机的控制方式

（1）三相单三拍工作方式。在这种工作方式下，A、B、C 三相轮流通电，电流切换三次，磁场旋转一周，转子向前转过一个齿距角。因此这种通电方式叫做三相单三拍工作方式。这时步距角 θ_b（度）为

$$\theta_b = \frac{360}{mz} \qquad (6-22)$$

式中：m 为定子相数；z 为转子齿数。

（2）三相六拍工作方式。在这种工作方式下，首先 A 相通电，转子齿与 A 相定子齿对齐。第二拍，A 相继续通电，同时接通 B 相，A、B 各自建立的磁场形成一个合成磁场，这时转子齿既不对准 A 相也不对准 B 相，而是对准 A、B 两极轴线的角等分线，使转子齿相对于 A 相定子齿转过 1/6 齿距。第三拍，A 相切断，仅 B 相保持接通。这时，由 B 相建立的磁场与单三拍时 B 相通电的情况一样。依次类推，绕组以 A→AB→B→BC→C→CA→A 时序（或反时序）转换 6 次，磁场旋转一周，转子前进一个齿距，每次切换均使转子转动 1/6 齿距，故这种通电方式称为三相六拍工作方式。

其步距角 θ_b 为

$$\theta_b = \frac{360}{2mz} = \frac{180}{mz} \qquad (6-23)$$

（3）三相双三拍工作方式。这种工作方式每次都是有两相导通，两相绕组处在相同电压之下，以 AB→BC→CA→AB（或反之）方式通电，故称为双三拍工作方式。以这种方式通电，转子齿所处的位置相当于六拍控制方式中去掉单三拍后的三个位置。它的步距角计算公式与单三拍时的公式相同。

由上述分析可知，要使磁阻式步进电机具有工作能力，最起码的条件是定子极分度角不能被齿距角整除，且应满足下列方程，即

$$极分度角/齿距角 = R + k \cdot 1/m$$

进一步化简得齿数 z 为

$$z = q(mR + k) \qquad (6-24)$$

式中：m 为相数；q 为每相的极数；k 为 $\leq (m-1)$ 的正整数；R 为正整数，为 0、1、2、3…。

按选定的相数和不同的极数，由上式就可推算出转子齿数。

6.4.4　控制接口电路

传统的步进电机控制系统采用硬件进行控制，用一个脉冲发生器产生频率变化的脉冲信

号，再经一个脉冲分配器把方向控制信号和脉冲信号转换成有一定逻辑关系的环形脉冲；经驱动电路放大后驱动步进电机。在这种控制中，步进电机的脉冲由硬件电路产生，如果系统发生变化或使用不同类型的步进电机，需重新设计硬件电路，系统的可移植性不好。

微机控制系统代替脉冲发生器和脉冲分配器电路如图6-27所示。微机系统根据需要通过软件编程的方法任意设定步进电机的转速、旋转角度、转动次数和控制步进电机的运行状态。这样可简化控制电路，降低生产成本，提高系统的运行效率和灵活性。

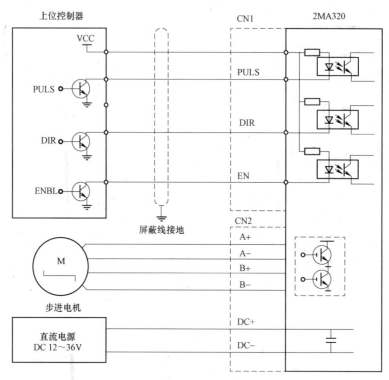

图6-27 微机控制步进电机接线图

（1）旋转方向控制。步进电机的旋转方向和内部绕组的通电顺序及通电方式有密切关系。对于三相双三拍工作方式：

正相旋转：AB→BC→CA→AB。

反相旋转：AB→CA→BC→AB。

三相双三拍控制模型如表6-1和表6-2所示。

表6-1 三相双三拍步进电机正转控制

步序	通电方式	控制模块	
		二进制	十六进制
1	AB	00000011	03H
2	BC	00000110	06H
3	CA	00000101	05H

表 6-2　　　　　　　　　　　　三相双三拍步进电机反转控制

步序	通电方式	控制模块	
		二进制	十六进制
1	AB	00000011	03H
2	CA	00000101	05H
3	BC	00000110	06H

（2）转速控制。控制步进电机的运行速度，实际上是控制系统发出脉冲的频率或换相的周期，即在升速过程中，使脉冲的输出频率逐渐增加；在减速过程中，使脉冲的输出频率逐渐减少。脉冲信号的频率可以用软件延时和硬件中断两种方法来确定。采用软件延时，通过对指令的执行时间进行严密的计算或者精确的测试，以便确定延时时间是否符合要求。每当延时子程序结束后，可以执行下面的操作，也可用输出指令输出一个信号作为定时输出。采用软件定时，CPU 一直被占用，因此 CPU 利用率低。

可编程的硬件定时器直接对系统时钟脉冲或某一固定频率的时钟脉冲进行计数，计数值则由编程决定。当计数到预定的脉冲数时，产生中断信号，得到所需的延时时间或定时间隔。由于计数的初始值由编程决定，因而在不改动硬件的情况下，只需通过程序变化即可满足不同的定时和计数要求，因此使用起来比较方便。

（3）供电电源。若步进电机电源电压为 DC12-36V 之间，如果用"变压器降压"方式供电，应注意变压器的最高输出电压不能超过 24VAC。建议使用 12VAC 左右环形变压器供电，避免因电网电压波动，超过驱动器电压工作范围。使用交流变压器供电需外部配有整流滤波电路，滤波电容根据使用情况选择<1000μF 的电容，若使用过程需要快速启停，电容需大于 1.5 倍的常规电容选择值。如果使用稳压型直流开关电源供电，应注意电源的输出电流大于电机工作电流。

习 题 6

1. 填空题

（1）直流电机根据励磁模式分为_____、_____和自励模式，其中自励模式又分为____、_____和_____模式。

（2）直流调速方式通常有_____、_____和_____。

（3）直流传动常用的可调电压供电电源有_____和_____。

（4）步进电机的控制方式有_____、_____和_____。

2. 简答题

（1）简述直流 PWM 的工作原理，并说明在设计时应注意的问题有哪些。

（2）请说明直流传动系统单闭环和双闭环的特点及使用场合？

（3）简述直流调速系统设计时主电路应注意哪些问题。

（4）简述 M/T 法测速的原理，其分辨率和误差率如何计算。

3. 设计题

请用学过的微机控制器（单片机或 PLC）设计一个 M/T 法测速的电路并编写其程序。

第7章 电气传动系统交流调速的设计

7.1 交流电机基本知识

7.1.1 交流电机的基本结构

交流电机：是用于实现机械能和电能相互转换的机械。由于交流电力系统的巨大发展，交流电机已成为最常用的电机。交流电机与直流电机相比，由于没有换向器，因此结构简单，制造方便，比较牢固，容易做成高转速、高电压、大电流、大容量的电机。交流电机功率的覆盖范围很大，从几瓦到几十万千瓦、甚至上百万千瓦。

交流电机分为两部分：定子与转子。定子包括：铁芯、定子绕组、机座等。转子包括：电枢铁芯、电枢绕组、轴和风扇等。

交流电机按品种分有同步电机、异步电机两大类。同步电机转子的转速 n_s 与旋转磁场的转速相同，称为同步转速。n_s 与所接交流电的频率（f）、电机的磁极对数（p）之间有严格的关系。

$$n_s = \frac{60f}{p} \qquad (7-1)$$

三相异步电动机转速公式为

$$n_s = \frac{60f}{p}(1-s) \qquad (7-2)$$

7.1.2 交流电机运行原理

目前常用的交流电动机有两种：单相交流电动机，三相异步电动机。第一种多用在民用电器上，而第二种多用在工业电器上。

（1）单相交流电动机运行原理。单相交流电动机只有一个绕组，转子是鼠笼式的。当单相正弦电流通过定子绕组时，电动机就会产生一个交变磁场，这个磁场的强弱和方向随时间作正弦规律变化，但在空间方位上是固定的，所以又称这个磁场是交变脉动磁场。这个交变脉动磁场可分解为两个以相同转速、旋转方向互为相反的旋转磁场，当转子静止时，这两个旋转磁场在转子中产生两个大小相等、方向相反的转矩，使得合成转矩为零，所以电动机无法旋转。当用外力使电动机向某一方向旋转时（如顺时针方向旋转），这时转子与顺时针旋转方向的旋转磁场间的切割磁力线运动变小，转子与逆时针旋转方向的旋转磁场间的切割磁力线运动变大。这样平衡就打破了，转子所产生的总的电磁转矩将不再是零，转子将顺着推动方向旋转起来。

为保证单相异步电动机的正常起动和安全运行，需配相应的起动装置。起动装置类型主要分为离心开关和起动继电器两大类。离心开关结构较为复杂，容易发生故障，甚至烧毁辅助绕组，而且开关又全部安装在电机内部，出了问题检修也不方便，故现在的单相异步电动机已较少使用离心开关作为起动装置，大都采用多种多样的起动继电器，起动继电器大多以起动电容为核心。常用的继电器有电压型、电流型、差动型三种。

（2）三相异步电动机。当三相定子绕组中通入对称的三相交流电时，产生一个以同步转速 n_0 沿定子和转子内圆空间作顺时针方向旋转的旋转磁场。由于旋转磁场以 n_0 转速旋转，转子导体开始是静止的，故转子导体将切割定子旋转磁场产生感应电动势（用右手定则判定）。由于转子导体两端被短路环短接，在感应电动势的作用下，转子导体中将产生与感应电动势方向基本一致的感应电流。转子的载流导体在定子磁场中受到电磁力的作用（力的方向用左手定则判定）。电磁力对转子轴产生电磁转矩，驱动转子沿着旋转磁场方向旋转。基于定子线圈能够产生一个旋转磁场，假设有一个旋转磁场来分析，如图 7-1 中 N、S 的磁场以 n_0 旋转。

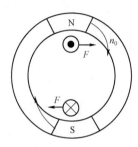

图 7-1　转子运动示意图

转子则切割磁力线而产生电流（右手定则电流 I 方向），电流在磁场中切割磁力线而产生力及力矩（左手定则），它与 n_0 方向相同，使转子转动起来；在转子转动中，n 比 n_0 小。

转子力矩 $T_m = K_m \phi I_Z$，其中 ϕ 为旋转磁场磁通。转子电流 $I_Z = e_Z/R_Z$ 其中 R_Z 为转子电阻。转子电势 $e_Z = K_e \phi \Delta n$。其中 $\Delta n = n_0 - n$ 为转子线圈切割力线的相对转速，当 $n = n_0$ 时，$e_Z = 0$，$I_Z = 0$，$T_m = 0$，n_0 称为理想空载转速（同步转速）。实际运行时由于 T_m 不等于 0；所以 $n < n_0$。

由以上分析可知 $\Delta n = n_0 - n$ 不等于 0 是保证交流异步电机运转的一个重要条件，所以称为异步电动机。以转差率来表示它的运行情况：$S = (n_0 - n)/n_0$。对于一般的异步电机（笼型）转子电阻 R_Z 很小，所以只需不大的 S 就能产生大的 I_Z 和 T_m，一般在额定转速时 S 为 0.015～0.06 比较小。

由于三相异步电动机转子的转速低于旋转磁场的转速，转子绕组与磁场间存在着相对运动而产生电动势和电流，并与磁场相互作用产生电磁转矩，而实现能量变换。与单相交流电机相比，三相异步电动机运行性能好，结构简单并可节省各种材料。

按转子结构不同，三相异步电动机可分为笼式和绕线式两种。笼式转子的异步电动机结构简单、运行可靠、质量轻、价格便宜，得到了广泛的应用，其主要缺点是调速困难。绕线式三相异步电动机的转子和定子一样也设置了三相绕组，并通过滑环、电刷与外部变阻器连接。调节变阻器电阻可以改善电动机的起动性能和调节电动机的转速[3]。

1）正反转的实现。三相异步电机只要改变三相电的相序就可以实现正反转，一般是配置两个交流接触器分别以不同的相序接线，通过控制切换两个交流接触器的吸合来控制电机的正反转。

2）调速方法。由式 7-2 可见，改变供电频率 f、电动机的极对数 p 及转差率 s 均可达到改变转速的目的。从调速的本质看，不同的调速方式无非是改变交流电动机的同步转速或不改变同步转速两类。

主要分为七种：变极对数调速方法；变频调速方法；串级调速方法；绕线式电动机转子串电阻调速方法；定子调压调速方法；电磁调速方法；液力耦合器调速方法等。

7.2　交流传动系统电源转换装置

7.2.1　晶闸管交流调压装置

晶闸管交流调压装置是利用晶闸管的通断来改变加到负载电路上交流电压。接在交流电源与负载之间，输入为正弦交流电（三相或单相），输出为缺角正弦波或断续正弦波，输出电压只能下调。

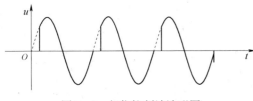

图7-2　相位控制法波形图

（1）相位控制法。如图7-2所示在电源电压的一个周期内，改变晶闸管在正负半周内的导通角，从而改变负载上的电压有效值与功率。通过移相触发，调节输出的大小；输出为缺角的正弦波。特点：电路简单，存在高次谐波，对其他设备造成干扰。

（2）通断控制法。图7-3所示改变一定时间内导通的周波数来改变晶闸管输出的电压有效值。通过过零触发，调节输出的大小。输出为完整的正弦波，不存在高次谐波，通断频率低于电源频率。

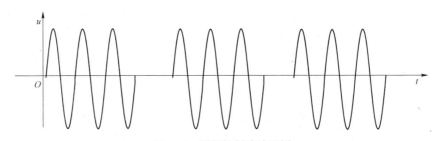

图7-3　通断控制法波形图

7.2.2　正弦波脉宽调制（SPWM）逆变器

以频率与期望的输出电压波相同的正弦波作为调制波，以频率比期望波高得多的等腰三角波作为载波。由它们的交点确定逆变器开关器件的通断时刻，从而获得幅值相等、宽度按正弦规律变化的脉冲序列，这种调制方法称作正弦波脉宽调制（Sinusoidal pulse Width Modulation，SPWM）。

（1）SPWM逆变器工作原理。SPWM逆变器是期望其输出电压是纯粹的正弦波。那么，可以把一个正弦半波分作N等分，如图7-4（a）所示（图中N=12），然后把每一等分的正弦曲线与横轴所包围的面积都用一个与此面积相等的等高矩形脉冲来代替，矩形脉冲的中点与正弦波每一等分的中点重合［图7-4（b）］。这样，由N个等幅而不等宽的矩形脉冲所组成的波形就与正弦的半周等效。同样，正弦波的负半周也可用相同的方法来等效。

图7-4（b）的一系列脉冲波形就是所期望的逆变器输出SPWM波形。可以看到，由于各脉冲的幅值相等，所以逆变器可由恒定的直流电源提供，也就是说，这种交—直—交变频器中的整流器可采用不可控的二极管整流。逆变器输出脉冲的幅值就是整流器的输出电压。当逆变器各开关器件都是在理想状态下工作时，驱动相应开关器件的信号也应为与图7-4（b）形状相似的一系列脉冲波形。

从理论上讲,这一系列脉冲波形的宽度可以严格地用计算方法求得,作为控制逆变器中各开关器件通断的依据。但较为实用的办法是引用通信技术中的"调制"这一概念,以所期望的波形(正弦波)作为调制波(Modulation wave),而受它调制的信号称为载波(Carrier wave)。在 SPWM 中常用等腰三角波作为载波,因为等腰三角波是上下宽度线性对称变化的波形,当它与任何一个光滑曲线相交时,在交点时刻控制开关器件的通断,即可得到一组等幅而脉冲宽度正比于该曲线函数值的矩形脉冲,这正是 SPWM 所需的结果。

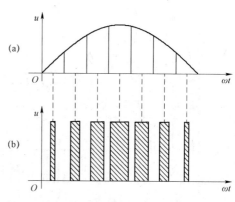

图 7-4 与正弦波等效的等幅矩形脉冲序列波
(a) 正弦波形;(b) 等效的 SPWM 波形

1) 调制原理。图 7-5 (a) 是 SPWM 变频器的主电路,图中 VT1~VT6 是逆变器的六个功率开关器件,各有一个续流二极管,整个逆变器由三相整流器提供的恒值直流电压 U_S 供电。图 7-5 (b) 是控制电路,一组三相正弦参考电压信号 u_{ra}、u_{rb}、u_{rc} 由参考信号发生器提供,其频率决定逆变器输出的基波频率,可以在所需输出频率范围内可调。参考信号幅值也可调节,以决定输出电压的大小。三角波载波信号 u_t 是共用的,分别与每相参考电压比较后,给出"正"或"零"的饱和输出,产生 SPWM 脉冲序列波 u_{da}、u_{db}、u_{dc},作为逆变器功率开关器件的驱动控制信号。

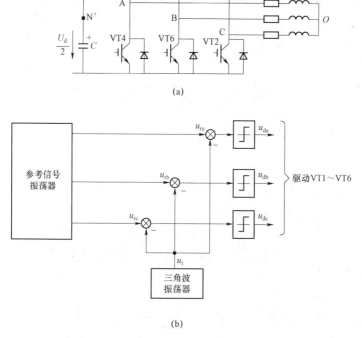

(a)

(b)

图 7-5 SPWM 变频器电路原理框图
(a) 主电路;(b) 控制电路框图

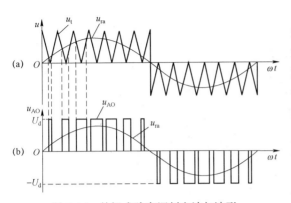

图 7-6　单极式脉宽调制方法与波形

（a）正弦调制波与三角载波；（b）输出 SPWM 波形

驱动控制方式可以是单极式或双极式。采用单极式控制时在正弦波的半个周期内每相只有一个开关器件开通或关断，例如 A 相 VT1 反复通断，图 7-6 表示这时的调制情况。当参考电压 U_{ra} 高于三角波电压 U_t 时，相应比较器的输出 u_{da} 为 "正"电平，反之则产生 "零"电平。只要正弦调制波的最大值低于三角波的幅值，由图 7-6（a）的调制结果必然形成图 7-6（b）所示的等幅不等宽而且两侧窄中间宽的 SPWM 脉宽调制波形 $u_{da}=f（t）$，负半周是用同样的方法调制后再倒相而成。

图 7-5（a）电路中，比较器输出 u_{da} 的 "正" "零"两种电平分别对应于功率开关器件 VT1 的通和断两种状态。由于 VT1 在正半周内反复通断，在逆变器的输出端可获得重现 u_{da} 形状的 SPWM 相电压 $u_{A0}=f(t)$，脉冲的幅值为 $U_d/2$，脉冲的宽度按正弦规律变化，见图 7-6。与此同时，必然有 B 相或 C 相的负半周出现（VT6 或 VT2 导通），u_{b0} 或 u_{c0} 脉冲的幅值为 $-U_d/2$。$u_{A0}=f（t）$ 的负半波则由 VT4 的通和断来实现。其他两相同此，只是相位上分别相差 120°。

图 7-7 绘出了三相 SPWM 逆变器工作在双极式控制方式时的输出电压波形。其调制方式和单极式相同，输出基波电压的大小和频率也是通过改变正弦参考信号的幅值和频率而改变的，只是功率开关器件通断情况不一样。双极式控制时逆变器同一桥臂上下两个开关器件交替通断，处于互补的工作方式。例如图 7-7（b）中，$u_{AO}=f（t）$ 是在 $+U_d/2$ 和 $-U_d/2$ 之间跳变的脉冲波形，当 $u_{ra}>u_t$ 时，VT1 导通，$u_{AO}=+U_s/2$；当 $u_{ra}<u_t$ 时，VT4 导通，$u_{AO}=-U_s/2$。同理，图 7-7（c）的 u_{BO} 波形是 VT3、VT6 交替导通得到的；图 7-7（d）的 u_{CO} 波形是由 VT5、VT2 交替导通获得。

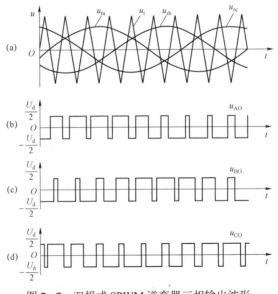

图 7-7　双极式 SPWM 逆变器三相输出波形

（a）三角调制波与三角载波；（b）$u_{ao}=f（t）$；（c）$u_{bo}=f（t）$；（d）$u_{co}=f（t）$

2）逆变器输出电压与脉宽的关系。在变频调速系统中，负载电机接受逆变器的输出电压而运转，对电机来说，有用的只是基波电压，所以要分析逆变器的输出电压波形。如图 7-8 所示的单极式 SPWM 输出波形而言，其脉冲幅值为 $U_d/2$。在半个周波内有 N 个脉冲，各脉冲不等宽，但中心间距是一样的，为 π/N_{rad}，等于三角载波的周期。

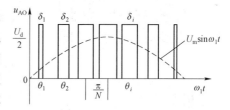

图 7-8　单极式 SPWM 输出相电压波形

令第 i 个矩形脉冲的宽度为 δ_i（见图 7-8），其中心点相位角为 θ_i，由于从原点开始只有半个三角波，从图上可以看出，θ_i 角可写作

$$\theta_i = \frac{\pi}{N}i - \frac{1}{2}\frac{\pi}{N} = \frac{2i-1}{2N}\pi \qquad (7-3)$$

因输出电压波形 $u(t)$ 正、负半波及其左右均对称，它是一个奇次周期函数，按傅氏级数展开可表示为

$$u(t) = \sum_{k=1}^{\infty} U_{km} \sin k\omega_1 t, \, k = 1, \, 3, \, 5, \, \cdots$$

其中

$$U_{km} = \frac{2}{\pi} \int_0^\pi u(t) \sin k\omega_1 t \, d(\omega_1 t)$$

要把 N 个矩形脉冲所代表的 $u(t)$ 代入上式，必须先求得每个脉冲的起始与终止相位角。设所需逆变器输出的正弦波电压幅值为 U_m，则根据矩形脉冲的面积应与该区段正弦曲线面积相等的原则，可近似写成

$$\delta_i \frac{U_d}{2} \approx \frac{\pi}{N} U_m \sin \theta_i$$

故第 i 个矩形脉冲的宽度 δ_i 为

$$U_O = \frac{t_{on}}{T} - \frac{t_{off}}{T} U_s = \frac{(2t_{on}-T)}{T} U_s = (2\rho - 1)U_s \qquad (7-4)$$

第 i 个矩形脉冲的起始相位角为

$$\theta_i - \frac{1}{2}\delta_i = \frac{2i-1}{2N}\pi - \frac{1}{2}\delta_i$$

其终止相位角为

$$\theta_i + \frac{1}{2}\delta_i = \frac{2i-1}{2N}\pi + \frac{1}{2}\delta_i$$

把它们代入 U_{km} 中，可得

$$\begin{aligned} U_{km} &= \frac{\pi}{2} \sum_{i=1}^{N} \int_{\theta_i - \frac{1}{2}\delta_i}^{\theta_i + \frac{1}{2}\delta_i} \frac{U_d}{2} \sin k\omega_1 t \, d(\omega_1 t) \\ &= \frac{2U_d}{k\pi} \sum_{i=1}^{N} \left[\sin\left(k\frac{2i-1}{2} \cdot \frac{\pi}{N} \right) \sin \frac{k}{2}\delta_i \right] \end{aligned} \qquad (7-5)$$

故

$$u(t) = \sum_{k=1}^{\infty} \frac{2U_d}{k\pi} \sum_{i=1}^{N} \left[\sin\left(k\frac{2i-1}{2} \cdot \frac{\pi}{N} \right) \sin \frac{k}{2}\delta_i \right] \cdot \sin k\omega_1 t \qquad (7-6)$$

以 $k=1$ 代入式（7-5），可得输出电压的基波幅值，在这里，当半个周期内矩形脉冲数 N 不是太少时，各脉冲的宽度 δ_i 都不大，可以近似地认为

$$\sin\frac{\delta_i}{2} \approx \frac{\delta_i}{2}$$

因此

$$U_{1m} = \frac{2U_d}{\pi}\sum_{i=1}^{N}\left[\sin\left(\frac{2i-1}{2}\frac{\pi}{N}\right)\right]\frac{\delta_i}{2} \tag{7-7}$$

可见输出基波电压幅值 U_{1m} 与各项脉宽 δ_i 有正比的关系。这个结论很重要，它说明调节参考信号的幅值从而改变各个脉冲的宽度时，就实现了对逆变器输出电压基波幅值的平滑调节。

以式（7-3）、式（7-4）代入式（7-7），得

$$\begin{aligned}U_{1m} &= \frac{2U_d}{\pi}\sum_{I=1}^{N}\left[\sin\frac{2i-1}{2N}\pi\right]\frac{\pi}{N}\frac{U_m}{U_d}\sin\frac{2i-1}{2N}\pi\\ &= \frac{2U_m}{\pi}\sum_{I=1}^{N}\sin^2\left(\frac{2i-1}{2N}\pi\right) = \frac{2U_m}{N}\sum_{i=1}^{N}\frac{1}{2}\left[1-\cos(2t-1)\frac{\pi}{N}\right]\\ &= U_m\left[1-\frac{1}{N}\sum_{i=1}^{N}\cos(2i-1)\frac{\pi}{N}\right]\end{aligned} \tag{7-8}$$

可以证明，除 $N=1$ 以外，有限项三角级数

$$\sum_{i-1}^{N}\cos(2i-1)\frac{\pi}{N} = 0 \tag{7-9}$$

而 $N=1$ 是没有意义的，因此由式（7-8）可得

$$U_{1m} = U_m \tag{7-10}$$

也就是说，输出电压的基波正是调制时所要求的正弦波，当然这个结果是在做出前述的近似假定下得到的。计算结果还表明，这种 SPWM 逆变器能够有效地抑制 $k=2N-1$ 次以下的低次谐波，但存在高次谐波电压。

（2）SPWM 逆变器的同步调制和异步调制。定义载波的频率 f_t 与调制波频率 f_r 之比为载波比 N，即 $N=f_t/f_r$。根据载波比的变化与否有同步调制与异步调制之分。

1）同步调制。在同步调制方式中，$N=$ 常数，变频时三角载波的频率同步变化，因而逆变器输出电压半波内的矩形脉冲数是固定不变的。如果取 N 等于 3 的倍数，则同步调制能保证逆变器输出波形的正、负半波始终保持对称，并能严格保证三相输出波形间具有互差 120° 的对称关系。但是，当输出频率很低时，由于相邻两脉冲间的间距增大，谐波会显著增加，使负载电机产生较大的脉动转矩和较强的噪声，这是同步调制方式的主要缺点。

2）异步调制。为了消除上述同步调制的缺点，可以采用异步调制方式。顾名思义，异步调制中，在逆变器的整个变频范围内，载波比 N 是不等于常数的。一般在改变参考信号频率 f_r 时保持三角载波频率 f_t 不变，因而提高了低频时的载波比。这样逆变器输出电压半波内的矩形脉冲数可随输出频率的降低而增加，相应地可减少负载电机的转矩脉动与噪声，改善了低频工作的特性。

有一利必有一弊，异步调制在改善低频工作的同时，又会失去同步调制的优点。当载波比随着输出频率的降低而连续变化时，势必使逆变器输出电压的波形及其相位都发生变化，

很难保持三相输出间的对称关系，因而引起电动机工作的不平稳。为了扬长避短，可将同步和异步两种调制方式结合起来，组成分段同步的调制方式。

3）分段同步调制。在一定频率范围内，采用同步调制，保持输出波形对称的优点。当频率降低较多时，使载波比分段有级地增加，即采纳异步调制。这就是分段同步调制方式。具体地说，把逆变器整个变频范围划分成若干个频段，在每个频段内都维持载波比 N 恒定，对不同频段取不同 N 值，频率低时取 N 值大些，一般按等比级数安排。表 7-1 给出一个实际系统的频段和载波比分配，以此参考。

表 7-1　　　　　　　　　　　分段同步调制的频段和载波比

逆变器输出频率 f_1/Hz	载波比/N	开关频率 f_t/Hz
32～63	18	576～1116
16～31	36	576～1116
8～15	72	576～1080
4.0～7.5	144	576～1080

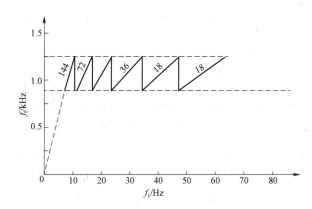

图 7-9　分段同步调制 f_t 与 f_1 的关系曲线

图 7-9 所示是相应的 f_t 与 f_1 的关系曲线。由图可见，在逆变器输出频率 f_1 的不同频段内，用不同的 N 值进行同步调制，而各频段载波频率的变化范围基本一致，以满足功率开关器件对开关频率的限制。图中最高开关频率为 1080～1116Hz，在 GTR 允许范围之内。

载波比 N 值的选定与逆变器的输出频率、功率开关器件的允许工作频率以及所用的控制方法都有关系。为了使逆变器的输出尽量接近正弦波，应尽可能增大载波比，但若从逆变器本身看，载波比又不能太大，应受到下述关系式的限制，即

$$N \leqslant \frac{\text{逆变器功率开关器件的允许开关频率}}{\text{频段内最高的正弦参考信号频率}}$$

分段同步调制虽然比较麻烦，但在微电子技术迅速发展的今天，这种调制方式是很容易实现的。当利用微机生成 SPWM 脉冲波形时，还应注意使三角载波的周期大于微机的采样计算周期。

7.3　交流传动常用方法

7.3.1　交流调压传动

异步电动机变压调速时，采用普通电机的调速范围很窄，采用高转子电阻的力矩电机时，调速范围虽然可以大一些，但机械特性变软，负载变化时的静差率又太大。开环控制很难解决这个矛盾。对于恒转矩性质的负载，调速范围要求在 $D=2$ 以上时，往往采用带转速负反馈的闭环控制系统 [图 7-10（a）]，要求不高时也可用定子电压反馈控制。

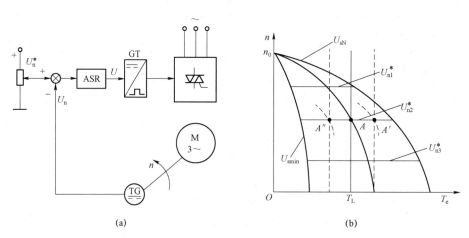

图 7-10　转速负反馈闭环控制的交流变压调速系统
（a）原理图；（b）静特性

图 7-10（b）所示的是图 7-10（a）闭环调速系统的静特性。如果该系统带负载 T_L 在 A 点运行，当负载增大引起转速下降时，反馈控制作用能提高定子电压，从而在新的一条机械特性上找到工作点 A'。同理，当负载降低时，也会得到定子电压低一些的新工作点 A''。按照反馈控制规律，将工作点 A''、A、A' 连接起来便是闭环系统的静特性。尽管异步电机的开环机械特性和直流电机的开环特性差别很大，但在不同开环机械特性上各取一相应的工作点，连接起来便得到闭环系统静特性这样的分析方法是完全一致的。虽然交流异步力矩电机的机械特性很软，但由系统放大系数决定的闭环系统静特性却可以变硬。如果采用 PI 调节器，照样可以做到无静差。改变给定信号 U_n^*，则静特性平行地上下移动，达到调速目的。

和直流变压调速系统不同的地方是：在额定电压 U_{sn} 下的机械特性和最小输出电压 U_{smin} 下的机械特性是闭环系统静特性左右两边的极限，当负载变化达到两边的极限时闭环系统便失去控制能力，回到开环机械特性上工作。

根据图 7-10（a）所示的系统可以画出静态结构图，如图 7-11 所示。图中 $K_s=\dfrac{U_1}{U_{ct}}$ 为晶闸管交流调压器和触发装置的放大系数；$\alpha=\dfrac{U_n^*}{n}$ 为转速反馈系数；ASR 采用 PI 调节器。

$N=f\,(U_1、T_e)$ 是式（7-9）表达的异步电动机机械特性方程式，它是一个非线性函数。

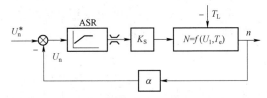

图 7-11　异步电动机变压调速系统的静态结构图

$$T_{e}=\frac{P_{m}}{\Omega_{1}}=\frac{3n_{p}}{\omega_{1}}I_{2}'^{2}\frac{R_{2}'}{s}=\frac{3n_{p}U_{1}^{2}R_{2}'/s}{\omega_{1}\left[\left(R_{1}+\frac{R_{2}'}{s}\right)^{2}+\omega_{1}^{2}(L_{L1}+L_{L2}')^{2}\right]} \qquad (7-11)$$

稳态时，$U_{n}^{*}=U_{n}=\alpha n, T_{e}=T_{L}$，根据 U_{n}^{*}/α 和 T_{L} 可由式（7-11）计算或用机械特性图解求出所需的 U_{1} 以及相应的 U_{ct}。

7.3.2　转速开环的变频传动系统

对于风机、水泵等调速性能要求不高的负载，只需在一定的范围内能实现高效率的调速，对于这类负载，可以根据电动机的稳态模型，采用转速开环电压频率协调控制的方案。这就是一般的通用变频器控制系统。所谓"通用"，包含两层含义：一是可以和通用的笼型异步电动机配套使用，二是具有多种可供选择的功能，适用于各种不同性质的负载。近年来，许多企业不断推出具有更多自动控制功能的变频器，使产品性能更加完善，质量不断提高。

图 7-12 为控制系统结构图，PWM 控制可以采用 SPWM 或 SVPWM。由于系统本身没有自动限制起动制动电流的作用，因此，频率设定必须通过给定积分算法如式（7-12）产生平缓的升速或降速信号。

$$\omega_{1}(t)=\begin{cases}\omega_{1}^{*} & \omega_{1}=\omega_{1}^{*} \\ \omega_{1}(t_{0})+\int_{t_{0}}^{t}\dfrac{\omega_{1N}}{\tau_{up}}\mathrm{d}t & \omega_{1}<\omega_{1}^{*} \\ \omega_{1}(t_{0})-\int_{t_{0}}^{t}\dfrac{\omega_{1N}}{\tau_{down}}\mathrm{d}t & \omega_{1}>\omega_{1}^{*}\end{cases} \qquad (7-12)$$

式中：τ_{up} 为从 0 上升到额定频率 ω_{1N} 的时间；T_{down} 为从额定频率 ω_{1N} 下降到 0 的时间，可根据负载需要进行选择。

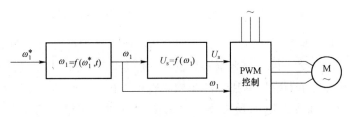

图 7-12　转速开环变压变频调速系统

电压—频率特性为

$$U_{s}=f(\omega_{1})=\begin{cases}U_{N} & \omega_{1}\geqslant\omega_{1N} \\ f'(\omega_{1}) & \omega_{1}<\omega_{1N}\end{cases} \qquad (7-13)$$

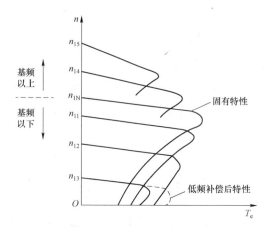

图 7-13 异步电动机变压变频调速机械特性

当实际频率大于或等于额定频率时，只能保持额定电压不变。而当实际频率小于额定频率时，一般是带低频补偿的恒压频比控制。调速系统的机械特性如图 7-13 所示，在负载扰动下，转速开环变压变频调速系统存在转速降落，属于有静差调速系统，只能用于调速性能要求不高的场合。

基于微机控制的数字控制通用变频器—异步电动机调速系统硬件结构图如图 7-14 所示。它包括主电路、驱动电路、微机控制电路、信号采集与故障综合电路，图中未绘出开关器件的吸收电路和其他辅助电路。

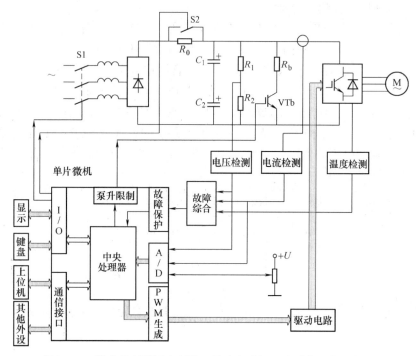

图 7-14 数字控制通用变频器—异步电动机调速系统硬件原理图

现代通用变频器大都是采用二极管整流器和由全控开关器件 IGBT 或功率模块 IPM 组成的 PWM 逆变器，构成交—直—交电压源型变压变频器。VTb 和 R_b 为泵升限制电路，为了便于散热，制动电阻常作为附件单独装在变频器机箱外。

为了避免大电容在合上电源开关 S1 后通电的瞬间产生过大的充电电流，在整流器和滤波电容间的直流回路上串入限流电阻 R_0（或电抗器），刚通上电时，由 R_0 限制充电电流，延时后经开关 S2 将 R_0 短路，以免长期接入 R_0 时影响变频器的正常工作并增加附加损耗。

驱动电路的作用是将微机控制电路产生的 PWM 信号经功率放大后，控制电力电子器件的开通或关断，起到弱电控制强电的作用。

信号采集与故障综合处理电路，电压、电流、温度等检测信号经信号处理电路进行分析、光电隔离、滤波、放大等综合处理，再进入 A/D 转换器、输入给 CPU 作为控制算法的依据，并同时用作显示和故障保护。

微机数字控制电路，现代 PWM 变频器的控制电路大都是以微处理器为核心的数字电路，其功能主要是接受各种设定信息和指令，再根据它们的要求形成驱动逆变器工作的 PWM 信号。微处理器主要采用 8 位或 16 位的单片机，或用 32 位的 DSP，现在已有应用 RISC 的产品出现。PWM 信号可以由微机本身的软件产生，由 PWM 端口输出，也可采用专用的 PWM 生成电路芯片。

控制软件是系统的核心，除了具有 PWM 生成、给定积分和压频控制等主要功能外，还包括信号采集、故障综合及分析、键盘及给定电位器的输入、显示和通信等辅助功能。

现代通用变频器功能强大，可设定或修改的参数达数百个，有多组压频比曲线可供选择，除了常用的带低频补偿的恒压频比控制外，还有带 S 型或二次型曲线的，或具有多段加、减速功能，每段的上升或下降斜率均可分别设定，还具有摆频、频率跟踪及逻辑控制和 PID 控制等功能，以满足不同的用户需求。

7.3.3　交流伺服传动

（1）概念。伺服系统（Servo System）是使物体的位置、方位、状态等输出被控量能够跟随输入目标（或给定值）的任意变化的自动控制系统。伺服电机主要有交流伺服和直流伺服两类，其中直流伺服电机分为有刷和无刷电机。有刷电机成本低，结构简单，启动转矩大，调速范围宽，控制容易，但维护不方便（换碳刷），易产生电磁干扰，对环境有要求。因此它可以用于对成本敏感的普通工业和民用场合。

无刷电机体积小，质量轻，出力大，响应快，速度高，惯量小，转动平滑，力矩稳定。控制复杂，容易实现智能化，其电子换相方式灵活，可以方波换相或正弦波换相。电机免维护，效率很高，运行温度低，电磁辐射很小，长寿命，可用于各种环境。交流伺服电机也是无刷电机，它分为同步电机和异步电机，目前运动控制中一般都用同步电机，它的功率范围大，可以做到很大的功率，适合做低速平稳运行的应用。伺服电机内部的转子是永磁铁，驱动器控制的 U/V/W 三相电形成电磁场，转子在此磁场的作用下转动，同时电机自带的编码器反馈信号给驱动器，驱动器根据反馈值与目标值进行比较，调整转子转动的角度。伺服电机的精度决定于编码器的精度（线数）。交流伺服电机和无刷直流伺服电机在功能上的区别：交流伺服要好一些，因为是正弦波控制，转矩脉动小。直流伺服是梯形波。

伺服传动系统示意如图 7–15 所示，系统核心器件为伺服驱动器和伺服电机。

目前主流伺服驱动器均采用数字信号处理器（DSP）作为控制核心，可以实现比较复杂的控制算法，实现数字化、网络化和智能化。功率器件普遍采用以智能功率模块（IPM）为核心设计的驱动电路，IPM 内部集成了驱动电路，同时具有过电压、过电流、过热、欠压等故障检测保护电路，在主回路中还加入软启动电路，以减小启动过程对驱动器的冲击。功率驱动单元首先通过三相全桥整流电路对输入的三相电进行整流，得到相应的直流电。经过整流后的直流电，再通过三相正弦 PWM 电压型逆变器变频来驱动三相永磁式同步交流伺服电机。功率驱动单元的整个发展过程可以简单的说就是 AC – DC – AC 的过程。

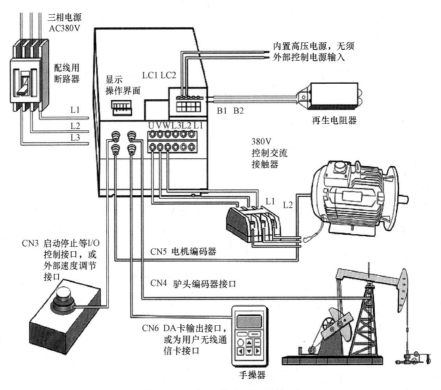

图 7-15 伺服传动系统连接图

（2）伺服传动系统的基本要求。伺服传动系统的基本要求：调速范围宽；定位精度高；有足够的传动刚性和较高的速度稳定性；快速响应，无超调，为了保证生产率和加工质量，除了要求有较高的定位精度外，还要求有良好的快速响应特性，即要求跟踪指令信号的响应要快，因为数控系统在启动、制动时，要求加、减加速度足够大，缩短进给系统的过渡过程时间，减小轮廓过渡误差；低速大转矩，过载能力强，一般来说，伺服驱动器具有数分钟甚至半小时内 1.5 倍以上的过载能力，在短时间内可以过载 4~6 倍而不损坏。可靠性高，要求数控机床的进给驱动系统可靠性高、工作稳定性好，具有较强的温度、湿度、振动等环境适应能力和很强的抗干扰能力。

为实现伺服传动系统的基本要求，对于电机也有严格的要求：

1）从最低速到最高速电机都能平稳运转，转矩波动要小，尤其在低速如 0.1r/min 或更低速时，仍有平稳的速度而无爬行现象。

2）电机应具有大的较长时间的过载能力，以满足低速大转矩的要求。一般直流伺服电机要求在数分钟内过载 4~6 倍而不损坏。

3）为了满足快速响应的要求，电机应有较小的转动惯量和大的堵转转矩，并具有尽可能小的时间常数和起动电压。

4）电机应能承受频繁起、制动和反转。

（3）伺服系统的基本调试方法。

1）接线，伺服系统的接线主要由主回路接线和控制回路接线组成。主回路接线示意如图 7-16 所示。控制信号线接线主要为控制卡与伺服驱动器之间的信号线，主要包含模拟量

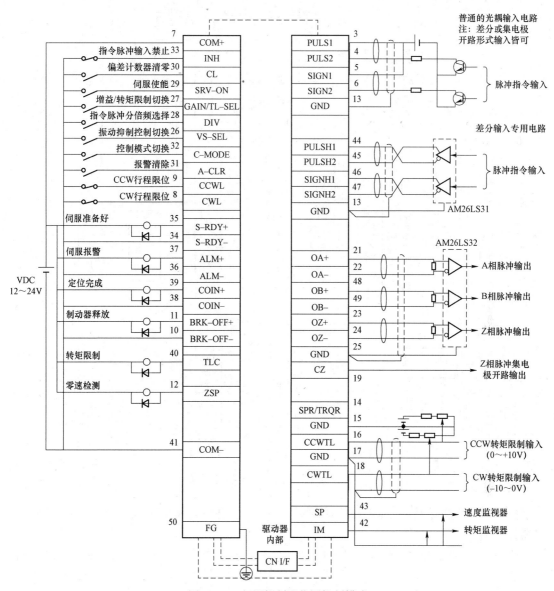

图 7－16　伺服控制器位置控制模式

输出线（若为速度、转矩模式）或高速脉冲输出线（位置控制模式）、使能信号线、伺服电机输出的编码器信号线。复查接线没有错误后，电机和控制卡（或 PLC）上电。用外力转动电机，检查控制卡是否可以正确检测到电机位置的变化，否则检查编码器信号的接线。伺服系统位置式控制方式接线示意如图 7－17 所示。

2）初始化参数，在伺服驱动器上：设置控制方式（位置、速度或转矩模式）；设置使能由外部控制；编码器信号输出的齿轮比；设置控制信号与电机转速的比例关系等。

3）试方向，对于一个闭环控制系统，如果反馈信号的方向不正确，后果肯定是灾难性的。通过外部开关使能伺服的使能信号，将伺服驱动器设置为 JOG 或调试模式。控制伺服电机以一个较低的速度转动，看电机的转速和方向是否与期望的转速相同，在速度和转矩模

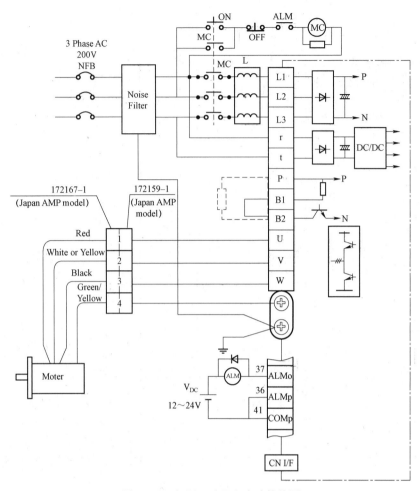

图 7–17　伺服驱动器主电路接线图

式下务必确认电机的转动方向与反馈信号成一个负反馈模式。确认给出正速,电机正转,编码器计数增加。

4）抑制零漂。在闭环速度和转矩控制过程中,零漂的存在会对控制效果有一定的影响,最好将其抑制住。使用控制卡或伺服上抑制零漂的参数,仔细调整,使电机的转速趋近于零。在位置模式伺服电机不应存在零漂的现象,若在未给出转速脉冲的情况下伺服电机出现低速运转情况,则应检查系统控制线屏蔽层是否良好接地。

（4）伺服系统的三种控制方式。伺服电机有速度控制方式、转矩控制方式、位置控制方式三种控制方式。速度控制和转矩控制可用模拟量来控制的。位置控制是通过发脉冲来控制。

如果对电机的速度、位置都没有要求,只要输出一个恒转矩,当然是用转矩模式。如果对位置和速度有一定的精度要求,而对实时转矩不是很关心,则选择速度或位置模式。如果上位控制器有比较好的闭环控制功能,用速度控制效果会好一些。就伺服驱动器的响应速度来看,转矩模式运算量最小,驱动器对控制信号的响应最快;位置模式运算量最大,驱动器对控制信号的响应最慢。

对运动中的动态性能有比较高的要求时，需要实时对电机进行调整。那么如果控制器本身的运算速度很慢（比如 PLC 或低端运动控制器）就用位置方式控制。如果运算速度比较快的控制器，可以用速度方式，把位置环从驱动器移到控制器上，减少驱动器的工作量，提高效率。

1）转矩控制。转矩控制方式可通过外部模拟量的输入值来设定电机轴对外的输出转矩大小，具体表现为例如 10V 对应 5Nm 的话，当外部模拟量设定为 5V 时电机轴输出为 2.5Nm，如果电机轴负载低于 2.5Nm 时电机正转，外部负载等于 2.5Nm 时电机不转，大于 2.5Nm 时电机反转，通常在有重力负载情况下产生。可以通过及时地改变模拟量的设定来改变设定的力矩大小。主要应用在对材质的受力有严格要求的缠绕和放卷装置中。例如绕线装置或拉光纤设备，转矩的设定要根据缠绕的半径的变化随时更改以确保材质的受力不会随着缠绕半径的变化而改变。

2）位置控制。位置控制模式一般是通过外部输入的脉冲的频率来确定转动速度的大小，通过脉冲的个数来确定转动的角度，也有些伺服可以通过通信方式直接对速度和位移进行赋值。由于位置模式对速度和位置都有很严格的控制，所以一般应用于定位装置。应用领域如数控机床、印刷机械等。

3）速度模式。通过模拟量的输入或脉冲的频率都可以进行转动速度的控制。在有上位控制装置的外环 PID 控制时速度模式也可以进行定位，但必须把电机的位置信号或直接负载的位置信号反馈给上位控制系统做运算用。位置模式也支持负载外环直接检测位置信号，此时的电机轴端的编码器只检测电机转速，位置信号就由最终负载端的检测装置提供，这样的优点在于可以减少中间传动过程中的误差，增加整个系统的定位精度。

（5）伺服电机和步进电机的差异。

1）控制精度不同。两相混合式步进电机步距角一般为 1.8°、0.9°，五相混合式步进电机步距角一般为 0.72°、0.36°。也有一些高性能的步进电机通过细分后步距角更小。如三洋公司（SANYO DENKI）生产的二相混合式步进电机其步距角可通过拨码开关设置为 1.8°、0.9°、0.72°、0.36°、0.18°、0.09°、0.072°、0.036°，兼容了两相和五相混合式步进电机的步距角。

交流伺服电机的控制精度由电机轴后端的旋转编码器保证。以三洋全数字式交流伺服电机为例，对于带标准 2000 线编码器的电机而言，由于驱动器内部采用了四倍频技术，其脉冲当量为 360°/8000＝0.045°。对于带 17 位编码器的电机而言，驱动器每接收 131 072 个脉冲电机转一圈，即其脉冲当量为 360°/131 072＝0.002 746 6°，是步距角为 1.8° 的步进电机的脉冲当量的 1/655。

2）低频特性不同。步进电机在低速时易出现低频振动现象。振动频率与负载情况和驱动器性能有关，一般认为振动频率为电机空载起跳频率的一半。这种由步进电机的工作原理所决定的低频振动现象对于机器的正常运转非常不利。当步进电机工作在低速时，一般应采用阻尼技术来克服低频振动现象，比如在电机上加阻尼器，或驱动器上采用细分技术等。

交流伺服电机运转非常平稳，即使在低速时也不会出现振动现象。交流伺服系统具有共振抑制功能，可涵盖机械的刚性不足，并且系统内部具有频率解析机能（FFT），可检测出机械的共振点，便于系统调整。

3）矩频特性不同。步进电机的输出力矩随转速升高而下降，且在较高转速时会急剧下降，所以其最高工作转速一般在 300～600RPM。交流伺服电机为恒力矩输出，即在其额定转速（一般为 2000RPM 或 3000RPM）以内，都能输出额定转矩，在额定转速以上为恒功率输出。

4）过载能力不同。步进电机一般不具有过载能力。交流伺服电机具有较强的过载能力。以三洋交流伺服系统为例，它具有速度过载和转矩过载能力。其最大转矩为额定转矩的二到三倍，可用于克服惯性负载在启动瞬间的惯性力矩。步进电机因为没有这种过载能力，在选型时为了克服这种惯性力矩，往往需要选取较大转矩的电机，而机器在正常工作期间又不需要那么大的转矩，便出现了力矩浪费的现象。

5）运行性能不同。步进电机的控制为开环控制，启动频率过高或负载过大易出现丢步或堵转的现象，停止时转速过高易出现过冲的现象，所以为保证其控制精度，应处理好升、降速问题。交流伺服驱动系统为闭环控制，驱动器可直接对电机编码器反馈信号进行采样，内部构成位置环和速度环，一般不会出现步进电机的丢步或过冲的现象，控制性能更为可靠。

6）速度响应性能不同。步进电机从静止加速到工作转速（一般为每分钟几百转）需要200～400ms。交流伺服系统的加速性能较好，以山洋 400W 交流伺服电机为例，从静止加速到其额定转速 3000r/min 仅需几毫秒，可用于要求快速起停的应用场合。

习 题 7

1. 填空题

（1）交流电机转速调节的方法通常有_____、_____、____、____、_____、_____、_____。

（2）采用晶闸管进行交流调压的方法有_____和_____。

（3）SPWM 若要改变输出电压幅值应该调节_____，若要改变输出电压频率应该改变_____。

（4）伺服传动系统一般主要由_____和_____配以外围辅助电器件组成。

（5）伺服电机的工作方式通常有_____、_____和_____。

2. 简答题

（1）简述 SPWM 的自然采样法和规则采样法的原理。

（2）请说明伺服传动系统中不同工作模式的应用场合及控制信号的设计方式。

3. 综合题

（1）请调研目前居住小区常见的供水模式，设计一套住宅用恒压供水系统。设计电气主回路和控制回路，并将用到的变频器参数进行合理设置。

（2）请设计套轧钢和卷钢的传动系统，并针对转矩和传动模式的选择进行分析。

第二篇

高层建筑电气工程设计

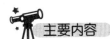 主要内容

（1）高层建筑电气设计内容和特点、设计依据。

（2）高层建筑电气方案设计内容、如何设计。

（3）高层建筑电气初步设计内容、如何设计。

（4）高层建筑电气施工图设计内容、如何设计。

（5）高层建筑电气审查的主要内容、如何回避常见问题。

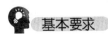 知识要点

（1）基本概念：

高层建筑；建筑电气；建筑分类及耐火等级；负荷等级；直击雷；等电位；接地电阻；接闪器；照度；显色性；眩光。

（2）主要知识点：

高层建筑电气设计内容和特点、设计依据、方案设计内容和步骤。

负荷等级划分、负荷估算、负荷计算及供配电系统图。

主干线选择、线路截面计算。

防雷计算和防雷措施。

照度计算、功率密度计算和灯具、控制方式。

（3）重点及难点：

负荷等级划分、负荷计算及供配电系统图。

各种施工图设计方法、避免违反规范强制性条文。

 基本要求

具备完成普通单体高层建筑主要电气图纸的设计能力。

高层建筑电气工程设计篇

第8章 高层建筑电气概述

随着社会发展和技术的不断进步，同时节约和充分利用有限的土地资源，高层建筑已成为现代建筑的主流。为了提高和改善人们的办公、住宅、各种活动的人居环境，对建筑电气的要求也在不断提高。

8.1 概　念

8.1.1 高层建筑

《建筑设计防火规范》（GB 50016—2014）规定：将高度＞27m的住宅建筑和＞24m的非单层其他建筑称为高层建筑；高度＞100m称为超高层建筑。《高层建筑混凝土结构技术规程》（JGJ 3—2010）规定：10层及以上或高度超过28m的钢筋混凝土结构称为高层建筑结构。

国家规范对不同抗震烈度和高度的建筑，对建筑结构和抗震设防要求不同，所以高度或层数直接决定着建筑成本。结合我国大部分的地质情况，一般人们把10～13层称为小高层，20层左右称为中高层，30层左右称为高层，大于100m称为超高层（50层左右较多）。

一般的高层建筑到处都是，世界上已建成具有代表性的超高层建筑有：迪拜的哈利法塔（828m高/162层）；上海中心大厦（632m高）；台北101大楼（509m高/101层）；上海环球金融中心（492m/101层）；深圳地王大厦（386m高/81层）。国内在建的超高层建筑有：武汉绿地中心（636m高）；深圳平安国际金融中心（660m高）；上海超群大厦（1228m高）等。

8.1.2 建筑电气

建筑电气是研究以电能、电气设备、电气技术和自动化技术为手段，创造和改善室内（外）空间的电、光、热、声等环境的一门学科，已由单一的供配电、照明、防雷和接地发展为具有自动化和智能化的供配电、照明、给水排水、通风空调、自动消防、安保监视、通信、闭路电视和经营管理等系统，以达到人们期望的最佳控制和满意效果。

建筑电气技术包括传统强电和弱电内容，也包括新兴的弱电系统内容，弱电系统采用现代数学和物理知识、电子信息技术、计算机技术、控制技术等，实现建筑设备自动化乃至整个建筑、建筑群所有功能系统的自动化和智能化，为人们创造最佳的人居环境。

8.1.3 高层建筑分类

（1）按用途分。分民用建筑与工业建筑，民用建筑分住宅建筑（住宅、商住）和公共建筑（办公、写字楼、通信枢纽、电力调度、宾馆、酒店、商场、医院、车站、候机厅、公寓楼或多功能综合楼等），工业建筑分为生产厂房和存储仓库两类。不同功能和用途对应的负荷等级和防雷类别不同。

（2）按结构分。按使用的材料分为钢筋混凝土结构和钢结构；按结构受力分为框架结构、框架剪力墙结构、剪力墙结构、筒结构、框架筒结构、组合结构等。不同结构和材料对应的线路敷设方式不同。

钢筋混凝土体系包括：框架结构、剪力墙结构、框架—剪力墙结构、框筒结构、筒中筒结构等。

钢结构体系包括：钢框架结构、钢框架—支撑结构、钢框架—混凝土剪力墙结构、钢框架—混凝土核心筒结构、框—筒结构、桁架—筒结构、筒中筒结构等。

（3）按重要程度分。四类建筑，特别重要的建筑属于一类，设计耐久年限是 100 年；普通建筑属于二类建筑，设计耐久年限为 50 年；次要建筑属于三类，设计耐久年限为 25 年以下；临时性建筑属于四类，设计耐久年限为 15 年以下。一般高层建筑的类别不低于二类。建筑类别不同所选用的电气设施的安全可靠性、耐久性不同，负荷等级和防雷等级也不同。

（4）按耐火等级分。建筑耐火等级分为一、二、三、四级，按照《建筑设计防火规范》（GB 50016—2014）分类，和其用途、人员密集程度、发生火灾危害程度有关，高层建筑耐火等级均不低于二级。耐火等级不同对消防系统供配电可靠性的要求不同。

（5）按危险等级分。生产、储存、使用易燃气体（氢气、一氧化碳、乙炔气、甲烷）、易燃液体（各种油）、易燃固体（合成橡胶、合成纤维、木材、塑料、泡膜）、遇水放出易燃气体的物质（碳化钙、金属钠、氢化钙）、氧化性物质（过氧化钠、高锰酸钾、硝酸钾）和有机过氧化物（过钾酸、过乙酸），燃烧剧烈且都会产生爆炸即易爆，同时产生各种有害气体危及人的生命和健康。根据《建筑设计防火规范》（GB 50016—2014）分为甲、乙、丙、丁、戊五类，与物品易燃易爆程度（闪点、爆炸下限等）和使用存储量的多少（是否采取其他防范措施）有关。不同等级对所用电器的类型和消防电气的要求不同。

8.2　高层建筑电气设计内容

高层建筑电气设计的所有内容，应满足使用功能和各类规范对高层建筑电气的要求，并使电气系统具有技术先进、合理实用、节约投资、安全可靠、经济运行及便于维护的总原则下进行。

8.2.1　强电系统

（1）供配电系统及动力控制。

1）动力系统供电：给各种电梯、冷冻机、空调、风机、水泵、消防设备、电动门等其他功能动力设备的供配电和控制。

2）照明系统供电：给室内、外大区域照明系统供电（干线至区域箱）。

3）弱电系统供电：给自动消防系统、有线电视系统、通信系统、安全防范系统、广播系统、多功能厅控制系统、停车场、人防和管理系统等供电。

（2）照明系统。室内公共区域、单位单元和室外（景观、户外广告、航空灯等）的正常照明、事故照明和疏散照明的设置、保护和控制。

（3）防雷、接地。防止直击雷、侧击雷和雷电波侵入的措施，防止电磁脉冲、静电、人体触电和接地等的保护措施。

8.2.2　弱电系统

弱电系统主要包括自动消防系统、有线电视系统、通信系统、安全防范系统、广播电视系统、多功能厅控制系统、建筑设备智能系统、停车场、人防和管理系统等。均为选择技术先进、成熟的系统应用到具体的建筑中，对不同系统可以是自己进行系统集成设计、自己设计供货商审核或委托商家设计等多种方式。

由于弱电系统大部分是选用现成的系统，需要设计的也比较简单，同时工业建筑的危险等级相差悬殊，需要的相关工艺知识等差别很大，所以我们后续的内容主要讲述民用高层建筑强电系统的工程设计，不含弱电系统的内容。

8.2.3　高层建筑电气特点

（1）建筑电气不仅满足良好的使用功能，还与建筑安全、建筑节能、建筑环保等密切相关，必须满足国家、行业和地方的规范要求。2005 年我国开始实行注册电气工程师执业资格制度，主要是提高和加强电气工程师对规范理解、掌握、灵活应用等方面的能力。

（2）设计单位必须有国家颁发的资质等级，设计者所选用的器件、设备或系统必须是成熟、取得国家相关资质并得到行业主管部门许可的，即强制性认证制度。新研制产品没有国家或行业标准的，必须经国家法律文件认可的技术鉴定，符合要求的才可以选用。

（3）建筑电气是现代建筑的"神经系统"，特别是高层建筑和智能建筑，与其他专业系统联系紧密、不可分割、内容交错，必须协调一致、融为统一的整体，才能发挥其作用。

（4）强电和弱电之间的关系，随着建筑体量越大、高度越高、自动化程度越高关系越密切，之间的相互影响、制约、交错的因素越多，要求也越高。

（5）工程应用特点鲜明，必须有相关的基础理论知识、基本计算方法，更需要考虑建筑本身的特点，并且能对规范和标准深入理解、灵活运用，设计中不断积累设计、施工与运行的实践经验。

（6）要以"百年大计"设计思想贯穿全过程，不能违反规范强制性条文规定，着重考虑安全可靠、经济节能、电气设施维修更换方便等方面。

8.3　高层建筑电气设计依据

设计依据是在整个设计中必须符合的文件和资料，遵循、遵守的规范和标准、设计手册和标准图集，法定机构认可的产品和材料等。

8.3.1　符合针对性文件和资料

符合设计委托合同、项目的立项计划、建设规划、土地以及环保等部门的批复文件，当地电力部门的要求及签订的供电协议，满足气象、地质提供的资料等要求，同时掌握建设单位对建筑的总体定位，如投资大小、使用人群等。

气象、地质资料主要包括海拔高度、地震烈度、环境温度、最大日温差、月平均最高和最低气温、月平均最冷和最热的平均湿度、最大冻土深度、雷暴日天数、土壤电阻率等。

供电情况主要包括供电单位的相关规定，电源电压等级、可靠性、回路数、电能质量和电力计费规定等。

8.3.2　符合国家、行业、地方的规范和标准

这些规范和标准是理论和实践已经充分证明，能够保证建筑电气系统安全、可靠、经济运行的相关规定。包括强制性标准、推荐标准、指导性技术文件、试行技术文件等，作为电气设施制造和检验、设计、施工和验收等的规范和标准，这些规范和标准在不断进行修订，以满足技术进步和社会发展的需要。主要包括：

（1）国家标准。国家标准是由国家技术监督局、国家质量监督检验总局、国家标准化委员会等发布实施的，是电气设计的主要依据。

1）电气专业通用的基本标准，如《电气颜色标志的代号》（GB/T 13534）、《电气设备用图形符号》（GB/T 5465.2）、《电气简图用图形符号》（GB/T 4728.7）、《电气系统说明书用简图的编制》（GB/T 7356）、《电气技术用文件的编制》（GB/T 6988）、《明细表的编制》（GB/T 19045）、《说明书的编制、构成、内容和表示方法》（GB/T 19678）、《电气工程CAD 制图规则》（GB/T 18135）等。

2）建筑电气主要标准，如：

工程建设标准强制性条文　电气部分　2011 版

GB 50052—2009	《供配电系统设计规范》
GB 50054—2011	《低压配电设计规范》
GB 50034—2013	《建筑照明设计标准》
GB 50057—2010	《建筑物防雷设计规范》
GB 50016—2014	《建筑设计防火规范》
GB 50055—2011	《通用用电设备配电设计规范》
GB 14050—2008	《系统接地的型式及安全技术要求》
GB 50210—2011	《建筑电气工程施工质量验收规范》
GB 50311—2016	《综合布线系统工程设计规范》
GB 12158—2006	《防止静电事故通用导则》
GB 50343—2012	《建筑物电子信息系统防雷技术规范》
GB 19517—2009	《国家电气设备安全技术规范》
GB 50096—2011	《住宅设计规范》
GB 50368—2015	《住宅建筑规范》
GB 51039—2014	《综合医院建筑设计规范》
GB/T 12325—2008	《电能质量供电电压偏差》
GB/T 15543—2008	《电能质量三相电压不平衡》

3）了解其他规范的相关内容：如《火灾自动报警系统设计规范》（GB 50116—2017）、《安全防范工程设计规范》（GB 50348—2018）、《入侵报警系统工程设计规范》（GB 50394—2007）、《视频安防监控系统工程设计》（GB 50395—2007）、《出入口控制系统工程设计规范》（GB 50396—2007）、《电子信息系统机房设计规范》（GB 50174—2017）、《有线电视系统工程技术规范》（GB 50200—2018）、《智能建筑设计标准》（GB/T 50314—2015）、《电击防护装置和设备的通用部分》（GB/T 17045—2008）、《厅堂扩声系统设计规范》（GB 50371—2006）、《视频显示系统工程技术规范》（GB 50464—2008）、《红外线同声传译系统工程技术规范》（GB 50524—2010）、《公共广播系统工程技术规范》（GB 50526—2010）、《会议电视会场系统工程设计规范》（GB 50635—2010）、《电子会议系统工程设计规范》（GB 50799—2012）、《医院洁净手术部建筑技术规范》（GB 50333—2013）、《人民防空工程设计防火规范》（GB 50098—2009）、《汽车库、修车库、停车场设计防火规范》（GB 50067—2014）、《人民防空地下室设计规范》（GB 50038—2017）、《电能质量电压波动和闪变》（GB/T 12326—2008）、《电流通过人体的效应》（GB/T 13870—2016）、《低压电气装置》（GB/T 16895—2016）等。

（2）行业标准。行业标准是由住建部、能源局、原电力部/水电部/能源部等制定发布实施的，是建筑电气设计主要的依据。如：

JGJ 242—2011　　　　《住宅建筑电气设计规范》
JGJ 16—2016　　　　《民用建筑电气设计规范》
JGJ 67—2016　　　　《办公建筑设计规范》
JGJ 48—2014　　　　《商店建筑设计规范》
JGJ 64—2011　　　　《饮食建筑设计规范》
JGJ 36—2016　　　　《宿舍建筑设计规范》
JGJ 100—2015　　　　《汽车库建筑设计规范》
DL/T 5137—2001　　　《电测量及电能计量装置设计技术规程》
DL/T 5161—2002　　　《电气装置安装工程质量检验及评定规程》
能源部　　　　　　　《电力系统电压和无功电力管理条例》

（3）地区或企业标准。地区或企业标准是在国家强制标准下，某地区或省市依据地域环境特点和技术水平等或企业依据其定位和发展战略等制定的标准。一般地方标准用 DB，企业标准用 QB，如：

Q/GDW 347—2009　　《电能计量装置通用设计》
Q/CSG 210124—2009　《中低压配电运行管理标准》

8.3.3　依据设计手册和标准图集

设计手册是符合标准和规范、为设计人员提供参考的方法、经验数据，标准图是符合标准和规范的典型案例和做法。方便设计人员采用工程上的数据和常规作法，结合实际设计出最佳方案。使用时注意手册和标准图不符合新修订规范的内容部分（规范修订后手册和标准图未及时修订）。

（1）各种手册。

《高层建筑电气设计手册》　陈一才编　　　　中国建筑工业出版社
《民用建筑电气设计手册》　戴瑜兴编　　　　中国建筑工业出版社
《照明设计手册》　北京照明学会编　　　　　中国电力出版社
《民用建筑电气照明设计手册》　黄铁兵编　　中国建筑工业出版社
《工业与民用配电设计手册》　中航规划院编　中国电力出版社
《建筑电气设计计算手册》　郭建林编　　　　中国电力出版社
《民用建筑电气设计数据手册》　5 册　戴瑜兴编　中国建筑工业出版社
《建筑电气设计与施工资料集》　3 册　孙成群编　中国电力出版社
《建筑电气专业技术措施》　北京建筑设计院编　中国建筑工业出版社
《建筑电气设计与施工》　第二版　唐海编　　中国建筑工业出版社
《电力工程师手册》　东北电力公司编　　　　中国电力出版社
《电气工程师手册》　王建华编　　　　　　　机械工业出版社
《实用电气工程设计手册》　编委　　　　　　上海科学技术文献出版社
《工厂常用电气设备手册》　编写组　　　　　中国电力出版社
《实用电工手册》　　　　　　　　　　　　　水利水电出版社
《新编实用电工手册（精）》　　　　　　　　北京科学技术出版社

（2）标准图集。

《建筑电气设计实例图册》	中国建筑工业出版社
《供配电系统图集》	中国电力出版社
《建筑电气制图标准》图示	12DX011
《建筑电气工程设计常用图形符号和文字符号》	09DX001
《工程建筑标准强制性条文及应用示例》	04DX002
《民用建筑工程电气初步设计深度图样》	05SDX004
《民用建筑工程电气施工图设计深度示样》	09DX003
《民用建筑电气设计计算及示例》	12SDX101－2
《电气照明节能设计》	06DX008－1
《电气设备节能设计》	06DX008－2
《建筑电气常用数据》图示	04DX101－1
《集中型电源应急照明系统》	04DX202－3
《民用建筑消防安全疏散系统设计标准》	DB29－66
《民用建筑设计要点》电气	08D800－1
《民用建筑电气设计与施工供电电源》	08D800－2
《民用建筑电气设计与施工变配电所》	08D800－3
《民用建筑电气设计与施工照明控制与灯具安装》	08D800－4
《民用建筑电气设计与施工常用设备安装》	08D800－5
《民用建筑电气设计与施工室内布线》	08D800－6
《民用建筑电气设计与施工室外布线》	08D800－7
《民用建筑电气设计与施工防雷接地》	08D800－8
《用户终端箱》	05D702－4

其他地区、省标准图集等。

8.3.4　依据产品手册和样本等资料

目前市场上国内外的产品种类繁多，在满足使用场合、功能、性能的基础上，在众多的产品中选择最适宜的产品是非常不容易的，必须以长期积累的各种产品的综合指标作为依据。

（1）学习各种产品手册，不断熟悉相关产品的档次、功能、性能等，特别是新产品，不被个别商家的不实报道所迷惑，积累必要的产品知识。

（2）选择产品时应按以下步骤进行：

1）针对建筑特点、使用场合（海拔高度、温度、湿度等）及具体要求，确定可选产品范围。

2）熟悉可选产品的功能、性能参数、优缺点、安装和使用上主要差异等情况，在满足要求的产品中优选。

3）掌握产品的技术先进程度和价格等，在与项目总体定位、投资、维护水平等相协调的产品中优选。

4）综合以上选取具有生产许可证、质量认证、入网认证、国家重点推广、节能环保、智能化程度高、成熟、合格的适宜产品，同一建筑中尽可能选同品牌产品。

5）必要时进行生产厂家和现场使用情况的考察，实地了解功能、性能、使用、维护等方面的综合情况。

8.4　高层建筑电气设计阶段

在建筑设计中，建筑学专业是龙头专业，一般项目负责人也是该专业人员担任，同时必须有结构、电气、给排水、采暖通风空调、概预算、技术经济等专业共同完成设计工作。

8.4.1　建筑电气设计阶段

分为方案设计、初步设计和施工设计三个阶段，不同阶段对设计文件的深度要求不同，如《民用建筑工程电气设计深度图样》（09SDX003～004）有明确要求，每进入下一个新阶段设计文件的内容越深、更具体、更细化。

（1）方案设计和初步设计文件主要用于实现建设方意图和政府职能部门对建设项目的审批，同时作为施工图设计的依据。对非超高层、所建工程内容规范都有明确规定的一般项目，可以方案设计作细些基本达到初步设计要求（即方案设计和初步设计合并），不做初步设计；对超高层、大型场馆、大型车站或候机厅等特殊建筑，所建工程内容规范不明确的项目，必须进行方案设计、初步设计，通过专家评审、审查的方式对技术、可行性、合理性等进行论证，给出审查意见。

（2）施工图设计的文件用于建设单位对工程的发包、大型设备订货安装、施工单位施工、监理单位工程监理、行业主管和质监部门监督、竣工验收、工程决算，以及完成竣工图做好运行维护及存档等。

8.4.2　建筑电气设计其他工作

设计完成后，工程能否顺利实施取决于设计图纸的质量，一般存在小问题或表述模糊的情况很正常，需要设计者与施工人员沟通达成一致意见，所以还必须做好以下工作：

（1）本单位图纸审查：一般设计单位都有专门机构完成此项工作。

（2）施工图技术交底：施工单位或订货单位熟读设计文件后对说明、图纸、材料等有不清楚、异议的，设计者给出明确答复并形成书面答疑会议纪要。

（3）现场问题处理：实施过程中施工单位对图纸不确定或认为设计不合理等问题，设计者要现场解决问题，需变更的出具设计变更通知书。

（4）总结：竣工后对自己设计文件在实施中的问题进行总结，对已使用项目通过用户反馈意见掌握设备性能、不同方式优缺点等，为后续设计积累经验。

习　题　8

1. 填空题

（1）将高度大于____ m 的住宅建筑和大于____ m 的非单层其他建筑称为高层建筑；其中高度大于____ m 的建筑称为超高层建筑。

（2）高层建筑常用的动力设备有_____、_____、_____、_____。

（3）建筑电气设计阶段分为_____、_____和_____三个阶段。

（4）建筑电气设计必须严格遵守的是规范中_____的条文。

2. 简答题

（1）高层建筑电气设计的内容和特点是什么？

（2）高层建筑电气设计的依据是什么？

第9章 高层建筑电气方案设计

高层建筑电气工程的方案设计是非常重要的第一个环节,是给建筑物整个电气系统的功能和性能进行总体定位的阶段,设计文件必须符合建设方意图和规范要求,主要用于政府职能部门对建设项目的审批。

9.1 方案设计内容和步骤

9.1.1 方案设计内容

设计主要内容:在实现高层建筑全部功能的同时,具备安全可靠、系统合理、技术先进、降低一次投资和长期运行经济等指标要求,完成电气系统构成和主要配置方式(供电、配电)的设计,编制出方案设计说明书(有些需要技术经济指标或投资及效益分析),一般需进行方案论证和审批。

(1)方案设计说明书:对整个高层建筑电气系统的方案用文字叙述说明,包括:工程概况、设计依据、设计范围、负荷种类和等级、负荷容量估算、变配电站数量和位置、供配电系统的方案(电源数量、应急电源)、自备应急电源形式、主干线方案、照明方案、防雷方案、接地方案、设施环境影响及措施、节能措施、对城市公用事业的需求等。

(2)技术经济指标或投资及效益分析:由技术经济专业人员完成技术经济指标或投资估算和效益分析。

9.1.2 方案设计步骤

(1)收集相关资料:收集建筑基本情况、建设方意图和要求、与电气有关的其他专业提供的相关资料。

(2)确定编制依据:确定设计中应遵循的国家、行业和地方的规范和标准,特殊的电气要求等。

(3)负荷估算:合理划分负荷等级,估算出各等级负荷的容量和总容量。

(4)制定设计方案:对不同的供电方式、不同的侧重点、不同的经济指标、不同容量标准等制定多个方案,并进行技术、经济、容量指标的对比分析,指出其优缺点,以最符合建设方意图的作为最终方案。

(5)编制设计说明书:对方案设计阶段核心部分、使用范围广量大的必须说明清楚,对规范没有涉及的内容要详细叙述清楚。

(6)方案评审与修改:对方案设计阶段电气设计说明书,按照专家评审意见、征求业主意见、政府确认等环节提出的意见进行修改。

同时设计过程中各专业间必须进行良好的沟通和配合,使得各专业设计的内容相互依托、支撑,以保证整体功能的实现。

9.2　收集与提供的相关资料

9.2.1　与其他专业的资料

（1）向建筑学专业索取资料。

1）建设单位委托设计的内容，包括建筑物位置、规模、用途、标准、建筑高度、层数、面积等主要技术参数和指标。

2）建筑的主要平面、立面、剖面图。

3）电源、电信、电视等相关市政外网情况，包括等级、容量、入口点位置等。

4）主要用电设备房位置，包括变配电、空调、水泵、消防等容量较大设备。

（2）向建筑学专业提供资料。

1）主要电气设备房和大容量设备电气用房的面积、位置、层高、周围环境及自身环境的要求。

2）电气主干线路竖井位置及配电间面积要求，一般强电间和弱电间分设。

3）大型电气设备的运输通道。

（3）向结构专业索取资料。

1）建筑主体的结构形式，如单一混凝土结构、混凝土和钢结构混合的结构。

2）剪力墙、承重墙的布置图，伸缩缝、沉降缝的位置图。

3）建筑基础形式，桩的类型。

（4）向结构专业提供资料。

1）变配电所位置，特殊电气设备用房楼面承重（kg/m^2）。

2）大型设备的运输通道。

（5）向给排水、采暖空调专业索取资料。

1）中央空调机房的位置、功率、用电量、制冷方式（电动压缩机或直燃式机），空调方式（集中式、分散式）。

2）水泵种类、数量、功率及用电量，锅炉房的位置、功率及用电量。

3）其他设备的功率、数量、性质和用电量。

（6）向给排水、采暖空调专业提供资料。

1）变压器的容量和数量，柴油发电机的容量。

2）主要电气用房对温度、湿度、用水电、卫生间等环境的要求。

3）主要电气用房对消防的要求。

9.2.2　收集城市公用事业的资料

（1）电力部门可提供的电源数量、容量和电压等级等。

（2）电信系统的固定电话、宽带网络、有线电视系统允许接入的情况。

（3）城市消防报警监控网络、公安报警网络允许接入的情况。

9.3　确 定 编 制 依 据

9.3.1　设计文件编制深度
（1）符合国家方案设计深度要求和设计委托合同书的约定。
（2）方案设计文件满足初步设计文件的需要。

9.3.2　设计文件编制依据
（1）符合设计委托合同书约定的内容，且没有超出上级主管部门批复的项目立项计划。
（2）符合其使用功能和用途对应的国家、行业和地方的规范和标准，特别是强制性条文必须严格执行。
（3）符合建筑电气工程通用的国家、行业和地方的规范和标准，包括设计、施工、验收、设备制造检验等。
（4）符合其他特殊的电气要求等。

9.4　负 荷 容 量 估 算

9.4.1　负荷等级划分
所有用电负荷按照《民用建筑电气设计规范》（JGJ 16—2008）、《住宅建筑电气设计规范》（JGJ 242）、《供配电系统设计规范》（GB 50052—2009）和《建筑设计防火规范》（GB 50016—2014）等要求，结合建筑用途对应的规范、工程特点，也可查阅设计手册，合理划分负荷等级。
（1）一级负荷。安全用电照明、安防信号电源、消防设施和系统电源、通信电源、人防应急照明、计算机系统电源、大型金融营业厅及门厅照明、医院重要部位等。其中涉及生命安全的设备和照明均为一级负荷中特别重要负荷。
（2）二级负荷。客梯、生活水泵、排水泵、高级病房、手术室空调、一般 CT 机、X 光机、电子显微镜等相对重要的负荷。
（3）三级负荷。不属于一、二级的一般动力、照明和其他系统的用电负荷。

9.4.2　负荷容量估算
（1）单台设备容量。
1）对大容量设备（电梯、冷冻机、中央空调、水泵、消防设备）按照相关专业提供的容量直接计入。
2）对无特殊要求的照明、小容量动力设备（不能提供容量的），实现同一功能（照明、空调、客梯、给水）、采用相同标准（照度、冷却形式和温度范围、人流量和时间、单位指标）的设施，对其（每个区域、某类设备）采用单位产品耗电量法、单位容量法、负荷密度法、经验数据等方法估算其容量。
（2）负荷估算方法。
负荷估算与供电系统构成是相互联系与制约的，系统构成不同估算的负荷大小就不同，应首先确定系统构成，再估算出一级负荷（特别重要的负荷必须单列）、二级负荷、三级负荷和总的负荷容量。
1）大容量设备或设备安装位置相对集中的大容量系统，一般按照采用专用干线供电方式估算其负荷，即在最终估算时计入。

2）对底层负荷分组估算时，每组的负荷必须是相同的负荷等级，因不同等级的负荷其供配电的可靠性要求不同，而备用电源容量是有限的，所以不同等级负荷供配电的干线、支线尽可能不混用。

3）负荷估算时必须同时工作才能实现系统功能的设备，尽可能将其负荷估算在最少数量的支线、干线上，以便于可靠工作和运行管理，线路数量多少取决于设备的容量大小和分布的位置。

4）负荷估算由下至上进行，按照负荷等级相同、地域相近、容量不是很大的分组由下往上进行，即先估算出分支线容量、再估算出支线的容量、最后估算出干线的容量，即同时考虑供配电系统由最底层往上的构成。

5）最终估算整个电气系统的总容量时，对正常状态不运行的负荷不计入，减少了系统的总容量。如消防负荷正常不运行，发生火灾后其他的次要负荷完全可以切除，保证消防负荷供电，同时一般情况下其他负荷的容量比消防负荷的容量都要大，所以也是合理的。

9.5　防雷设计方案

9.5.1　建筑物防雷类别及措施

（1）确定建筑物防雷类别。根据其重要性、使用性质、发生雷电的可能性及其后果，按照《建筑物防雷设计规范》（GB 50057—2010）确定建筑物的类别属于一类、二类或三类防雷建筑物。

（2）防雷措施。一类防雷：应具有防直击雷、雷电感应、雷电波侵入措施；二类防雷：应具有防直击雷、雷电感应措施、个别需具有雷电波侵入措施；三类防雷：应具有防直击雷、雷电波侵入措施。对建筑物内有电子信息系统设备的，根据设备重要程度和所处雷击磁场环境，考虑是否采取防雷击电磁脉冲的措施。

9.5.2　防雷与接地措施

（1）防直击雷。装接闪器、引下线、接地装置，高度超过一类30m/二类45m应防侧击雷。

（2）防雷电感应。建筑物内金属物就近接地，平行或交叉敷设的金属管道应跨接，高度超过45m金属物顶和底部与防雷装置连接。

（3）防雷电波侵入。进出建筑物架空和埋地电缆、金属管道接地。

（4）防雷击电磁脉冲。建筑物和房间设屏蔽，适宜的敷设线路和线路屏蔽；装设电涌保护器；接地和等电位连接等措施。

（5）接地体。尽可能利用设施、建筑物基础作为接地体或敷设人工接地体，做好快速放电的防腐处理，根据《交流电气装置的接地》（DL/T 621—1997）和《建筑物防雷设计规范》（GB 50057—2010）满足接地材料和接地电阻要求。

9.6　制定设计方案

9.6.1　建筑物特点

（1）建筑物类别、高度、总面积、层高、层面积、造型、二次装修概况，使用功能要求等。

（2）不同等级负荷的容量比例、负荷在平面和空间的分布、负荷性质等特点。

（3）建筑物特点体现在对电气方面应加强的点、线、面，特别是满足规范强制性条文的项目。

9.6.2 方案设计

（1）电源。

1）电源由供电局外网引来两路独立电源（或一路电源和发电机组做应急电源），电压等级为 10kV、20kV（我国在一些新区推行的电压等级）。

2）高压侧采用单母线（或双母线）分段运行，两路电源同时分列运行，互为备用（或是有主电源和备用电源），容量满足要求。

3）具有特别重要一级负荷的由两路独立电源和自备应急电源供电。

（2）变配电站。

1）变配电站设置数量和位置：根据建筑物高度和标准层面积，在保证供电质量前提下（低压电压损失即供电半径），依据供电区域范围确定，同时给出每个变配电站变压器台数和容量。一般设地下室（距出口深度不能超过 10m、不能设在地下 3 层及以下）、建筑物平面和高度的中部。

2）自备应急电源系统：市电出现停电、缺相、质量问题（电压、频率波动超出范围）等故障，自备发电系统自动启动并满足规范最短时间内电能质量稳定的要求；同时给所有一级负荷、二级负荷供电。

（3）供配电系统。拟采用的供配电系统的结构形式（如放射式、树干式、链路式或相结合），干线采用形式、支线采用形式。

1）主干线路：一般采用放射式和树干式相结合的方式，沿电气竖井敷设或桥架敷设，设置短路和过负荷等保护。

2）支线和分支线路：一般采用放射式或链路式，穿管暗敷，设置短路和过负荷等保护。

3）特殊声明。

（4）照明系统。

1）照明配电系统的构成方式，正常照明工作方式、应急照明工作方式，应急照明和疏散照明设置的地点。

2）照度标准：依据《建筑照明设计标准》（GB 50034—2013），列出正常照明主要功能场所的标准值。

3）住宅负荷标准：依据《住宅设计规范》（GB 50096—2014），结合建设方要求确定用电标准，即每平方米（建筑面积）的瓦数。

4）光源：采用发光效率高、显色性适宜、眩晕满足要求、使用寿命长，对周围环境光干扰小的光源。

（5）防雷与接地。

1）防止直击雷措施：设避雷带、避雷针，保护建筑物和屋面突出金属物体、微波天线和非金属物等。

2）防止雷电电磁脉冲过电流和过电压：在变压器低压侧、室外引入的各种线路、重要设备的配电箱装设电涌保护器（SPD）。

3）接地体：利用建筑物基础作为强弱电系统的综合公用接地体，接地电阻小于 1Ω。

4）低压接地：室内一般采用 TN-S 系统，PE 与 N 严格分开，但在 CCU（通信控制器）、手术室、ICU（重症护理病房）、心血管造影室采用 IT 不接地系统。

5）等电位连接：变配电站设总等电位端子箱，所有金属管道、金属构件、接地干线等相接，所有设备房、浴室、手术室、ICU 病房作局部等电位连接。

（6）对城市公共事业需求。电信上需中继线多少对、直拨外线多少对；计算机网络信号、有线电视网信号接入要求，是否在顶层设置接收卫星电视机房等；是否接入城市消防监控网络、是否设置卫星通信系统等。

（7）其他系统。如火灾报警和联动控制系统、综合布线系统、安全防范系统、呼叫对讲或门禁系统、通信系统、有线电视系统、有线广播系统、停车场管理系统、设备监控系统、能源远传自动计量系统、电子巡查和周界报警系统、家庭智能化系统、同声传译系统等。

（8）电气节能环保措施。如采用建筑设备监控系统、智能灯光控制系统、低压自动无功补偿装置和配电站设在负荷中心来减少线损等实现节能；设备、灯具采用低损耗、低噪声、高功角、无油、无污染产品；照明采用节能型光源、电子镇流器提高功率因数且减少频闪和噪声、照明功率密度小于《建筑照明设计标准》（GB 50034—2013）的规定等措施，实现节约能源和环境保护。

9.7　编制设计说明书

把方案设计阶段电气的核心部分、使用范围广量大的上述内容用文字叙述清楚，注意格式合理统一、条理清晰、表述准确。

9.7.1　工程概况

×××项目（名称），位于××市××路××号，建筑面积××，总高××，地上××层，地下×层，属于×类建筑。地上××～××层为商业用房、××～××层为办公用房、××～××层为酒店用房，地下×～×层为停车场、×～×层为库房、×～×层为设备用房（功能描述）。

9.7.2　设计范围

（1）供配电系统、动力系统、照明系统及所有弱电系统的配电系统。

（2）防雷接地及电磁脉冲防护系统。

（3）电气节能和环保措施。

9.7.3　负荷容量与电源

（1）负荷容量。

1）一级负荷：此建筑中的火灾报警与联动控制设备、消防泵、消防电梯、排烟风机、保安监控系统、应急照明、疏散照明、××房间照明均为一级负荷，其中的保安监控系统、××房间照明用电为特别重要负荷。装机容量为××kW，估算负荷为××kW，其中特别重要负荷为××kW。

2）二级负荷：此建筑中的生活水泵、客梯、商场自动扶梯和照明均为二级负荷。装机容量为××kW，估算负荷为××kW。

3）三级负荷：此建筑中的其他负荷均为三级负荷。装机容量为××kW，估算负荷为××kW。

4）总容量：此建筑中的总装机容量为××kW，总估算负荷为××kW。

（2）电源。

1）本工程由×××供电局外网引入×路××kV 高压电源，高压采用×母线（不）分段运行方式，正常两路同时分列运行、互为备用（或一路为主电源，另一路为备用电源），一路电源故障，另一路（或自备发电机组）自动投入承担全部一、二级负荷。一路容量××kVA，另一路容量××kVA。

2）变配电站：在建筑中应设置变配电站×个，设于地下×层的装设×台××kVA 干式变压器、地上××层的装设×台××kVA 干式变压器。

3）自备应急电源：在地下×层和地上××层分别装设×台××kVA 发电机组，能够满足全部一级和二级负荷要求，以解决市电停电及出现质量问题（波动、频率超标）××s 内电能质量达到标准的应急供电问题。

9.7.4　供配电系统

采用单回路放射式、树干式和链路式相结合的供配电系统，干线采用放射式和树干式相结合的方式，支线采用放射式和链路式，对短路和过负荷均设保护。

（1）设置×个电气竖井，1 号竖井由×层到×层，2 号竖井由×层到×层，每层的每个竖井均设配电间。

（2）干线放射式供电的有消防电梯、消防设备、客梯、冷冻机组、生活水泵等，其余小型设备和系统以树干式供电至各层。

（3）消防控制室、消防电梯、消防设备、安防监控系统等采用两个专用回路末端自动互投方式供电。

9.7.5　照明系统

（1）照明配电系统干线以树干式供电至各层，支线以放射式供电至各区域（或单元、户），××区域应急照明采用两路专用回路末端自动互投方式供电（集中电源非集中控制型），××区域应急照明采用应急照明灯具（自带电源非集中控制型），在电梯前厅、疏散和避难通道、银行营业厅、大中型商店和超市及收银台等公众场所均设置应急照明和疏散照明。

（2）照度标准：依据《建筑照明设计标准》（GB 50034—2013），所有场所按其功能用途达到正常照度的标准要求。

（3）住宅负荷标准：依据《住宅设计规范》（GB 50096—2014），按照 60W/m² 的用电标准，确定各户型的负荷标准。

（4）应急照明与疏散照明：重要场所（持续工作）照明照度按 100% 设应急照明，门厅、走道、安全出口、大厅照度按 30% 设疏散照明，其他场所照度按 10% 设疏散照明，持续时间至少大于 30min。

（5）光源与灯具等设置：光源采用发光效率高、显色性适宜、眩晕满足要求、使用寿命长、性价比高、热辐射小、对周围环境光干扰小的节能产品。

9.7.6　防雷与接地

（1）建筑物屋面设避雷带，并与突出金属管道等物体连接接地，屋面的微波接收天线和非金属物设避雷针（或避雷带、网）保护，以防止直击雷；本建筑的××层以上外立面墙上的金属门窗、护栏等均可靠接地，以防侧击雷。

（2）防止雷电电磁脉冲过电流和过电压，在变压器低压侧、室外引入的各种线路、交换机的配电箱装设电涌保护器（SPD）。

（3）接地体：利用建筑物基础作为强、弱电系统的公用综合接地体，接地电阻小于 1Ω。

（4）低压接地采用 TN – S 系统，PE 与 N 严格分开。室内重要场所采用 IT 不接地系统、室外采用 TT 系统以提高供电可靠性。

（5）等电位连接：变配电站设总等电位端子箱，所有金属管道、金属构件等与接地干线相接，所有设备房、浴室、手术室、ICU 病房作局部等电位连接。

9.7.7　对城市公共事业需求

电信上需中继线××对、直拨外线××对；并具备计算机网络宽带、有线电视网信号接入条件，在顶层设置接收卫星电视机房等，消防系统与城市消防系统联网等。

9.7.8　其他弱电系统

火灾报警和联动控制系统、综合布线系统、安全防范系统、呼叫对讲或门禁系统、通信系统、有线电视系统、有线广播系统、停车场管理系统、设备监控系统、能源远传自动计量系统、电子巡查和周界报警系统、家庭智能化系统、同声传译系统等。

9.7.9　电气节能环保措施

采用建筑设备监控系统、智能灯光控制系统、低压自动无功补偿装置和配电站设在负荷中心来减少线损等实现节能；设备、灯具采用低损耗、低噪音、高功角、无油、无污染产品；照明采用节能型光源、电子镇流器提高功率因数且减少频闪和噪声、照明功率密度小于《建筑照明设计标准》（GB 50034—2013）的规定等措施，实现节约能源和环境保护。

习 题 9

1. 填空题

（1）一级负荷应由＿＿＿＿＿＿电源供电，一级负荷特别重要的负荷还应配备＿＿＿＿＿＿；二级负荷应由＿＿＿＿电源供电。

（2）高度小于 100m 的高层住宅建筑，如仅有一路电源，则必须再配备一路＿＿＿＿＿。

（3）非超高层建筑中常见的一级负荷＿＿＿＿、＿＿＿＿、＿＿＿＿、＿＿＿＿；常见的二级负荷＿＿＿＿、＿＿＿＿、＿＿＿＿、＿＿＿＿。

（4）实现相同功能、照度标准一样的某一区域，可采用＿＿＿＿＿法或＿＿＿＿＿法估算照明负荷。

（5）高层建筑低压系统一般采用＿＿＿＿＿＿＿的接地形式；综合接地体的接地电阻须＿＿＿＿＿欧姆。

（6）建筑电气设计必须遵守的是＿＿＿＿＿＿＿＿＿的条文。

2. 简答题

（1）建筑电气方案设计说明书包括哪些内容？

（2）高层建筑的用电负荷如何估算？

3. 综合题

（1）某高层住宅建筑，地上 32 层均为标准的四户住宅、层建筑面积 600m²。地下一层：主体正下方为人防工程，外扩部分建筑面积 200m² 作为变电站、水箱和水泵房等设备用房；设两部客梯均为 15kW，其中一部兼作消防电梯；试估算其负荷容量并画出干线配电系统简图（必须考虑未提及、规范中此建筑必须有的其他设施）。

（2）编制题（1）简练的方案设计说明书。

第 10 章　高层建筑电气初步设计

高层建筑电气工程的初步设计是在方案设计文件审查批复的基础上，详细地确定整个建筑电气系统具体实施的初级阶段，设计文件主要用于政府职能部门对建设项目的审批、大型设备招标订货。

10.1　初步设计内容和步骤

10.1.1　设计内容

设计内容主要是实现高层建筑的全部功能时，具备安全可靠、系统合理、技术先进、一次投资和长期运行经济等指标要求，同时符合方案设计审查意见、城市外网等要求，所对应的电气系统的构成、主要设备和主要线路选型等，以安全、可靠、合理、适宜、便于维护管理、经济运行为目标，编制出比方案设计更详细的设计说明书、设计出主要图纸、编制主要设备表，一般需进行初步设计审查。

（1）初步设计说明书：对整个高层建筑电气系统的组成用文字详细叙述说明，包括：工程概况、设计依据、设计范围、负荷种类和等级、负荷容量计算、变配电站数量和位置、供配电系统的组成（电源数量、应急电源）、自备应急电源形式、主干线的选型和敷设、正常和应急照明方式、防雷的类别及措施、接地方式、等电位连接方式、接地体构成、设施环境影响及节能和环保措施。

（2）设计图纸：电气总平面图、干线供配电系统图是必需的，特殊要求的照明平面图（仅布置正常和应急照明的灯位）、特殊的防雷接地图、电气设备间和控制室平面布置图等根据情况定是否需要。

（3）主要电气设备材料表：列出主要设备和用量大、价值高的材料。

（4）工程概算：由预算专业人员完成工程总投资概算。

10.1.2　设计步骤

此过程中各专业间必须进行良好的沟通和配合，使得各专业设计的内容不能有矛盾，要相互依托、支撑，否则施工设计中相互影响几个专业的一点点小改动可能会导致很大的返工量，所以保证各专业关联内容的一致性，就为工程施工图顺利设计打下了良好基础。

（1）收集相关资料：收集详细的建筑情况和建设方意图，方案设计文件的审查意见，建设单位提供的供电、消防、通信、气象、地质、公安等部门认定的工程设计资料，其他专业提供的与电气有关的相关资料。

（2）确定编制依据：确定设计中应遵循的国家、行业和地方的规范和标准（名称、编号、最新版本号），特殊的电气要求等。

（3）工程计算：需进行各等级负荷容量和总容量的负荷计算，主干线选型后的截面计算，防雷类别计算和保护范围计算，照明的照度和功率密度值计算等。

（4）编制设计说明书：初步设计阶段电气设计说明书，对核心部分、使用范围广、数量大的必须详细叙述清楚，所涉及的内容要全面。

（5）设计图纸：绘制电气总平面图、干线供配电系统图等。

（6）编制主要设备材料表：编制出包括主要设备材料名称、型号规格、数量、生产厂商等的设备材料表。

（7）初步设计评审与修改：对初步设计的电气设计文件按照专家评审、与建设方沟通、政府确认等环节的意见进行修改。

10.2　收集与提供的相关资料

10.2.1　与其他专业的资料

（1）向建筑学专业索取资料。

1）建设单位委托设计的内容、方案审查意见和审定通知书，包括建筑物位置、规模、用途、标准、建筑高度、层数、面积、建筑使用年限、耐火等级、抗震级别等主要技术参数和指标。

2）建筑的总平面图、主要平面、立面、剖面图和建筑做法，吊顶高度、位置及做法等。

3）供电、消防、电信、电视、公安等相关部门认定的工程设计资料，包括等级、容量、入口点位置等。

4）各用电设备房、竖井的位置和尺寸，主要包括变配电、空调、水泵、消防等容量较大设备。

5）防火区的划分、电梯的类型（普通或消防、有无机房）。

6）人防工程的防化等级、战时用途等。

（2）向建筑学专业提供资料。

1）建筑内变配电站和自备发电机房位置、平面布置图、剖面图，对建筑门窗、墙面、地面等的要求。

2）电气主干线路竖井的位置、配电间的面积及耐火等级要求，一般强电和弱电分开设置。

3）主要电气设备房和大容量设备电气用房的面积、位置、层高、周围环境及自身环境的要求。

4）电气主干线路进出线位置、标高及做法，包括强电和弱电两部分。

5）大型电气设备的运输通道、预留孔洞的位置和尺寸。

（3）向结构专业索取资料。

1）建筑主体的结构形式，如常见的单一混凝土结构、混凝土和钢结构混合的结构形式。

2）剪力墙、承重墙的布置图，伸缩缝、沉降缝的位置图，梁板布置图，楼板厚度及梁的高度。

3）建筑基础形式和构造，桩、底板、护坡锚杆的类型等。

（4）向结构专业提供资料。

1）变配电所位置，特殊电气设备用房楼面基础承重（kg/m^2）。

2）大型设备的位置及运输通道，剪力墙或板上预留孔洞的位置和尺寸。

（5）向给排水、采暖空调专业索取资料。

1）中央空调机房的位置、功率、用电量、制冷方式（电动压缩机或直燃式机），空调方式（集中式、分散式）。

2）冷冻机房及控制室的设备平面图，冷冻机组的数量、电压等级、功率、位置及控制要求，冷冻泵、冷却水泵的台数、电压等级、功率、位置及控制要求，冷却塔风机数量、容量、位置及要求。

3）各类水泵的用途、种类、数量、功率、位置及控制要求，锅炉房的位置、功率及用电量。

4）各种水处理设备的位置、数量、功率和控制要求。

5）其他用电设备的位置、功率、数量、性质和用电量。

6）各场所的消防灭火形式及控制要求、消火栓位置。

（6）向给排水、采暖空调专业提供资料。

1）变压器的容量和数量，柴油发电机的容量。

2）冷冻机房控制室的位置、面积及对消防和环境的要求。

3）主要电气用房对消防、温度、湿度、用水量、卫生间等环境的要求。

4）主要电气设备的发热量。

（7）向概算专业提供资料。

1）设计说明书和主要电气设备材料表。

2）干线电气供配电系统图及平面图。

10.2.2　收集城市公用事业的资料

（1）电力部门提供的有关电源的电压等级、数量、容量、计费方式和短路容量等工程设计资料。

（2）电信系统的固定电话、宽带网络接入的工程设计资料。

（3）有线电视系统、城市消防报警监控网络接入的工程设计资料。

（4）气象部门提供的年雷暴日数、温度、湿度工程设计资料。

（5）地质部门提供土壤电阻率等工程设计资料。

10.3　确 定 编 制 依 据

10.3.1　设计文件编制深度

（1）符合住建部《建设工程文件编制深度规定》（2008）的要求和设计委托合同书的约定。

（2）初步设计文件必须满足施工图设计的需要。

10.3.2　设计文件编制依据

（1）设计委托合同书约定的内容，且符合主管部门批复的项目立项计划。

（2）按其使用功能和用途对应的国家、行业和地方的规范和标准，特别是工程建设标准强制性条文必须严格执行。

（3）建筑电气工程通用的国家、行业和地方的规范和标准，包括设计、施工、验收、设备制造检验等方面。

（4）方案设计文件的审查意见，建设单位提供的供电、消防、通信、电视、气象、地质、公安等部门认定的工程设计资料，特殊的电气要求等。

10.4　负　荷　计　算

负荷计算是供配电系统图设计、线路和保护设施选择的基础，均以计算负荷的数据作为设计和选型的依据。

10.4.1　负荷等级

按照各种《电气设计手册》《民用建筑电气设计规范》（JGJ 16—2016）、《供配电系统设计规范》（GB 50052—2009）、《建筑设计防火规范》（GB 50016—2014）要求，结合建筑用途相关规范［如《综合医院建筑设计规范》（GB 51039—2014）、《住宅设计规范》（GB 50096—2014）等］、工程特点及特殊要求，确定所有用电负荷的负荷等级。

（1）一级负荷。安全用电照明、安防信号电源、消防设施和系统电源（报警和联动的控制设备、消防泵、消防电梯、排烟风机、加压风机、自动门、自动卷帘等）、变频调速生活水泵、排污泵、客梯、警卫照明、障碍标志灯、通信电源、人防应急照明、计算机系统电源；四星以上宾馆的宴会厅和走道照明，大型金融营业厅及门厅照明、一般银行防盗照明；国家级宾馆、会堂、政府办公场所；县级以上医院重要部位（手术室、重症监护室、急诊部、分娩室、血液透析室、病理切片分析、CT 扫描室、核磁共振室、血库、高压氧仓、培养箱、恒温箱、呼吸机、配电室和走道照明）等。其中人防应急照明、重要计算机系统和防盗系统、大型手术室、重症监护室、血液透析室、高压氧仓、呼吸机等涉及生命安全的设备和照明，国宾馆、大会堂、国际会议中心等不允许中断供电的负荷为一级负荷中特别重要负荷。

（2）二级负荷。普通高层消防用电、客梯、生活水泵、排污水泵、主要通道和楼梯间照明；省部级办公楼的主要办公室、会议室、总值班室、档案室；四星以上宾馆的客房照明、小型银行营业厅和门厅照明、大型百货商场的自动扶梯和空调、中型百货商场的营业厅和门厅；高级病房、手术室空调、一般 CT 机、X 光机、电子显微镜、肢体伤残康复病房照明。

（3）三级负荷。不属于一、二级负荷的一般动力、照明和其他系统用电均属于三级负荷。

负荷等级划分最重要的是建筑物的功能用途和层次定位，它决定了最高的负荷等级，是特别重要的一级负荷，还是一级负荷或二级负荷，其他对应的负荷等级与最高负荷等级是有关联的，即配套一致，所以负荷等级分类在有些内容上是重复的（即在一、二级负荷中都出现），需要认真依据规范、仔细划分等级、反复考虑其工作时能相互满足要求来确定负荷等级。

10.4.2　负荷统计

对所有动力设备按照其实际装机容量统计，对照明负荷按照单位容量法计算的结果统计。如表 10-1 所示形式，安装容量 $= N_1 \times A_1 + N_2 \times A_2 + \cdots + N_n \times A_n$，表示有 N_1 台 A_1kW、N_2 台 A_2kW、$\cdots$、N_n 台 A_nkW 此名称的设备。

表 10-1　　　　　　　　　　　用 电 负 荷 统 计 表

序号	负荷类别	设备名称	安装容量			负荷等级
			运行设备	备用设备	总装机	
1	照明	正常照明	××kW	××kW	××kW	×级
		应急照明	××kW	××kW	××kW	×级
		景观照明	××kW	××kW	××kW	三级
		小　计	×××kW	×××kW	×××kW	
2	一般动力	生活水泵	××kW	××kW	××kW	二级
		中水泵	××kW	××kW	××kW	×级
		污水泵	××kW	××kW	××kW	×级
		客　梯	××kW	××kW	××kW	×级
		货　梯	××kW	××kW	××kW	三级
		自动扶梯	××kW	××kW	××kW	×级
		小　计	×××kW	×××kW	×××kW	
3	消防系统	消火栓	××kW	××kW	××kW	一级
		消火栓稳压泵	××kW	××kW	××kW	一级
		消防喷水泵	××kW	××kW	××kW	一级
		消防稳压泵	××kW	××kW	××kW	一级
		加压风机	××kW	××kW	××kW	一级
		排烟风机	××kW	××kW	××kW	一级
		火灾补风机	××kW	××kW	××kW	一级
		排烟兼排风机	××kW	××kW	××kW	一级
		电动卷帘、门	××kW	××kW	××kW	一级
		消防电梯	××kW	××kW	××kW	一级
		控制设备	××kW	××kW	××kW	一级
		小　计	×××kW	×××kW	×××kW	
4	空调系统	冷冻机	××kW	××kW	××kW	×级
		冷却泵	××kW	××kW	××kW	×级
		冷冻泵	××kW	××kW	××kW	×级
		冷却塔	××kW	××kW	××kW	×级
		空调机组	××kW	××kW	××kW	×级
		新风机组	××kW	××kW	××kW	×级
		排风机、送风机	××kW	××kW	××kW	×级
		控制装置	××kW	××kW	××kW	×级
		小　计	×××kW	×××kW	×××kW	
5	其他系统	安防系统	××kW	××kW	××kW	一级
		有线、通信系统	××kW	××kW	××kW	×级
		设备监控系统	××kW	××kW	××kW	×级
		车库管理系统	××kW	××kW	××kW	×级
		小　计	×××kW	×××kW	×××kW	
	合　计		××××kW	××××kW	××××kW	

10.4.3　负荷计算

负荷计算与供配电系统构成是相互联系、相互制约的，负荷计算时的分组就是按照供电系统的构成进行的，不同的系统构成形式计算出的负荷大小就不同，所以负荷计算和系统构成需要经历反复互相修改，最终使二者融为一体的过程。从而得到各个分支线、支线、干线对应的特别重要的一级负荷、一级负荷、二级负荷、三级负荷和总负荷的计算负荷。

（1）单台设备容量。

1）对所有动力负荷，按照其他专业提供的容量计算（不计备用容量）。

2）对无特殊要求的照明负荷，按照《建筑照明设计标准》（GB 50034—2013）规定的照明功率密度值要求计算（单位容量法）。

（2）负荷计算原则。负荷计算与配电系统的构成方式密切相关、相互影响，所以首先在确定了供配电系统构成形式后再计算，如有不合理反复修改计算，所以此原则也是供配电系统构成的原则。

1）大容量设备或设备安装位置相对集中的大容量系统，一般应按采用专用干线供电计算其负荷，即在最终的负荷计算时计入。

2）对底层负荷分组计算时，每组的负荷必须是相同的负荷等级，因不同等级的负荷其供配电的可靠性要求不同，而备用电源容量是有限的，所以不同等级负荷供配电的干线、支线尽可能不混用。

3）负荷计算时必须同时工作才能实现系统功能的设备，尽可能将其负荷计算在最少数量的分支线、支线、干线上，以便于可靠工作和运行管理，线路数量多少取决于设备的容量大小和分布的位置。

4）负荷计算由下至上进行，按照负荷等级相同、地域相近、容量不是很大的分组由下往上计算，即先计算出分支线和支线的负荷，再计算出干线的负荷容量，即同时考虑供配电系统由最底层往上的构成。

5）计算整个电气系统的总容量（如选择变压器容量）时，对正常情况下不运行的负荷（如消防系统中消防水泵、排烟机等）不能计入，以减少系统的总容量。

6）具体方法可采用需要系数法、利用系数法和二项式法等，由用电设备逐级向电源方向计算出各分支线的计算负荷（组用电设备）、各支线的计算负荷（多组用电设备）、各干线的计算负荷（多个支线负荷）、各个低压母线的计算负荷（各低压侧）。

（3）需要系数法。

各种计算方法有其适用范围和特点，在此仅叙述常用的需要系数法。

1）统计所有负荷名称、等级、容量、安装地点、工作制等，按照前述原则分组，即系统图对应的由一个支线给供电。

2）从设计手册查出该设备（相同用途）的需要系数、自然功率因素，计算出该支线的有功、无功、视在功率，如表 10-2 所示。

3）从设计手册查出由同一干线供电设备组的同时系数，计算出该干线的有功、无功、视在功率，如表 10-3 所示。

4）考虑上无功补偿即为低压侧计算负荷，加上变压器的损耗即为变压器负担的容量，如表 10-4 所示。

表 10-2　　　　　　　　　　支 线 负 荷 计 算 表

序号	负荷等级	设备名称	容量(kW)	台数	电压(V)	安装地点	工作制	K_x	$\cos\varphi$	P_c(kW)	Q_c(kvar)	S_c(kVA)
1	一级	设备1										
2	一级	设备2										
3	一级	设备3										
4	一级	设备4										
5	一级	设备5										
						____支线计算负荷						

表 10-3　　　　　　　　　　干 线 负 荷 计 算 表

序号	负荷等级	支线回路编号	容量(kW)	电压(V)	出线地点和用途	同时系数	P_c(kW)	Q_c(kvar)	S_c(kVA)
1	二级	支路1							
2	二级	支路2							
3	二级	支路3							
4	二级	支路4							
					____干线计算负荷				

表 10-4　　　　　　　　　　变 压 器 负 荷 计 算 表

序号	负荷等级	设备名称	容量(kW)	计算负荷			备注
				P_c(kW)	Q_c(kvar)	S_c(kVA)	
1	一级	1号干线					
2	一级	2号干线					
3	二级	3号干线					
4	三级	4号干线					
5		无功补偿容量					
6		变压器损耗					
		总计					

10.5　其 他 工 程 计 算

10.5.1　主干线截面计算

根据《导体和电器选择设计技术规定》(DL/T 5222—2005)、《电力工程电缆设计规范》(GB 50217—2018)及有关设计手册，结合现有技术和产品选择干线种类。

（1）高层建筑主干线一般选用插接式母线或预分支电缆，因其具有安装和支线连接方便、供电可靠性高等优点。

（2）线路截面选择必须同时满足载流量、电压损失、机械强度的要求，主干线一般按照经济电流密度选择截面。

（3）经济电流密度法：首先计算其干线的计算电流：$I_{jc} = S_{jc} / (\sqrt{3} U_N)$

其次查表 10-5 得到经济电流密度 j_{ec}，则截面为：$S_{ec} \leqslant I_{jc} / j_{ec} \approx S_{bc}$

表 10-5　　　　　　　　　　　　　　经济电流密度 j_{ec}（A·mm²）

序号	导体材料	年最大负荷利用小时（h）			备注
		<3000	3000~5000	>5000	
1	铝线、钢芯铝线	1.65	1.15	0.90	
2	铜线	3.00	2.25	1.75	
3	铝芯电缆	1.92	1.73	1.54	
4	铜芯电缆	2.50	2.25	2.00	

最后校验其载流量（环境温度下的发热即热稳定）和机械强度（即动稳定）符合即可，二者数据可从产品样本或设计手册查到。

10.5.2　防雷与接地计算

（1）计算预计的年雷击次数。

次数 = 0.024（校正系数）（年均雷暴次数）（建筑截收雷击次数的等效面积）

其中：校正系数反映保护物所处周围环境情况，旷野孤立取 2，金属屋面砖木结构取 1.7，河边、山地土壤电阻率小、土山顶、山谷风口、特别潮湿取 1.5，具体潮湿程度、土壤电阻率大小和所处山坡的底和中间以及顶等可再取修正系数。

年均雷暴日数：以当地气象部门提供数据为准。

建筑物截收相同雷击次数的等效面积：与建筑物的长、宽、高有关。

按照《建筑物防雷设计规范》（GB 50057—2010）规定，如大于 0.06 次重要或人员密集场所公共建筑和大于 0.3 次一般场所为二类防雷建筑物，>0.012、≤0.06 次重要或人员密集场所公共建筑和>0.06、≤0.3 次一般场所为三类防雷建筑物，确定建筑物防雷类别。

（2）防雷保护范围计算。对拟采用的防雷方案，如避雷针、避雷线或相结合的方案，计算保护物是否在保护范围内，可参阅设计手册的工程计算方法进行计算。

1）单只避雷针、单个避雷线保护范围计算。

2）多只等高、不等高避雷针和线保护范围计算。

（3）接地电阻估算。接地电阻除了与接地体和土壤电阻率有关外，还受与季节有关的大地干燥、冻结程度的影响，所以都采用估算值进行设计，最终以实测值为准。土壤电阻率以地质部门提供的数据或实测值为准。

1）自然接地装置工频电阻估算：

钢筋混凝土基础：电阻 ≈ 0.2（土壤电阻率）/$\sqrt[3]{\text{基础所包围的体积}}$

金属管道：电阻 ≈ 2（土壤电阻率）/（管道长度）

单个桩基基础：电阻 ≈ 2（土壤电阻率）/（桩基长度）

单个圆形条状基础：电阻 ≈ 2（土壤电阻率）/（基础长度）

2）人工接地装置工频电阻估算（简易计算方法）：

单根 3m 垂直接地极：电阻 ≈ 0.3（土壤电阻率）

单根 60m 水平接地极：电阻 $\approx$ 0.03（土壤电阻率）

复合接地网：电阻 $\approx$ 0.5（土壤电阻率）$/\sqrt{\text{闭合接地网面积}}$，面积 > 100m²

或　　　　　　　　电阻 $\approx$ 0.28（土壤电阻率）/（接地网面积的等效半径）

3）如果土壤电阻率很高，实施中还可采用其他方案，如外引接地、土壤置换、采用降阻剂和深井式接地极等。

10.5.3　照明计算

（1）照度计算。

1）利用系数法：一般室内场合灯具均匀布置，顶、墙、地反射系数较高、空间无大型设备遮挡，采用利用系数法计算平均照度比较准确，此法也适于灯具均匀布置的室外照明。步骤如下：

（a）依据手册或规范查出要求的照度值 E_{av}（lx）。

（b）选取适宜的光源（显色性、色温）和灯具类型（配光曲线、照射形式、防护形式、安装形式），查出灯具的光通量 Φ（lm）。

（c）计算出室形指数 RI，根据顶、墙、地面的反射比和室形指数查阅灯具的利用系数表，得到灯具的利用系数 U。

（d）根据使用场合查出灯具维护系数 K（室内：清洁 0.8、一般 0.7、污染 0.6、室外 0.65）。

（e）计算水平工作面的面积 A（m²）。

（f）计算灯具数量 N，$N = E_{av}A/(\Phi U K)$，并近似取整。

（g）按此灯具数量均匀布置灯具，或调整 N（±1）使实际照度值在 E_{av} ±10% 范围内。

2）对于要求较高的特殊场合，可参考《照明设计手册》第 5 章的内容，计算点光源、线光源、面光源对某点或区域的水平照度和垂直照度。

（2）功率密度校验。对其数量较大的主要功能照明，选择光源、灯具并进行了满足照度要求的灯位布置后，计算出的功率密度 LPD_{js}（W/m²）必须小于《建筑照明设计标准》（GB 50034—2013）中允许的最大功率密度 LPD，否则需调整设计。此处功率指灯具总功率而非仅指光源功率。校验功率密度时，注意以下几点：

1）除居住建筑外，其他建筑的功率密度是强制性的条款。

2）功率密度都有对应的照度标准，照度变化功率密度按照度变化比例增减。

3）装饰性灯具可只按灯具容量 50% 进行计算，重点照明的营业厅可每平方米增加 5W。

10.6　编 制 设 计 说 明 书

依据《电气技术用文件的编制》（GB/T 6988—2016）、《说明书的编制、构成、内容和表示方法》（GB/T 19678—2005），把电气部分的上述内容用文字详细叙述清楚，注意内容全面、重点突出、结构合理、条理清晰、表述准确、格式统一。

10.6.1　工程概况

××项目（名称），位于××市××路××号，建筑面积×××m²，总高××m，裙房高××m，地上××层，地下×层，属于×类建筑，耐火等级为×级，人防工程为×级。地上××～××层为商业用房、××～××层为办公用房、××～××层为酒店用房，地下×～×层为停车场、×～×层为库房、×～×层为设备用房（功能描述）。

10.6.2　设计范围

（1）供配电系统、动力系统、照明系统及所有弱电系统的配电系统。

（2）防雷、接地系统及电磁脉冲防护系统。

（3）电气节能和环保措施。

（4）设计分界：建设工程红线内开始，但不含变电、弱电系统。

10.6.3　设计依据

（1）设计委托合同书：合同书约定的内容，且符合主管部门批复的立项计划。

（2）方案设计文件的审查意见：按照审查意见进行。

（3）主要规范和标准。

1）《民用建筑电气设计规范》（JGJ 16—2008）、《建筑设计防火规范》（GB 50016—2014）；

2）《供配电系统设计规范》（GB 50052—2009）、《低压配电设计规范》（GB 50054—2011）、《通用用电设备配电设计规范》（GB 50055—2011）；

3）《建筑照明设计标准》（GB 50034—2013）；

4）《建筑物防雷设计规范》（GB 50057—2010）、《建筑物电子信息系统防雷技术规范》（GB 50343—2012）；

5）《住宅建筑电气设计规范》（JGJ 242—2011）、《住宅设计规范》（GB 50096—2003）、《综合医院建筑设计规范》（GB 51039—2014）、《汽车库建筑设计规范》（JGJ 100—2015）、《商店建筑设计规范》）（JGJ 48—2014）、《饮食建筑设计规范》（JGJ 64—2011）、《宿舍建筑设计规范》（JGJ 36—2016）；

6）《建筑电气工程施工质量验收规范》（GB 50210—2011）；

7）其他国家、行业、地方现行标准和规范。

（4）工程资料：建设单位提供的供电、消防、通信、电视、气象、地质、公安等部门认定的工程设计资料，如提供的电源回路数和容量及电压等级、海拔高度、极端日最高温度和最低温度、最冷和最热月平均温度、年雷暴日数、土壤电阻率等。

10.6.4　负荷容量与电源

（1）负荷容量。

1）一级负荷：此建筑中的火灾报警与联动控制设备、消防泵、消防电梯、排烟风机、保安监控系统、应急照明、疏散照明、××房间照明均为一级负荷，其中的保安监控系统、××房间照明用电为特别重要负荷。装机容量为××kW，计算负荷为××kW，其中一级特别重要负荷的计算负荷为××kW。

2）二级负荷：此建筑中的生活水泵、客梯、自动扶梯和商场照明均为二级负荷。装机容量为××kW，计算负荷为××kW。

3）三级负荷：此建筑中的不属于一级和二级负荷的均为三级负荷。装机容量为××kW，计算负荷为××kW。

4）总容量：此建筑中的总装机容量为××kW，其中备用容量××kW，总计算负荷为××kW。

（2）电源。

1）本工程由×××供电局×××变电站引入×路××kV 高压电源，高压采用×母线（不）分段运行方式，正常两路同时分列运行、互为备用（或一路为主电源，另一路为备用电源），一路电源故障，另一路（或自备发电机组）自动投入承担全部一、二级负荷。一路容量××kVA，另一路容量××kVA。

2）变配电站：在建筑中设置变配电站×个，设于地下×层的装设×台××kVA 干式变压器、地上××层的装设×台××kVA 干式变压器（因我们不含变电部分，所以具体变电部分详细叙述略去）。

3）自备应急电源：在地下×层装设×台××kVA 发电机组，能够满足全部一级和二级负荷供电要求，以满足市电停电及出现质量问题后，××s 内发电机达到额定转速，电能质量达到标准要求，解决应急供电问题。

10.6.5　供配电系统

采用放射式、树干式和链路式相结合的供配电系统，干线采用放射式、树干式相结合，支线采用放射式和链路式相结合。

（1）供配电系统。

1）供配电系统采用放射式和树干式相结合构成，放射式直供的有消防电梯、消防设备、普通客梯、冷冻机组、生活水泵等大型一、二级负荷，其余小型设备和照明系统采用树干式供至各层。

2）设置×个电气竖井，1 号竖井给×层到××层供电，2 号竖井由××层到××层供电，每层的竖井均设配电间。

3）应急照明、疏散照明、消防控制室、消防电梯、消防设备、安防监控系统等重要负荷采用两路专用回路末端自动互投方式供电。

4）本工程小于 30kW 的电动机采用直接启动，大于 30kW 的电动机采用变频启动器起动。

5）低压保护采用具有过载长延时、短路瞬时保护的断路器（部分设剩余电流保护），部分回路设分励脱扣器，以满足应急电源供电时切除无须供电的回路，从而保证供电的可靠性。

（2）线路及敷设。

1）大、中容量动力设备和系统：采用××型电缆，由变配电站沿电缆桥架敷设至电气竖井、用电设备。

2）小容量动力设备和系统：采用××型电缆，由变配电站沿电缆桥架敷设至配电点（即配电箱，也可能经过电气竖井），再由配电箱暗设至各个用电设备（桥架、埋管）。

3）一般照明：采用××型插接式母线（或预分支电缆）由变配电站沿电缆桥架敷设至电气竖井、各层配电间的配电箱，再穿管暗敷至各区域（单元、户）的配电箱、用电设备。

（3）设备安装。

1）控制系统配套的控制设备，按照其要求安装。

2）大、中型动力配电箱、控制柜均落地安装，小型箱墙上暗装或明装，满足运行、维护的要求。

10.6.6　照明系统

（1）照明配电系统。

1）干线以树干式供电至各层，支线以放射式供电至各区域（或单元、户）的照明配电箱。

2）××区域应急照明采用两路专用回路末端自动互投方式（集中电源非集中控制型），××区域应急照明采用应急照明灯具（自带电源非集中控制型），在电梯前厅、疏散和避难通道、银行营业厅、大中型商店和超市及收银台等公众场所均设置应急照明和疏散照明。

3）住宅、宾馆、写字间等的空调插座、普通插座、照明分设独立回路，厨房、卫生间插座设置独立回路，所有插座和移动电器均设剩余电流保护器（即漏电保护器，一般动作电流＜10～30mA，动作时间≤0.1s）。

（2）照度标准。依据《建筑照明设计标准》（GB 50034—2013），以下常见主要功能场所的正常照明达到表 10-6 的标准值。

表 10-6   照 度 标 准 表

序号	场所名称	参考平面高度	照度标准/lx	眩光值/UGR	显色指数/Ra	均匀度	备注
1	大堂	0.25	500	19	80	—	
2	普通办公	0.75	300	19	80	0.7	
3	高档办公	0.75	500	22	80	0.7	
4	起居室	0.75	100	—	80		
5	卧室	0.75	75	—	80		
6	普通办公	0.75	300	19	80	—	
7	高档办公	0.75	500	19	80	0.7	
8	会议室	0.75	300	19	80		
9	一般商店	0.75	300	22	80	0.7	
10	高档商店	0.75	500	22	80	0.7	
11	营业厅	0.75	300	22	80	0.7	
12	设计室	工作面	500	19	80	0.7	
13	教室	课桌面	300	19	80	0.7	

（3）住宅负荷标准。依据《住宅设计规范》（GB 50096—2011），按照 60W/m² 的用电标准，各户型的负荷标准如表 10-7 所示。

表 10-7   住 宅 负 荷 标 准 表

序号	户型种类	建筑面积/m²	负荷标准/kW	电表规格/A	进户线/mm²	备注
1	一室一厅	45～70	4	10（20）	3×6	
2	两室两厅	75～90	6	10（40）	3×10	
3	三室两厅	100～130	8	15（60）	3×16	
4	四室两厅	140～200	12	20（80）	2×25+1×16	

（4）应急照明与疏散照明。依据《建筑照明设计标准》（GB 50034—2013）、《建筑设计防火规范》（GB 50016—2014）等相关规范要求确定。

1）应急照明：消防控制室、配电间、弱电间、电信机房、楼梯间、前室、水泵房、电梯机房、排烟机房、值班室等重要照明，照度按正常照度100%设（坚持继续工作）；多功能厅、大堂照度按正常照度50%设；门厅、走道、安全出口、大厅照度按正常照度30%设；其他场所照度按正常照度 10%设；避难层（间）应急照明持续时间大于 1h，其他应急照明持续时间大于 30min。

2）疏散照明：按照疏散通道地面水平照度不低于 1.0lx，人员密集场所地面水平照度不低于 3.0lx，楼梯间地面水平照度不低于 5.0lx，病房、手术室、老年人场所不低于 10.0lx 设置。

3）正常时应急照明由就地控制或设备监控系统统一控制，火灾时由消防系统强制点亮所有应急照明和疏散照明。

（5）光源与灯具等设置。依据《电光源产品的分类和型号命名方法》（QB 2274—2013）（QB 为轻工行业标准）、《灯头灯座的型号命名方法》（QB 2218—1996）、《镇流器型号的命名方法》（QB 2275—2017）、《普通照明用自镇流荧光灯性能要求》（GB/T 17263—2013）、《家庭和类似场合普通照明用钨丝灯性能要求》（GB/T 10681—2009）、《单端荧光灯性能要求》（GB/T 17262—2011）、《双端荧光灯性能要求》（GB/T 10682—2010）、《普通照明用自镇流荧光灯能效限定值及能效等级》（GB 19044—2013）、《金属卤化物灯能效限定值及能效等级》（GB 20054—2015）、《高压钠灯能效限定值及能效等级》（GB 19573—2004）优选光源。光源采用光效高、显色性适宜、眩光满足要求、寿命长、性价比高、热辐射小、对周围环境光污染小的节能产品。

1）办公室选用双抛物面格栅、蝙蝠翼配光曲线的组合灯具，显色指数大于 80 的 T5 三基色灯管，嵌入吊顶安装；走廊、楼梯灯具采用智能控制系统，集中控制和就地控制相结合。

2）住宅、宾馆、写字间等的灯具主要由二次装修定，可选用嵌入式 T5、T8 格栅灯具。

3）医院、疗养院的诊断、治疗、检验、手术室采用漫反射、高显色性灯具减少眩光，病房光线亮度可调，病房及走廊设置夜间巡视脚灯，荧光灯采用电子镇流器减少闪频和噪声。

（6）景观和室外照明。

1）根据《民用机场飞行区技术标准》（MH 5001—2013）规定，在 45m、90m 和屋顶四角设置航空障碍标志灯，采用室外光照和时间自动控制。

2）泛光照明采取在一层室外、裙楼屋面、楼顶、建筑标志处装设投光灯；轮廓照明采用建筑物内外轮廓装设彩色 LED 灯动态变换点亮。

3）室外绿地设草坪灯、道路设立柱式灯具。

4）其他室外照明优选金属卤化物灯具。

5）室外照明供电系统采用 TT 系统。

（7）线路及敷设。一般室内的灯具、插座和室外线路采用 BV 型导线穿 PVC 管暗敷，应急照明线路采用 BV 型导线穿钢管暗敷，室外所有照明回路增设一根 PE 线，将金属灯杆、外壳均可靠接地。

（8）设备安装高度。

1）配电间照明配电箱均明装、其他小型配电箱均暗装于墙上、安装高度为底边（或中心）距地 1.1m。

2）灯具跷板开关、中央空调控制板、风扇调速开关均暗装，底边距地高 1.3m，距门洞口 0.2m 左右。

3）插座均暗装，一般插座底边距地 0.3m，壁挂空调插座底边距地 2.3m，厨房、卫生间等插座底边距地 1.3m。

10.6.7　防雷与接地

（1）防雷措施。

1）本工程根据计算，按×类防雷措施设防，建筑物内的××信息系统雷电防护等级为×级。

2）建筑物屋面设避雷带作为接闪器，并与突出金属管道等金属物体连接接地，屋面的微波接收天线和非金属物设避雷针（或避雷带、网）保护防止直击雷。××层以上外立面墙上的金属门窗、护栏、构件等均可靠接地，以防侧击雷。

3）利用建筑物柱内主筋作为引下线，引下线间距离符合规范要求，并与接地体可靠连接。

（2）接地和等电位连接。

1）接地体：利用建筑物基础作为强弱电系统的公用接地体，经计算接地电阻符合要求，如最终实测大于 1Ω 在室外增设人工接地体。

2）低压接地采用 TN-S 系统，PE 与 N 严格分开；在 CCU（通信控制器）、手术室、ICU（重症护理病房）、心血管造影室采用 IT 不接地系统；室外照明系统采用 TT 系统，以提高供电可靠性。

3）顶层、××层顶、……（按照层高度，每隔 4~5 层）梁内主筋连接成不大于×m×× m 等电位层。

4）在变压器低压侧、室外引入的各种线路的电缆金属外皮均可靠接地，电子信息系统的配电箱装设电涌保护器（SPD），防止雷电电磁脉冲过电流和过电压。

5）等电位连接：变配电站设总等电位端子箱，所有金属管道、金属构件、电子信息系统的箱体和机架等与接地干线做等电位连接，所有设备房、浴室、手术室、ICU 病房作局部等电位连接。

6）消防控制室、计算机网络机房、电信机房、安防监控室、建筑设备监控室、电梯机房等重要场所设独立的引下线并接地。

10.6.8　人防工程

（1）本工程人防等级为×级，人防电源引自应急电源，持续时间大于××h。

（2）人防所有线路均穿热镀锌钢管暗敷；引入人防的线路在穿过围护结构、密闭隔墙、防护密闭隔墙时，均应预留管（盒）；从人防内部至防护密闭门外部的线路，在防护密闭门内侧距地 2.3m 处设熔断器作短路保护。

（3）清洁、滤毒、隔绝三种通风方式的音响和灯光信号，设在最里密闭门内侧、距地 2.4m 高。

（4）电气设备均选用防潮性能好产品，灯具采用轻型、卡口灯头、吊链安装。

10.6.9　电气节能环保措施

（1）采用合理的配电系统简化配电环节，大干线配电方式减少线损。

（2）变电站在负荷中心减少线损，低压集中和分散自动补偿无功，提高供电质量，减少线损。

（3）设备、灯具采用绿色、环保且通过认证的产品，具备低损耗、低噪声、高功角、无油、无污染等特点。

（4）采用建筑设备监控系统对给排水、采暖通风、冷却水、冷冻水等系统进行监控，实现节能运行。

（5）照明采用节能型光源、电子镇流器提高功率因素并减少频闪和噪声，并在××采用智能灯光控制系统，以实现节能，照明功率密度小于《建筑照明设计标准》（GB 50034—2013）的规定，如表 10-8 所示。

（6）分户、分区、分层计量电能，照明、空调、热水器等分类计量，起到大家共同节电的督促作用。

表 10-8 照明功率密度值要求表

序号	场所	功率密度/（W·m²）		对应照度值/lx	备注
		现行值	目标值		
1	普通办公	11	9	300	
2	高档办公	18	15	500	
3	营业厅	13	11	300	
4	会议室	11	9	300	
5	文件室	11	9	300	
6	一般商店营业厅	12	10	300	
7	高档商店营业厅	20	17	500	
8	多功能厅	18	15	300	
9	住宅单元房	7	6	75～150	
10	教室、实验室	11	9	300	

10.6.10 其他弱电系统

火灾报警和联动控制系统、综合布线系统、安全防范系统、呼叫对讲或门禁系统、通信系统、有线电视系统、有线广播系统、停车场管理系统、设备监控系统、能源远传自动计量系统、电子巡查和周界报警系统、家庭智能化系统、同声传译系统等。

10.7 图 纸 设 计

熟练使用 CAD 制图，掌握《电气设备用图形符号》（GB/T 5465.2—2008）、《电气简图用图形符号》（GB/T 4728.7—2018）、《电气系统说明书用简图的编制》（GB/T 7356—1987）、《民用建筑工程电气初步设计深度图样》（05SDX004）、《电气工程 CAD 制图规则》（GB/T 18135—2008）等要求，设计出电气总平面图、干线供配电系统图等。

10.7.1 电气总平面图

单体建筑外部线路简单，文字叙述能够说清楚的可不设计此图。

（1）利用建筑专业提供的建筑总平面图（一定比例的电子档），保留指北针、建筑主要轮廓、轴线、建筑物名称或编号、室外所有主要内容（道路、路灯、绿化和景观等）、大尺寸和主要标高，对可能影响建筑物外部线路的全部保留、同时能突出电气部分内容。

（2）画出变配、发电站的位置并编号，画出建筑物间（包括给喷泉、其他景观供电）线路走向、回路编号、线路型号规格、敷设方式等；画出路灯、庭院灯、泛光照明等的位置，也可画出线路走向、回路编号、线路型号规格、敷设方式等。

（3）画出电力电源、电信、有线电视、宽带、消防等所有外线进入建筑物的走向、敷设方式等，并有标注说明。

10.7.2 干线供配电系统图

根据《供配电系统设计规范》（GB 50052—2016）、《低压配电设计规范》（GB

50054—2011),《工程建设标准强制性条文》电气部分的内容和设计手册,把负荷计算时的干线供电系统的构成形式用图表示出来。一般用竖向干线系统图表示(详细见第 11 章相关内容)。

（1）用细虚线把图纸竖向均分成 N 格（$N=$ 建筑物地上层数＋地下层数）表示建筑物 N 个层,并在最左端表示出层数。

（2）在供电柜(变配电站)所在层画出其示意图形符号,同时画出该供电柜的供电干线所到达的层、连接的配电箱或控制装置。

（3）给所有干线回路编号、配电箱编号、控制装置编号,编号必须有规律、便于记忆,标注回路名称、线路型号规格和敷设方式。

（4）所有主要回路均画出,对图纸的图形、符号和标注进行必要说明。

10.8　主要设备材料表

根据《明细表的编制》（GB/T 19045—2008）和相关设计手册要求,从设计图和初步设计说明书中抽出主要设备的相关内容,填入表 10-9 中。

表 10-9　　　　　　　　　　主要设备材料表

序号	设备名称	型号及规格	单位	数量	备注
1	发电机组		套		
2	发电机启动柜		台		和机组配套
3	冷冻机启动柜		台		
4	水泵控制柜		台		
5	动力配电箱		个		
6	动力配电箱		个		
7	照明配电箱		个		
8	照明配电箱		个		
9	应急照明箱		个		
10	控制箱		个		
11	电力电缆		米		
12	绝缘导线		米		
13	电缆桥架		米		

10.9　概　　算

由预算专业人员根据初步设计说明书、设计图纸和主要设备材料表,做出电气工程部分的大概造价。为了概算相对准确,电气专业也可给预算人员提供估算的主要材料表。

习 题 10

1. 填空题

（1）高层建筑电气设计时必须与_____ 、_____、_____等专业交换相关资料。

（2）高层建筑沿电气竖井敷设的干线常采用_____、_____。

（3）建筑电气照明设计时，一般的室内场所采用_____法计算，计算结果必须校验其_____是否满足；除_____外其他建筑的功率密度均是强制性的。

（4）大容量设备一般应采用_____供电，小容量负荷分组计算时，每组的负荷必须具有相同的_____；负荷计算由_____进行，即先计算出分支线和支线的负荷，再计算出干线的负荷容量。

（5）建筑电气中主干线截面采用_____法计算，同时要校验其_____和_____。

2. 简答题

（1）简述建筑电气初步设计的内容和步骤？

（2）高层建筑的用电负荷如何计算？

（3）普通室内建筑照明如何计算？

3. 综合题

（1）某建筑高 98m，地上 22 层，1～3 层为商场、4 层及以上为标准的办公用房、层建筑面积均 800m²；地下二层，主体正下方和地下 1 层外扩部分均为停车场，地下 2 层外扩部分为变电站、水箱和水泵房等设备用房，外扩部分层建筑面积 300m²；设 3 部客梯均为 22kW，其中一部为消防电梯；1 部 11kW 货梯和 4 部 7.5kW 自动扶梯供商场使用，设 4 台 30kW 消防水泵（2 用 2 备），2 台 22kW 生活水泵（1 用 1 备），2 台 15kW 排烟风机。试计算其负荷容量并画出干线供配电系统图（必须考虑未提及、规范中此建筑必须有的其他设施）。

（2）编制题（1）简练的初步设计说明书。

（3）试对 7m×20m 同侧长边两端开门的办公室进行照明设计。

第11章　高层建筑电气施工图设计

高层建筑电气工程的施工图设计是在初步设计文件和审查意见的基础上，以满足整个建筑电气工程预算、发包、施工、设备招标订货、竣工验收、工程决算等要求为目的，完成的图纸设计。

11.1　施工设计内容和步骤

11.1.1　施工设计内容

设计内容主要是实现高层建筑的全部功能时，按照初步设计文件内容和审查意见，完成全部施工图纸的设计，一般设计单位内部均有对图纸质量、标准化等方面专门把关审查的机构。设计内容包括：

（1）设计总说明：将初步设计审查后最终确定的电气系统各项内容分别说明，反映工程概况、设计依据、设计范围、设计的原则、主要技术、负荷等级和容量、各级配电系统构成方式、照明方式、防雷和接地措施、等电位连接做法、通用选型和做法、施工要求、注意事项、图例等内容。

（2）图纸设计：电气总平面图、供配电系统图、动力平面图、照明平面图、防雷接地图、等电位连接图等。

（3）电气设备材料表：所有设备材料的名称、型号规格、数量、生产厂商等的表格，不含辅材和耗材。

（4）计算书：设计时的相关工程计算资料，采用单位（或个人）存档方式保存，以备后查。

11.1.2　施工设计步骤

（1）收集相关资料：收集初步设计文件的审查意见中与电气有关的内容，建设单位提供的供电、消防、通信、电视、气象、地质、公安等部门认定的工程设计资料，其他专业变化提供的与电气有关的相关资料。

（2）确定设计依据：确定设计中应遵循的国家、行业和地方的规范和标准（名称、编号、最新版本号），初步设计审查意见等。

（3）工程计算：按照第10章方法，对初步设计未进行计算的和审查需变更的重新进行计算，其他不变。

（4）编制设计总说明：施工图设计阶段的电气设计总说明是图纸的一部分，是对设计图纸的说明和补充，对简化图纸内容、顺利读懂图纸、更好理解设计意图和设计内容起着很重要作用。

（5）设计图纸：绘制电气总平面图、供配电系统图、动力平面图、照明平面图、防雷和接地图、等电位连接图、局部大样图等。

（6）编制设备材料表：编出所有设备材料的名称、型号规格、技术参数、数量、生产厂商等。

11.2　收集与提供的相关资料

11.2.1　与其他专业的资料

（1）向建筑学专业索取资料。

1）建设单位委托设计的内容、初步设计审查意见和审定通知书，包括建筑物位置、规模、用途、标准、建筑高度、层数、面积、建筑使用年限、耐火等级、抗震级别、外墙材料等主要技术参数和指标。

2）人防工程的防化等级、战时用途，详细平面布置图等。

3）建筑的总平面图，单体建筑的各层平面、立面、剖面图及尺寸和建筑做法（须反应承重墙和填充墙），单体建筑吊顶的位置、高度及做法。

4）各用电设备房、竖井的位置、尺寸，楼板和墙的厚度及做法。

5）放火分区的平面图，卷帘门、防火门的形式及位置，各防火分区的疏散通道和方向，避难间（层）的位置、尺寸及逃生通道等。

6）电梯的类型（普通或消防、有无机房），二次装修部位的用途和平面图。

7）室内外标高及高差、地下室外墙及基础防水做法、污水坑的位置及地下室周围环境。

8）供电、消防、电信、电视、公安等相关单位认定的工程设计资料，包括等级、容量、入口点位置等技术参数。

（2）向建筑学专业提供资料。

1）建筑内变配电站和自备发电机房位置、平面布置图、剖面图、地沟图、检修吊钩、预埋件、储油间位置、对建筑门窗位置和大小、防火等级等要求。

2）电气竖井及配电间的位置、面积、预留孔洞位置和尺寸、楼板荷载、基础做法及耐火等级等要求。

3）所有电气设备用房的位置、面积、层高、周围环境及自身环境的要求。

4）桥架类电气线路穿越时预留洞的位置、标高、尺寸，电缆沟的走向及尺寸。

5）电气设备的运输通道或需预留的孔洞位置和尺寸。

6）特殊的检修、维护通道，如爬梯、上人孔等。

（3）向结构专业索取资料。

1）基础桩的类型、基础板的构造形式和主要尺寸。

2）核心筒、柱、剪力墙、承重墙的布置图，伸缩缝、沉降缝的位置图，梁板布置图，楼板厚度及梁的高度。

3）柱子、圈梁、承重墙的构造形式和主要尺寸。

4）主要墙、柱、梁、板内主筋的规格及连接方式。

5）护坡桩、锚杆的形式和做法。

（4）向结构专业提供资料。

1）设备基础、特殊电气设备用房楼板、设备吊装和运输通道的荷载要求（kg/m²）。

2）剪力墙、承重墙或楼板上预留的孔洞位置、尺寸。

3）利用结构主筋作防雷引下线、接地、等电位连接的主要部位和做法。

（5）向给排水、采暖空调专业索取资料。

1）消防设备、各类风机、冷却机组、给排水泵、水处理设备、电热设备等用电设备的平面布置图，标注出设备名称、编号、功率和控制要求。

2）电动排烟口、正压送风口、电动阀位置及其所对应的风机和控制要求。

3）各类水箱、水池及电动阀、液位计的位置及控制要求，锅炉房的位置、设备布置图、功率和控制要求。

4）变频调速水泵容量、控制柜位置和控制要求。

5）各防火区的消防灭火形式及控制要求、消火栓箱的位置布置图。

（6）向给排水、采暖空调专业提供资料。

1）变压器、柴油发电机的容量和数量，储油间的储油量。

2）冷冻机房控制室、空调机房和风机房控制箱的位置、面积及对消防和环境的要求，电缆桥架设置的位置和高度。

3）主要电气用房对消防、温度、湿度、用水、排水、卫生间等环境的要求。

4）水泵房控制室的位置、面积及对消防和环境的要求。

5）主要电气设备的发热量，特别是对温度有要求的空调房间。

11.2.2　收集城市公用事业的资料

（1）电力部门提供的有关电源的电压等级、数量、容量、短路容量和计费方式等工程设计资料。

（2）电信系统的固定电话、宽带网络接入的工程设计资料。

（3）有线电视系统、城市消防报警监控网络接入的工程设计资料。

（4）气象部门提供的年雷暴日数、各种温度和湿度、最大冻土深度等工程设计资料。

（5）地质部门提供的海拔高度、土壤电阻率等工程设计资料。

11.3　确定设计依据

11.3.1　设计文件深度

（1）符合住建部《建设工程文件编制深度规定》（2008）的要求和设计委托合同书的约定。

（2）施工图设计文件必须满足工程预算、发包、施工、监理、设备订货、竣工验收、工程决算、图纸存档的需要。

11.3.2　设计文件编制依据

（1）设计委托合同书约定的内容，且没有超出上级主管部门批复的项目立项计划。

（2）按其使用功能和用途对应的国家、行业和地方的规范和标准，特别是工程建设规范强制性条文必须严格执行。

（3）建筑电气工程通用的国家、行业和地方的规范和标准，包括设计、施工、验收、设备制造检验等。

（4）初步设计文件的批复意见，建设单位提供的供电、消防、通信、电视、气象、地质、公安等部门认定的工程设计资料及特殊的电气要求等。

11.4 编制设计总说明

依据《电气技术用文件的编制》（GB/T 6988—2016）、《说明书的编制、构成、内容和表示方法》（GB/T 19678—2005），把施工图纸设计原则、设计依据、采用的方案和措施、通用做法及图纸无法体现的内容用文字说明清楚。为简化图纸的设计、标注、说明等起到不可或缺的作用，为理解设计内容和意图起到很重要作用。

设计总说明和图纸内容必须一致、相互支撑。在图纸设计中，一般采取对使用面广的通用问题在总说明中集中说明，个别图纸中仅对特殊问题加以说明，全部图纸设计完后要核对设计图纸和总说明的内容，并确保图纸和总说明完全相符，设计内容交代得非常清楚。

11.4.1 工程概况

×××项目（名称），位于××市××路××号，建筑面积×××m²，总高××m，裙房高××m，地上××层，地下×层，属于×类××建筑，耐火等级为×级，人防工程为×级。地上××～××层层高×m，为商业用房；××～××层层高×m，为办公用房；××～××层层高×m，为酒店用房；地下×～×层层高×m，为停车场；×～×层层高×m，为库房；×～×层层高×m，为设备用房（功能描述）。结构形式为×××结构，现浇混凝土楼板；屋顶设有电梯机房和高位水箱间。

11.4.2 设计范围

（1）380/220V供配电系统、动力系统、照明系统及所有弱电系统的配电系统。

（2）防雷与接地系统、等电位连接及电磁脉冲防护系统。

（3）对特殊设备（如电梯机房、冷冻机组控制室）、有特殊要求（多功能厅、报告厅智能系统）的系统，本设计仅预留电源或配电箱，标注其容量。

（4）室外照明系统、二次装修场所照明由建设方另行委托设计，本设计仅预留电源或配电箱，标注其容量。

（5）设计分界：变配电站低压出线开始的全部内容，不含变电、弱电系统。

11.4.3 设计依据

（1）建设单位的设计任务书和设计要求（比设计委托合同书更具体），初步设计文件的审查意见（建设单位和行业主管部门如规划、消防、抗震、人防、市政、环保、电力、自来水等部门审批意见）。

（2）相关专业提供的工程设计资料。

（3）所采用的主要规范和标准。

1)《建筑设计防火规范》（GB 50016—2014）、《民用建筑电气设计规范》（JGJ 16—2008）；

2)《供配电系统设计规范》（GB 50052—2009）、《低压配电设计规范》（GB 50054—2011）、《通用用电设备配电设计规范》（GB 50055—2011）；

3)《建筑照明设计标准》（GB 50034—2013）；

4)《建筑物防雷设计规范》（GB 50057—2010）、《建筑物电子信息系统防雷技术规范》（GB 50343—2012）；

5)《住宅建筑电气设计规范》（JGJ 242—2011）、《住宅设计规范》（GB 50096—2011）、《汽车库建筑设计规范》（JGJ 100—2015）、《综合医院建筑设计规范》（GB 51039—2014）、《商

店建筑设计规范》（JGJ 48—2014）、《饮食建筑设计规范》）（JGJ 64—2011）、《宿舍建筑设计规范》（JGJ 36—2006）；

6）《建筑电气工程施工质量验收规范》（GB 50210—2011）；

7）其他国家、行业、地方现行标准和规范。

（4）工程资料。建设单位提供的供电、消防、通信、电视、气象、地质、公安等部门认定的工程设计资料（如提供的电源回路数和容量及电压等级、海拔高度、极端最高温度和最低温度、最冷和最热月平均温度、年雷暴日数、土壤电阻率、最大冻土层深度等）。

11.4.4　负荷容量与电源

（1）负荷容量。

1）一级负荷：装机容量为××kW，计算负荷为××kW，其中特别重要一级负荷的计算负荷为××kW。

2）二级负荷：装机容量为××kW，计算负荷为××kW。

3）三级负荷：装机容量为××kW，计算负荷为××kW。

4）总负荷：总装机容量为×××kW，其中备用容量为××kW，总计算负荷为×××kW。

（2）供电电源。

1）本工程由供电局××变电站引入×路××kV 高压电源，建筑中所设变配电站能满足负荷供电要求。

2）自备发电机组能够满足全部一级、二级负荷应急电源要求。

11.4.5　供配电系统

采用放射式、树干式和链路式结合的供配电系统，干线采用放射式、树干式相结合，支线采用放射式和链路式相结合。

（1）供配电系统。

1）放射式直供大容量的一、二级负荷，其余小型设备采用树干式供至各层。

2）设置×个电气竖井，1 号竖井由×层到×层，2 号竖井由×层到×层，每层的每个竖井均设配电间。

3）一级负荷采用两路专用回路末端自动互投方式供电，二级负荷采用两个专用回路适当位置自动互投方式供电。

4）本工程小于 30kW 的电动机采用直接启动，大于 30kW 的电动机采用变频启动（不含消防设备）。

5）低压保护采用具有过载长延时、短路瞬时保护的断路器（部分设剩余电流保护），部分回路设分励脱扣器，以满足应急电源供电时切除这些回路，保证供电可靠性。

6）消防设备和用于消防时的设备，不设剩余电流保护过载保护，只报警不跳闸。

（2）线路及敷设。

1）大、中容量动力设备、系统采用××型电缆，由变配电站沿电缆桥架敷设至电气竖井、用电设备。

2）小容量动力设备、系统采用××型电缆，由变配电站沿电缆桥架敷设至配电点（即配电箱，也可能经过电气竖井），配电点暗设至用电设备（桥架、埋管）。

3）一般照明采用××型插接式母线（或预分支电缆）由变配电站沿电缆桥架敷设至电气竖井、各层配电间的配电箱，再穿管暗敷至各区域（单元、户）的配电箱。

（3）设备安装。

1）控制系统配套的控制设备按照其要求安装。

2）大中型动力配电箱、控制柜均落地安装，小型墙上暗装，满足运行、维护的要求。

11.4.6　照明系统

（1）照明配电系统。

1）干线以树干式供电至各层，支线以放射式供电至各区域（或单元、户）。

2）××区域应急照明采用两路专用回路末端自动互投方式（集中电源非集中控制型），××区域应急照明采用应急照明灯具（自带电源非集中控制型），在电梯前厅、疏散和避难通道、银行营业厅、大中型商店和超市及收银台等公众场所均设置应急照明和疏散照明。

3）住宅、宾馆、写字间等的空调插座、普通插座与照明分别设置独立回路，厨房、卫生间插座分别设置独立回路，所有插座和移动电器均设剩余电流保护器（漏电保护器的动作电流<30mA、动作时间≤0.1s），区域、单元、户配电箱设置适量的备用回路。

（2）住宅负荷标准。依据《住宅设计规范》（GB 50096—2011），按照 60W/m² 的用电标准确定各户型负荷。

（3）应急照明与疏散照明。依据《建筑设计防火规范》（GB 50016—2014）、《建筑照明设计标准》（GB 50034—2013）等规范要求确定。

（4）光源与灯具等设置。

1）办公室、写字间等选用双抛物面格栅、蝙蝠翼配光曲线的组合灯具，显色指数大于80 的 T_5 三基色灯管，嵌入吊顶安装；走廊、楼梯灯具采用智能控制系统，集中控制和就地控制相结合。

2）医院、疗养院诊断、治疗、检验、手术室采用漫反射、高显色性灯具减少眩光，病房光线亮度可调，病房及走廊设置夜间巡视脚灯，荧光灯采用电子镇流器减少频闪和噪声。

3）二次装修的灯具由装修设计确定。

（5）景观和室外照明。

根据《民用机场飞行区技术标准》（MH5001）的规定，在 45m、90m 和屋顶四角设置航空障碍标志灯并自动控制（结合实际情况确定）；泛光照明、轮廓照明等室外照明由其他专业公司设计。

（6）线路及敷设。

1）未标注的：一般灯具线路采用 BV-2×1.5（SC16）暗敷，一般插座线路采用 BV-3×2.5（SC16）暗敷，空调插座线路采用 BV-3×4.0（SC20）暗敷，风机盘管调速开关线路采用 BV-n×1.0（SC20）暗敷，应急照明线路采用 NHBV-3×2.5（热镀锌 G15）暗敷，人可触及的照明灯具增设一根 PE 线，用于灯具外壳接地。

2）穿越建筑沉降缝、伸缩缝、后浇带的管线严格按照国家标准图的做法施工。

（7）设备安装高度。

1）配电间照明配电箱均明装，其他小型配电箱均暗装于墙上、安装高度为底边距地1.1m。

2）灯具有吊顶的采用嵌入式安装，高度小于 3.0m 的吸顶安装，无吊顶的采用吊链安装、高度为 2.8m，地下车库采用吊管安装、高度为 3.0m；跷板开关、调速开关均暗装，底边距地高 1.3m，距门洞口 0.2m 左右。

3）插座均为单相两极＋三极安全型且暗装，一般插座底边距地 0.3m，壁挂空调插座底边距地 2.3m，厨房、卫生间等插座底边距地 1.3m。

（8）照明控制。

1）一般场合设置就地照明开关手动控制，楼梯间、通道采用声光控开关自动控制，会议室、多功能厅采用智能照明控制系统。

2）正常时应急照明由就地控制或设备监控系统统一控制，火灾时由消防系统强制点亮所有应急照明和疏散照明。

11.4.7　防雷与接地

（1）防雷措施。

1）本工程防雷等级按×类设防，建筑内的××信息系统防护等级为×级，并设置等电位连接。设施具有防止直击雷、侧击雷、雷电感应、雷电侵入、电涌侵入等的措施，满足各类系统可靠运行的要求。

2）建筑物屋面设避雷带作为接闪器，并与突出金属管道等物体连接接地；屋面的微波接收天线和非金属物设避雷针（或避雷带、网）保护防止直击雷；××层以上外立面墙上的金属门窗、护栏、构件等均可靠接地，防止侧击雷。

3）每个引下线利用建筑物同一柱内两根主筋，根据其结构上的连接方式，套筒连接、电渣焊的不作处理，绑扎的双面或单面焊、焊缝长度分别应大于 $6d$ 或 $12d$，引下线的设置部位符合规范要求。

（2）接地和等电位连接。

1）接地体：利用建筑物基础作为强弱电系统的公用接地体，经计算接地电阻符合要求，如最终实测大于 1Ω，在预留连接线的室外增设人工接地体。

2）低压接地采用 TN-S 系统，PE 与 N 严格分开。在 CCU（通信控制器）、手术室、ICU（重症护理病房）、心血管造影室采用 IT 不接地系统，室外照明系统采用 TT 系统，以提高供电可靠性。

3）顶层、××层顶、……（按照层高度，每隔 4～5 层）梁内主筋连接成不大于×m×
×m 的均压环。

4）电缆桥架及支架全长应不少于两处与接地干线相连。

5）电气竖井垂直敷设两条、水平敷设一圈 40×4 热镀锌扁钢（铜），水平与垂直扁钢间可靠焊接，均采取明装（水平扁钢过门洞时暗装），水平扁钢距地高 0.2m 且在其上间隔焊接上连接端子。

6）电气设备控制室、消防控制室等水平敷设一圈（地脚线上部）40×4 热镀锌扁钢（铜），并与接地干线可靠焊接。

7）消防、通风、空调等的金属管道和支架应就近接地，所有电气设备、配电箱外壳可靠接地。

8）防止雷电电磁脉冲过电流和过电压，在变压器低压侧、室外引入各种线路的电缆金属外皮均可靠接地，电子信息系统的配电箱装设电涌保护器（SPD）。

9）等电位连接：变配电站设总等电位端子箱，所有金属管道、金属构件、接地干线、电子信息系统的箱体和机架等做等电位连接，所有设备房、浴室、手术室、ICU 病房作局部等电位连接。

10）消防控制室、计算机网络机房、电信机房、安防监控室、建筑设备监控室、电梯机房等重要场所设独立的引下线接地。

11.4.8　人防工程

（1）本工程人防等级为×级，人防电源引自应急电源，持续时间大于××h。

（2）人防所有线路均穿热镀锌钢管暗敷；引入人防的线路在穿过围护结构、密闭隔墙、防护密闭隔墙时，均应预留管（盒）；从人防内部至防护密闭门外部的线路，在防护密闭门内侧距地 2.3m 处设熔断器作短路保护。

（3）清洁、滤毒、隔绝三种通风方式的音响和灯光信号，设在最里密闭门内侧、距地高 2.4m。

（4）电气设备均选用防潮性能好产品，灯具选用轻型、卡口灯头、吊链安装。

11.4.9　电气节能环保措施

（1）采用合理的配电系统和形式减少配电环节，大干线配电方式减少线损。

（2）变电站在负荷中心减少线损，低压集中和分散自动补偿无功，提高供电质量，减少线损。

（3）设备、灯具采用绿色、环保且通过认证的产品，具有低损耗、低噪声、高功角、无油、无污染等优点。

（4）采用建筑设备监控系统对给排水、采暖通风、冷却水、冷冻水等系统进行监控，实现节约电能。

（5）照明采用节能型光源、电子镇流器提高功率因素减少频闪和噪声，照明功率密度小于《建筑照明设计标准》（GB 50034—2013）的规定，并在××采用智能灯光控制系统，以实现节能。

（6）分户、分区、分层计量电能，照明、空调、热水器等分类计量，便于后续物业管理，起到大家共同节电的督促作用。

11.4.10　其他弱电系统

火灾报警和联动控制系统、综合布线系统、安全防范系统、呼叫对讲或门禁系统、通信系统、有线电视系统、有线广播系统、停车场管理系统、设备监控系统、能源远传自动计量系统、电子巡查和周界报警系统、家庭智能化系统、同声传译系统等的说明。

11.5　施 工 图 设 计

熟练使用 CAD 制图，利用各种设计手册和相关标准图集，设计出电气总平面图、干线和支线供配电系统图、动力和照明平面图、防雷和接地图、等电位连接图等。

11.5.1　施工图设计方法

（1）制图标准。

1）常用图形符号、文字符号、标注、说明等优先采用《建筑电气工程设计常用图形符号和文字符号》（09DX001）和《建筑电气制图标准》（图示 12DX011）的规定；没有的特殊设备符号采用《电气设备用图形符号》（GB/T 5465.2—2009）和《电气简图用图形符号》（GB/T 4728.7—2018）的规定；都没有的特殊设备符号采用自制符号；同名称设备要区别其不同的层次时，可在标准符号基础上自制符号（一般设计单位都有自己的标准符号）。

2）图纸符合《电气工程 CAD 制图规则》（GB/T 18135—2008）、《民用建筑工程电气施工图设计深度示样》（09DX003）等的要求。

（2）使用工具。

1）手册：以《高层建筑电气设计手册》《民用建筑电气设计手册》《工业与民用配电设计手册》和《照明设计手册》《民用建筑电气照明设计手册》中的 2～3 本手册为主，参阅其他手册。

2）规范：以《民用建筑电气设计规范》《建筑设计防火规范》《工程建设标准强制性条文》《建筑电气专业技术措施》《建筑电气设计与施工》为整个设计过程依据，具体每部分按照其功能和用途对应规范的要求设计。

3）标准图：以《工程建筑标准强制性条文及应用示例》（04DX002）、《民用建筑设计要点》（电气 08D800-1）、《民用建筑电气设计与施工》（08D800-2～8）、《建筑电气常用数据》（图示 04DX101-1）为主，具体每部分按照其功能和用途对应标准图的要求设计。

（3）设计方法。

1）学习某建筑电气系统整套竣工图（由小到大、由简到繁、由功能单一到综合）。

（a）按照设计总说明、供配电系统图、动力和照明平面图、防雷图、接地图和等电位连接图的顺序学习；

（b）学习中每个小细节都要与有关联的图和说明对照，查阅规范、手册、标准图、产品样本等，真正理解设计意图、合理性、符合规范那些条款；

（c）学习中思考对某部分采用其他方式或换成其他类型产品可以否？和现有图比较的利弊有哪些？起到举一反三的作用；

（d）学习完后就此建筑的电气图自己进行设计，如能较好完成说明学懂了，同时能发现理解不到位的问题，也有助于熟练使用 CAD。

2）开始设计最好有类似图纸作参考，在完全理解参考图纸情况下再进行设计，不能生搬硬套；设计完后反复细心检查、对照内容是否一致、是否表示清楚。

3）设计中不断加深对规范内容、标准图适用场合理解，合理的套用、改用、组合使用标准图内容；虚心向经验丰富老师学习和请教，并查阅规范、手册、标准图等验证。

4）通过设计、实施等全过程实践，总结自己设计图、设计过程、设计方法等的优缺点，积累设计经验。

5）多参加现场勘查、收集资料、评审会、交底会、现场答疑、验收会、相关产品推介会、现场考察、用户回访、图纸审查等活动，对开阔视野、拓展思路、提高解决问题能力和业务素质均有极大促进作用。

11.5.2　供配电系统图设计

根据《供配电系统设计规范》（GB 50052—2009）、《低压配电设计规范》（GB 50054—2011）、《系统接地的形式及安全技术要求》（GB 14050—2016）、《供配电系统图集》《建筑电气设计实例图册》等和设计手册，把负荷计算时已经确定的系统构成（分支线、支线、干线）用图详细表示出来，注意布局合理美观。

（1）干线配电系统图设计。把直接从变配电站出线的供配电线路（不含变电站自身用电）至与之直接相连的配电箱（柜）、控制装置用图表示出来，高层建筑一般采用竖向供配电系统图，如图 11-1 所示形式，设计过程如下：

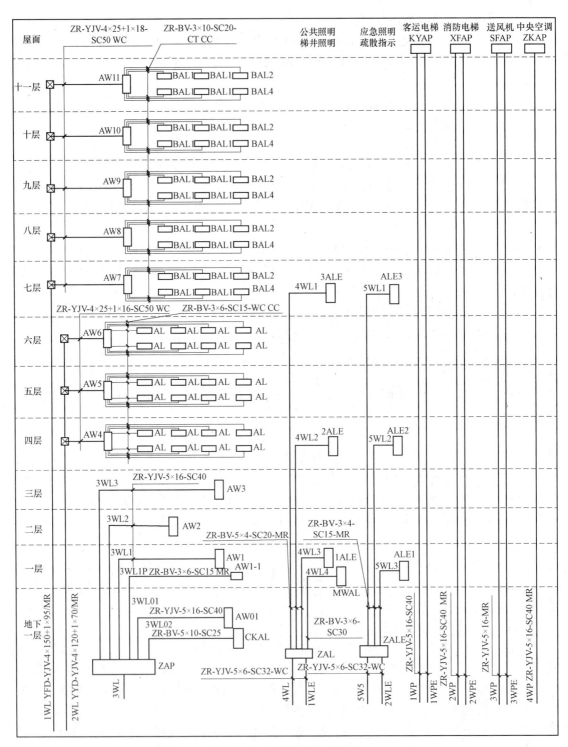

图 11-1　干线供配电系统图

1）用细虚线把图纸竖向均分成 N 个格（N=建筑物地上层数+地下层数）表示建筑物 N 层，并在最左端表示出层数。

2）画出变配电站所在层配电柜的示意图形符号，同时画出该变配电站供电干线所到达的层、连接的配电箱或控制装置。

3）给所有干线回路编号、配电箱编号、控制装置编号，编号必须有规律、便于记忆（不同位置的数字代表一定的意思）。

4）标注线路型号规格、敷设方式。

5）说明：用图例对图形符号和文字符号进行说明，对图的其他进行文字说明。

（2）支线供配电系统图。把所有线路中除设备配套配电箱外的所有配电箱（柜）内部的电气器件、线路连接及进出线用图表示出来，即中间配电箱和末端配电箱的系统图。必须反映出进线回路编号、出线回路编号、进线型号规格、出线型号规格、所有电气元件型号规格、箱体型号规格和尺寸等，如图 11-2～图 11-8 所示。

高层建筑中中间配电箱和终端配电箱数量很多，但实现同一功能的标准层负荷大小、用途和分布等几乎完全一样（有差异的很小），所以一般把负荷回路数和负荷大小相同的分成一类，只需画出不同类的系统图即可。此系统图用横向较多，竖向也可以，横向支线系统图设计过程如下：

1）左端横向画出进线、进线开关、开关出线及箱内母线，标注与上级系统图一致的进线编号、进线型号规格。

2）画出母线所有分支线、开关、出线，如需有计量表、脱扣器控制的加画在其对应处，不同用途的箱根据回路数量和实际情况配置适量的备用回路。

3）给所有出线回路编号、标注线路型号规格和敷设方式，标注所有电气元件的型号规格，一般末端箱还标注出负荷名称、容量。

4）把安装在箱体内的电气器件用矩形细虚线包围，标注箱编号、箱体型号规格或尺寸。

5）对同一图表示多个配电箱系统图时，可在进线和出线处分别列表说明箱编号、回路编号、线路和器件的型号规格、出线回路编号、负荷名称、容量等，两个表分别所包含的内容以母线为界。

6）说明：用图例对图形符号和文字符号进行说明，对图的其他部分进行文字说明。

图 11-2 电源箱系统图：当建筑物内或就近无变电所时，实现进入建筑物电源干线对中小容量设备或箱体的电能分配、保护、计量和测量等功能。

图 11-3 电源箱系统图：实现备用电源（发电机或第二个电源）干线对高等级或应急负荷中小容量设备或箱体的电能分配、保护、计量和测量等功能。

图 11-4 层电表箱系统图：实现一层（住宅楼、写字楼等）的电能计量和对各单元的电能分配、保护等功能。

图 11-5 户内箱系统图：实现一个小供电单元内（住宅户内、小办公区内）对具体用电设备的电能分配、保护、计量等功能。

图 11-6 消防电梯配电箱系统图：实现应急电源末端自动互投、电能分配、保护、变换电压等功能。

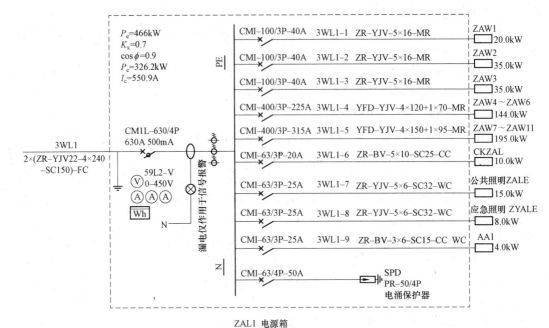

图 11-2 电源箱系统图

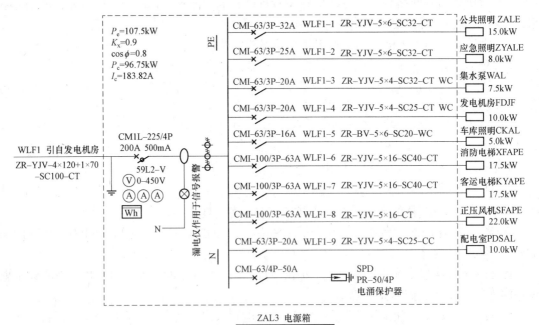

图 11-3 电源箱系统图

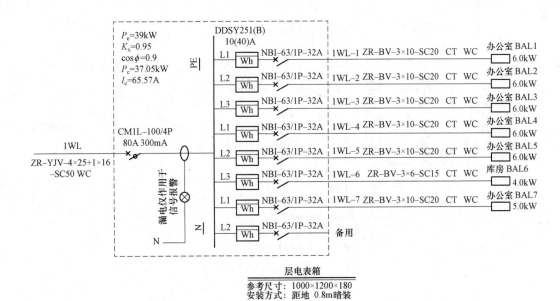

图 11-4　层电表箱系统图

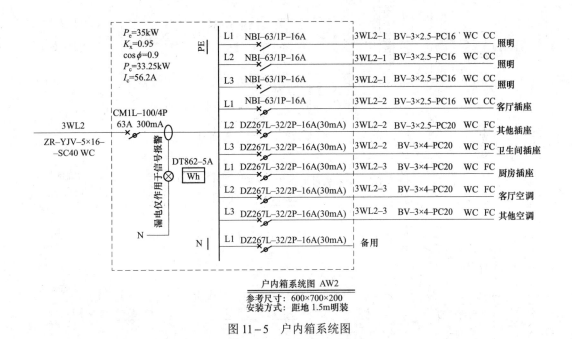

图 11-5　户内箱系统图

图 11-7 集水泵电源箱系统图：表示一级动力负荷主回路的接线原理，配套上控制回路的接线原理，实现双电源末端自动互投及对设备的控制、保护、运行状态指示等功能。

图 11-8 屋面风机电源箱系统图：实现应急电源末端自动互投、电能分配、保护、启动、控制方式等功能。

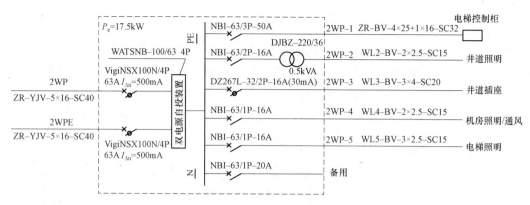

消防电梯配电箱 XFAP

参考尺寸：非标（600×700×200）
安装方式：距地1.5m 明装

图11-6 消防电梯配电箱系统图

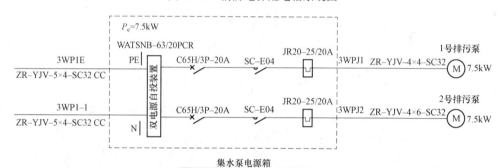

集水泵电源箱

参考尺寸：非标（500×600×200）
安装方式：距地1.5m 明装

图11-7 集水泵电源箱系统图

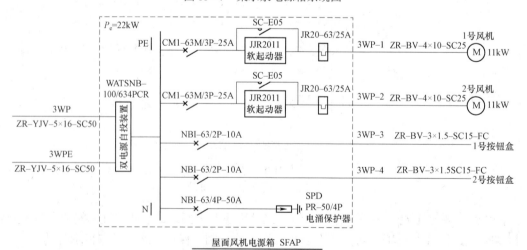

屋面风机电源箱 SFAP

参考尺寸：非标（700×1700×400）
安装方式：距地0.5m 明装

图11-8 屋面风机电源箱系统图

（3）断路器选择。根据《低压电器》（GB 14048）、《低压电器基本标准》（GB 1497）的要求，主要依据以下几点，满足即可。

1）断路器型号：符合使用环境、保护特性、额定电压的要求；

2）过电流脱扣器动作电流：瞬时脱扣、短延时脱扣、长延时脱扣额定电流≥K_{rel} 尖峰电流，可靠系数 K_{rel} 取值不同；同时考虑与线路的配合。

3）热脱扣器电流：热脱扣器额定电流≥K_{rel} 最大负荷计算电流；

4）前后级配合：前一级动作电流≥1.2 后一级动作电流；

5）灵敏度校验：灵敏度≥1.3。

（4）主干线选择及敷设。根据《导体和电器选择设计技术规定》（DL/T 5222—2016）、《电力工程电缆设计规范》（GB 50217—2007）及有关设计手册，结合现有技术和产品选择干线种类。

1）高层建筑主干线一般选用电缆、插接式母线或预分支电缆，一点对一点供电采用电缆，一点对多点采用插接式母线或预分支电缆，以满足安装方便、支线连接可靠的要求。

2）型号根据负荷等级、敷设方式和使用环境选定，如预分支电缆有防火、耐火、阻燃等类型，插接母线有照明、封闭、密集、防火等类型。

3）线路截面选择必须同时满足载流量、电压损失、机械强度的要求，主干线一般按照经济电流密度选择截面，并校验其热稳定和动稳定，二者数据可从产品样本或设计手册查到。

4）敷设方式可采取沿竖井明设、电缆桥架、直接埋地、穿管埋地等方式，以施工维护方便、造价低为标准，只要条件允许即可。

5）普通电缆和应急电源电缆分设桥架或桥架内有隔离措施，敷于竖井内距离应大于300mm 或采取隔离措施。

（5）支线选择及敷设。

1）支线一般选电缆或绝缘导线，型号根据负荷等级、敷设方式和使用环境选定。如污水泵选用防水电缆、消防选用耐火电缆等。

2）截面可用同上方法选择，但工作线路截面、接地线截面均不小于规范要求的最小值（铜线或铜电缆穿管或线槽敷设大于 $1.0mm^2$）。

3）一级、二级负荷、应急电源线路的导线应穿镀锌钢管或金属线槽敷设；其余穿 PVC 管；管径≤32 采取暗敷，否则明敷。

4）所有回路应独立穿管敷设，不同支路不得共管敷设。

11.5.3　动力平面图设计

利用设计手册、《民用建筑电气设计与施工常用设备安装》（08D800-5）、《电气设备节能设计》（06DX008-2）、《民用建筑电气设计与施工室内布线》（08D800-6）和规范的要求设计，注意平面图表示的位置和线路走向是示意位置，但要尽量准确，仅画出有动力设备和动力干线的层平面图即可。如图 11-9 所示，设计过程如下：

（1）对本层所有动力设备和配套电气控制柜情况的表述。在每层建筑平面图上（删去一些和电气无关内容）把各专业安装的动力设备和配套电气控制柜（箱）用电气图形画到一张图上。

（2）对本层所有动力线路垂直穿越情况的表述。即画出线路垂直引点和引自、引至符号，并标注其回路编号、引自和引至的平面标高、敷设方式。

（3）对本层所有动力电气线路情况的表述。画出其他控制柜（箱）在示意位置的图形符号，画出进线点、控制柜、设备、出线点之间的线路（主要表述线路水平走向），并标注其回路编号、线路型号规格及敷设方式。

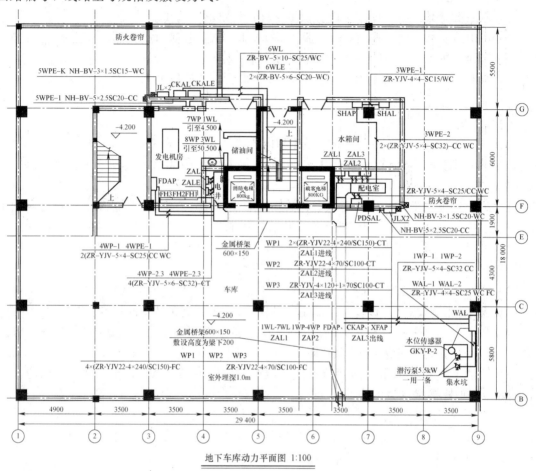

地下车库动力平面图 1:100

图 11-9　动力平面图

线路的路径以最短距离为最优，同时对结构梁、墙、板的受力没有影响、与其他管路无冲突，暗敷线路最好是点到点的直线，明敷线路要考虑整齐、美观等。

（4）对本图的说明。必要的文字说明，对平面图表述不清楚的可画出剖面图或局部大样图。

11.5.4　照明平面图设计

利用《照明设计手册》《民用建筑电气设计与施工照明控制与灯具安装》（08D800-4）、《电气照明节能设计》（06DX008-1）、《集中型电源应急照明系统》（04DX202-3）、《民用建筑消防安全疏散系统设计标准》（DB29-66）及规范进行设计，注意灯具、开关、插座的布置也是示意位置，标准层照明平面图画一层即可。如图 11-10～图 11-12 所示，设计过程如下：

（1）在某层建筑平面图上（删去一些和电气无关内容）按照实现的功能，画出所有照明箱、灯具、插座在其布置位置的电气图形符号，标注灯具数量、型号规格和安装方式（高度）。

（2）考虑使用操作方便、节省线路确定开关的安装位置，同一位置的开关采用多联开关，画出开关电气图形符号。

（3）画出线路垂直引点和引自、引至符号，并标注其回路编号、引自和引至的平面标高、敷设方式。

（4）画出进线点、照明箱、开关、灯具、插座、出线点之间的线路（主要表述线路水平走向），并标注其回路编号、线路型号规格及敷设方式、线根数（3 根及以上标注），暗敷线路走最近的路径，明敷线路以最近且美观为标准。

（5）材料表列出本图中配电箱、灯具、开关、插座、管线（该回路在本图上反映出来的全部管线），如表 11-1 所示。

表 11-1　　　　　　　　　　　　　　材　料　表

序号	名称	型号规格	数量	单位	备注
6	PVC 穿线管	$\phi 20$		m	
5	铜芯塑料线	BV-500　1.5mm^2		m	
4	开关	NEW7L、一开单控		个	正泰
3	开关	NEW7L、三开单控		个	正泰
2	单相 5 孔插座	NEW6T、五孔		个	正泰
1	荧光灯具	双管 TS、2×9W		具	正泰

（6）写出必要的文字说明。

图 11-10 一层照明平面图：表明了灯具、开关、应急照明和应急疏散指示的布置位置，线路的回路编号、型号规格、保护、敷设方式、走向和数量等。

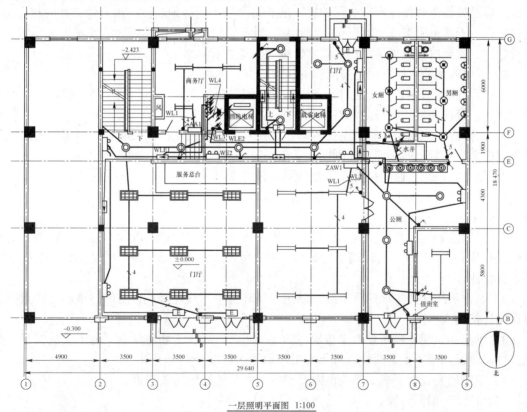

一层照明平面图 1:100

图 11-10　一层照明平面图

图 11－11　标准层照明平面图：高层建筑的大部分层的建筑布局和使用功能是完全相同的，即标准层。所以只用一张图表明了灯具、开关、应急照明和应急疏散指示的布置位置，线路的回路编号、型号规格、保护、敷设方式、走向和数量等，即标准层照明平面图。

图 11－12　插座布置平面图：插座属于照明的一部分，一般在一张图上表述。如果一张图无法表述清楚，可单独表述插座的布置位置，线路的回路编号、型号规格、保护、敷设方式、走向和数量等。

如果建筑物平面布置是对称的，经常采用一半画出照明灯具和线路部分平面图，一半画出插座和线路部分平面图，室内或单元内部结构布局完全相同或对称的只画出一个即可。

11.5.5　防雷与接地图设计

利用设计手册，根据《民用建筑电气设计与施工防雷接地》（08D800－8）、《民用建筑电气设计与施工室外布线》（08D800－7）等规范要求设计，同时视其周围建筑物高度、距离等综合考虑来设计。如图 11－13 所示，设计过程如下：

（1）防雷平面图设计。

1）把建筑不同的顶层平面图合为一张俯视图（删去一些和电气无关内容），标注各平面的标高。

2）依据建筑物防雷类别，以满足引下线间距为标准，画出利用柱内主筋作引下线的点（每个角点是必选点），并标注说明。

3）依据计算的年预计雷击次数、保护范围和规范要求，画出明设的避雷带和支架的布置，一般沿外墙顶敷设或利用金属护栏，遇到每个引下线必须连接；画出避雷针的布位图，避雷针不少于两根引下线与就近引下线连接，避雷针较高时说明基础做法或画出大样图；标注避雷带、支架材料及规格，标注避雷针编号、避雷针高度。

4）画出其他凸出屋面的金属构件的接地连线，并标注。

5）建筑平面面积较大、避雷带和避雷针设置高出屋面较多，必须设跨接线，可敷设于架空板下，标注跨接线材料及规格。

6）按照建筑物属于几类防雷得到均压环尺寸，再按照结构梁的布置，利用梁内两根主筋连接的环小于规范要求即可，画图表示出均压环的布置。

7）作出与照明类似的材料表，把所用材料相关内容填入。

8）文字说明设均压环的层（顶层板必须设）、支架高度及其他要求。

（2）防雷立面图设计。

1）选取能表述清楚的建筑立面图，画出避雷带、避雷针的布置图，标注避雷带、支架材料及规格和支架高度，标注避雷针编号、针高度，画出其他凸出屋面的金属构件的接地连线，并标注。

2）画出利用柱内主筋的引下线、画出均压环与引下线连接点、防侧击雷的连接点，也可画出连接的大样图。

3）画出测试端子和增设人工接地体的连接点，一般设于相对隐蔽又便于实施的引下线处；同时测试端子不少于两处、每个人工接地体的连接点不少于两个。

4）说明所有连接要求、接地电阻要求值、人工接地体的做法等。

（3）接地平面图设计。

基础接地平面图如图 11－14 所示。

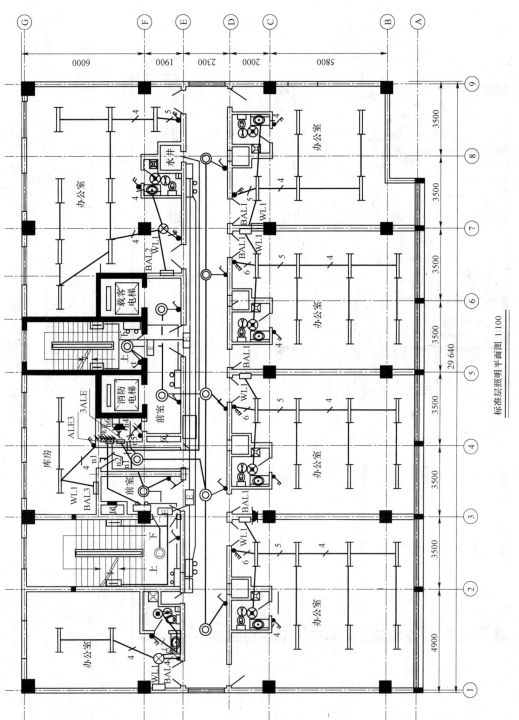

标准层照明平面图 1:100

图 11-11　标准层照明平面图

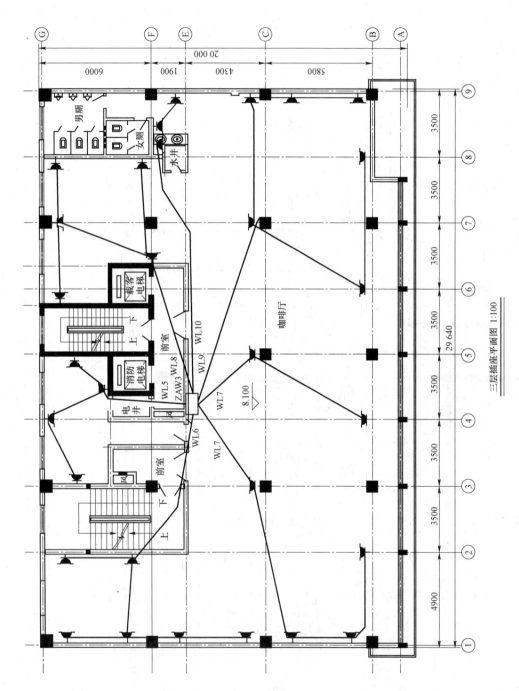

三层插座平面图 1:100

图 11-12 插座布置平面图

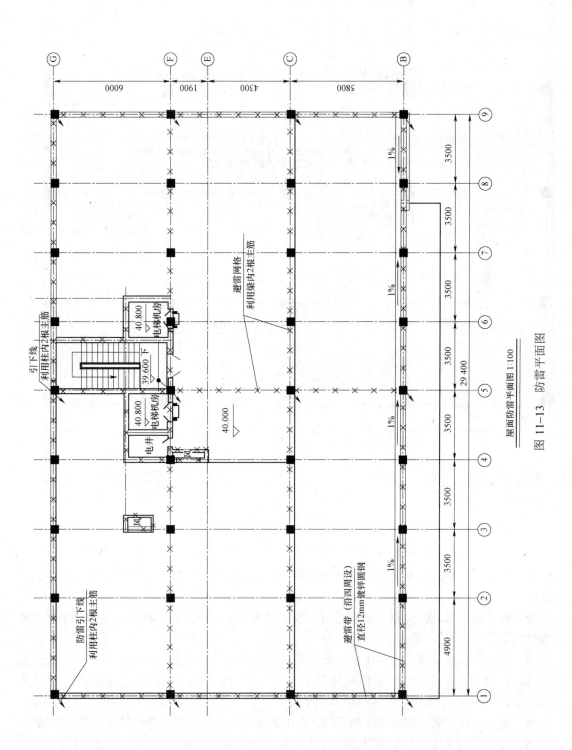

屋面防雷平面图 1:100

图 11-13　防雷平面图

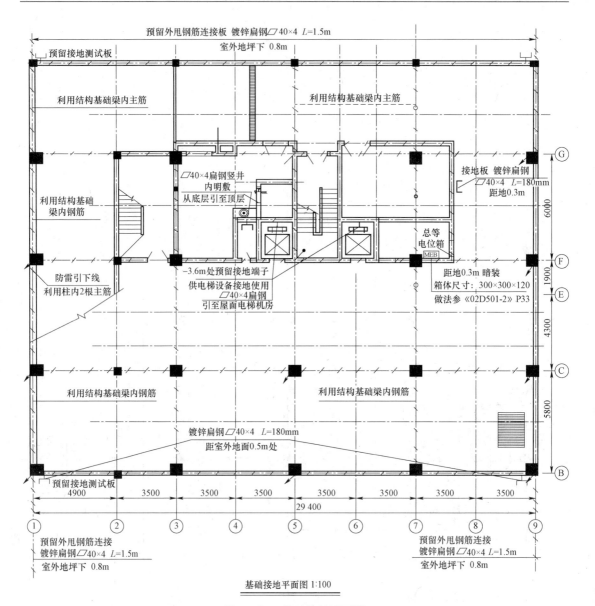

基础接地平面图 1:100

图 11-14　基础接地平面图

1）在建筑基础的底板或主梁布置平面图上，删去一些和电气无关内容，标注各平面的标高。

2）依据建筑物防雷类别，以满足引下线间距为标准，画出利用柱内主筋作引下线的点（每个角点是必选点），并标注说明。

3）依据计算的基础接地电阻值，如满足接地电阻要求值可预留两处增加人工接地装置的连接线，如不满接地电阻要求值则预留多处增加人工接地装置的连接线，连接点在冻土层以下且避开建筑物出入口，标注材料及规格。

4）预留不少于两处接地电阻测试端，画出其他设备间或金属构件的接地连线，并标注。

5）每个结构梁内不少于两根主筋与其他梁可靠焊接，形成闭环的电气接地网格。

6）作出与照明类似的材料表，把所用材料相关内容填入。

7）文字说明其他要求。

（4）等电位连接图设计。参照《低压配电设计规范》（GB 50054—2011）、《建筑物防雷设计规范》（GB 50057—2010）和国家标准图集《等电位联结安装》（D501-2）等进行设计。不同的系统、不同地线接地的连接点不同。

1）必须符合以下要求：

（a）电气装置均应设总等电位连接。通过建筑物的每个电源进线处的总等电位连接板把进线的中性线、保护母线、金属管道干管（给排水、热力、天然气等）、金属构件、接地装置连接在一起，几个电源进线的总等电位连接板必须互相连接，防止间接触电、改善电磁兼容。

（b）各种建筑的卫生间、洗浴设备均应作局部等电位连接，通过局部等电位连接板把保护母线、金属管道、金属构件连接在一起。如浴室、游泳池、手术室，使用手持式、移动式电器设备、电子信息系统和有特殊要求的地方。

（c）伸臂范围内或其他的外露可导电部分与装置外可导电部分连接在一起。

（d）连接线的截面、连接端子板，根据《低压配电设计规范》（GB 50054—2011）和标准图集《等电位连接安装》（D501-2）满足机械强度和连接线的要求。

2）设计等电位连接图。

（a）等电位连接系统图：画出反映总等电位箱、分等电位箱、局部等电位箱之间的连线图（类似供配电系统图），并标注箱编号、回路编号、线型号规格等，重要设备房、控制室均设独立等电位连接线与接地干线直接连接。

（b）画出平面图和局部等电位连接的大样图，如洗浴中心、卫生间、手术室、ICU病房、设备房。

（c）必要文字说明。

（5）电涌和静电保护图设计。设计时无法准确知道电子信息系统的规模和位置时，应将所有外露的金属物、混凝土中钢筋、金属管道、配电保护系统和防雷装置组成一个接地系统，在合适地方安装等电位连接板。对较大、可靠性要求较高的电子信息系统，需做好电涌和静电保护设计。

1）电涌保护系统图：从进入建筑物的总配电箱开始，采用 TN-S 系统，画出须装设电涌保护器（SPD）的回路，并标注说明型号规格。

2）按需保护设备的数量、耐压水平及要求的磁场环境设置屏蔽、安装电涌保护器和采用屏蔽线的不同组合方案，如图 11-15 所示典型方案。

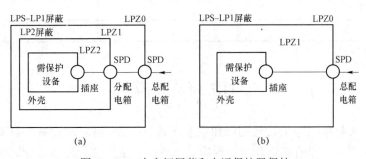

图 11-15 大空间屏蔽和电涌保护器保护
(a) 方案一；(b) 方案二

3）静电保护可利用建筑物内结构上的钢筋网，有门洞或局部没有时预留引出端，与后加屏蔽网连接；钢筋网密度不够可在内装修时专设屏蔽网；采用独立接地线接地即可。

4）必要文字说明相关事项。

11.6　电气设备材料表

根据《明细表的编制》（GB/T 19045—2003）和相关设计手册要求，从施工图设计图纸中抽出设备和材料（不含辅助材料）的型号规格及技术参数、数量、生产厂商等，填入表 11－2 中。

表 11－2　　　　　　　　　　电 气 设 备 材 料 表

项目名称	×××大厦		西安市××设计院		制表		
					校对		
子项			共　　页	第　　页	审核		
序号	设备名称		型号及规格		单位	数量	备注
1	发电机组				套		
2	发电机启动柜				台		
3	冷冻机启动柜				台		
4	水泵控制柜				台		
5	动力配电箱				个		
6	动力配电箱				个		
7	照明配电箱				个		
8	照明配电箱				个		
9	应急照明箱				个		
10	控制箱				个		
11	电力电缆				m		
12	塑料绝缘导线				m		
13	PVC 管				m		
14	镀锌钢管				m		
15	镀锌扁钢				m		
16	灯具				套		
17	开关				个		

11.7　预　　算

由预算专业人员根据施工设计图纸和主要设备材料表，同时对设备材料要自己进行数量核实，依据工程招标文件的规定和现行国家、地方工程量计算及取费规定，做出电气工程部分的造价。

习　题　11

1. 填空题

（1）高层建筑电气施工图设计（强电）主要包括_____图、_____图和_____图、_____图等。

（2）高层建筑供配电系统的主干线一般由_____和_____相结合方式构成，一般_____式直供大容量一、二级负荷，_____式供给各层小型设备。

（3）高层建筑中，一级负荷采用_____末端自动互投方式供电，二级负荷采用_____适当位置自动互投方式供电。

（4）高层建筑中的消防设备和用于消防时的设备，_____保护只报警不跳闸。

（5）高层建筑中的线路，一般管径大于____mm 时须明敷；每个回路应____穿管，不同支路不得共管敷设。

2. 简答题

（1）简述高层建筑电气施工图设计的内容和步骤。

（2）高层建筑电气设计时，收集哪些气象、地质资料？有何用途？

（3）高层建筑电气设计时，你认为应符合的主要规范有哪些？

（4）如何绘制供配电系统图？

（5）如何绘制平面（动力、照明）图？

（6）如何绘制防雷接地图？

3. 综合题

（1）某综合高层建筑高 98m，地上 25 层，凸出屋面楼梯间和设备房高 105m，地下两层。其中：1~4 层带有每层 1000m² 的裙房作为商场、5~12 层均为单间 60m² 宾馆用房、13~25 层均为 30m² 的标准办公用房，主体的层建筑面积均为 1200m²（长 60m、宽 20m）；地下二层的裙房部分为变电站、水箱和水泵房等设备用房，地下其余均为停车场。本建筑的主要设备：设 3 部均为 22kW 的客梯，其中一部为消防电梯；屋面设 2 台 15kW 送风机、2 台 15kW 排风机（均 1 用 1 备）、2 部 7.5kW 货梯和 6 部 7.5kW 自动扶梯供商场使用；地下每层均有 6 个 3kW 的排污泵，2 台生活水泵均 22kW（1 用 1 备）、2 台消防水泵均 30kW（1 用 1 备）；裙房顶装设 2×185kW 的中央空调机组。试计算其负荷容量并画出干线配电系统图、宾馆用房的户内配电箱系统图、地下二层的动力平面图、办公用房的照明平面图、防雷平面图（必须考虑未提及、规范中此建筑必须有的其他设施）。

（2）写出题（1）电气设计应遵守的主要规范。

第12章　高层建筑电气图审查

高层建筑电气工程设计相关的规范特别多，在从规划、设计、自查、校对、审核、审定、施工问题处理、验收等环节中，要把握的核心内容特别多，本章内容可为统称审查的工作提供一些参考。

12.1　图纸审查的必要性

12.1.1　保证工程质量的需要

（1）保证工程质量，尽可能及早发现、及时处理图纸存在的各种问题。

（2）各个设计阶段的自查，校对、审核、审定等环节审查别人的图纸，对图纸不符合规范条款和常见问题进行核查。且设计单位内部均设有对图纸质量、标准化等方面把关审查的专门机构。

12.1.2　工程顺利实施的需要

（1）建设单位组织（委托招标代理、投标方、施工和监理方等参加）的技术交底（答疑），并形成会议纪要分发相关单位，作为后续工程实施依据的需要。

（2）设计者在施工过程中处理现场问题以及竣工验收的需要。

12.2　规范的主要条款

12.2.1　供配电系统

（1）负荷等级与电源。

《民用建筑电气设计规范》（JGJ 16）规定：

电力负荷应根据对供电可靠性的要求及中断供电在政治、经济上所造成损失进行分级，并应符合下列规定。

1）符合下列情况之一时，应为一级负荷：

（a）中断供电将造成人身伤亡。

（b）中断供电将造成重大影响或损失。

（c）中断供电将破坏有重大影响的用电单位的正常工作，或造成公共场所秩序严重混乱。

在一级负荷中，当中断供电将发生中毒、爆炸和火灾等情况的负荷以及特别重要场所的不允许中断供电的负荷，应视为特别重要负荷。

2）符合下列情况之一时，应为二级负荷：

（a）中断供电将造成较大影响或损失。

（b）中断供电将影响重要用电单位的正常工作，或造成公共场所秩序混乱。

3）不属于一级和二级负荷者应为三级负荷：

（a）民用建筑中各类建筑物的主要用电负荷的分级，应符合《民用建筑电气设计规范》附录 A 的规定。

（b）当主体建筑中有一级负荷中特别重要负荷时，直接影响其运行的空调用电应为一级负荷；当主体建筑中有大量一级负荷时，直接影响其运行的空调用电应为二级负荷。

（c）区域性的生活给水泵、采暖锅炉房及换热站的用电负荷，应根据工程规模、重要性等因素合理确定负荷等级，且不应低于二级。

（d）一级负荷应由两个电源供电，当一个电源发生故障时，另一个电源不应同时受到损坏。

（e）对于一级负荷中特别重要负荷，应增设应急电源，并严禁将其他负荷接入应急供电系统。

（f）应急电源与正常电源之间必须采取防止并列运行的措施。

（g）下列电源可作为应急电源：

a）供电网络中独立于正常电源的专用馈电回路；

b）独立于正常电源的发电机组；

c）蓄电池。

（h）根据允许中断供电的时间，可以分别选择下列应急电源：

a）快速自动启动投入装置的独立于正常电源的专用馈电线路，适用于允许中断供电时间 15～30s。

b）带有自动投入装置的独立于正常电源的专用馈电线路，适用于允许中断供电时间大于电源切换时间的供电。

c）不间断电源装置（UPS），适用于要求连续供电或允许中断供电时间为毫秒级的供电。

d）应急电源装置（EPS），适用于允许中断供电时间为毫秒级的应急照明供电。

（i）电梯、自动扶梯和自动人行道的负荷分级，应符合本规范第 3.2 节的规定。消防电梯的供电要求应符合本规范第 13.9 节的规定。客梯的供电要求应符合下列要求：

一级负荷的客梯，应由引自两路独立电源的专用回路供电；二级负荷的客梯，可由两回路供电，其中一回路应为专用回路。

当二类高层住宅中的客梯兼作消防电梯时，其供电应符合本规范第 13.9.11 条的规定。

三级负荷的客梯，宜由建筑物低压配电柜以一路专用回路供电，当有困难时，电源可由同层配电箱接引。

（2）保护设置与设备。

1）《低压配电设计规范》（GB 50054—2011）规定：

（a）装置外可导电部分严禁作 PEN 线。

（b）在 TN-C 系统中，PEN 线严禁接入开关设备。

（c）配电线路的短路保护，应在短路电流对导体和连接件产生的热作用和机械作用造成危害之前切断短路电流。

（d）突然断电比过负荷造成的损失更大的线路，其过负荷保护应作用于信号而不应作用于切断电源。

（e）相线对地标称电压为 220V 的 TN 系统配电线路的接地故障保护，其切断故障回路的时间应符合下列规定：

a）配电线路或给固定式电气设备用电的末端线路，不应大于 5s。

b）供电给手握式电气设备和移动式电气设备的末端线路或插座回路，不应小于0.4s。

（f）剩余电流动作保护的设置应符合下列规定：

PE导体严禁穿过剩余电流动作保护器中电流互感器的磁回路。

（g）为减少接地故障引起的电气火灾危险而装设的漏电电流动作保护器，其额定动作电流不超过0.5A。

（h）当装设漏电电流动作的保护电气时，应能将其所保护的回路所有带电导体断开。在TN系统中，当不能可靠保证N线为地电位时，N线不需断开……

2）《民用建筑电气设计规范》（JGJ 16）规定：

（a）对于电压为0.4kV系统，开关设备的选择应符合下列规定：

低压配电系统采用固定式配电装置时，其中的断路器等开关设备的电源侧，应装设隔离电器或同时具有隔离功能的开关电器。当母线为双电源时，其电源或变压器的低压出现断路器和母线联络断路器的两侧均应装设隔离电器，与外部变配电所低压联络电源线路断路器的两侧，也均应装设隔离电器。

（b）当成排布置的配电屏长度大于6m时，屏后面的通道应设有两个出口。当两出口之间的距离大于15m时，应增加出口。

（c）特低电压配电应符合下列要求：

a）ELV系统的插头及插座应符合下列要求：

① 插头必须不可能插入其他电压系统的插座内；

② 插座必须不可能被其他电压系统的插头插入；

③ SELV系统的插头和插座不得设置保护导体触头。

b）安全特低电压回路应符合下列要求：

① SELV回路的带电部分严禁与大地、其他回路的带电部分及保护导体相连接；

② SELV回路的用电设备外露可导电部分不应与大地、其他回路的保护导体相、用电设备外露可导电部分及外界可导电部分相连接。

（d）ELV系统的保护，应符合下列规定：

当SELV超过交流25V或设备浸在水中时，SELV和PELV回路应具有下列基本防护：

带电部分必须设在防护等级不低于IP2X的遮拦后面或外护物里面，其顶部水平面栅栏的防护等级不应低于IP4X。

（e）低压电器的选择应符合下列规定。

a）选用的电器应符合下列规定：

电器的额定电压、额定频率应与所在回路标称电压和标称频率相适应。

b）严禁将半导体电器作隔离电器。

c）功能性开关电器应符合下列规定：

① 功能性开关电器应能适合于可能有的最繁重的工作制。

② 功能性开关电器可以仅控制电流而不必断开负载。

③ 不应将断开器件、熔断器和隔离器用作功能性开关电器。

d）功能性开关电器可采用下列器件：

① 开关；

② 半导体通断器件；

　③ 断路器；

　④ 接触器；

　⑤ 继电器；

　⑥ 16A 及以下的插头和插座。

　e）当多个低压断路器同时装入密闭箱体内时，应根据环境温度、散热条件及断路器的数量、特性等因素，确定降容系数。

　（f）三相四线制系统中四极开关的选用，应符合下列规定：

　a）保证电源转换的功能性开关电器应作用于所有带电导体，且不得使这些电源并联。

　b）TN-C-S、TN-S 系统中的电源转换开关，应采用切断相导体和中性导体的四极开关。

　c）正常供电电源和备用发电机之间，其电源转换开关应为四极开关。

　d）TT 系统的电源进线开关应采用四极开关。

　e）IT 系统中当有中性导体时应采用四极开关。

　（g）自动转换开关电器（ATSE）的选用应符合下列规定：

　a）应根据配电系统的要求，选择高可靠性的 ATSE 电器，其特性应满足现行国家标准《低压开关设备和控制设备》（GB/T 14048.11）的有关规定；

　b）ATSE 的转换动作时间，应满足符合允许的最大断开时间要求；

　c）当采用 PC 级自动转换开关电器时，应能承受回路的预期短路电流，且 ATSE 的额定电流不应小于回路计算电流的 125%；

　d）当采用 CB 级 ATSE 为消防负荷供电时，应采用仅具短路保护的断路器组成的 ATSE，其保护选择型应与上下级保护电器相配合；

　e）所选用的 ATSE 宜具有检修隔离功能，当 ATSE 本体没有检修隔离功能时，设计上应采取隔离措施；

　f）ATSE 的切换时间应与供配电系统继电保护时间相配合，并应避免连续切换；

　g）ATSE 为大容量电动机负荷供电时，应适当调整转换时间，在先断后合的转换过程中保证安全可靠切换。

　（h）同《低压配电设计规范》中的（c）。

　（i）配电线路过负荷保护，应在过负荷电流引起的导体温升对导体的绝缘、接头、端子或导体周围的物质造成损害前切断负荷电流。对于突然断电比过负荷造成的损害更大的线路，该线路的过负荷保护应作用于信号而不应切断电路。

　（j）保护电器的装设位置应符合下列规定：

　a）当配电线路的导线截面积减少或其特征、安装方式及结构改变时，应在分支或被改变的线路与电源线的连接处装设短路保护和过负荷保护电器。

　b）当分支或被改变的线路同时符合下列规定时，在与电源线路的连接处，可不装设短路保护和过负荷保护电器：

　① 当截面减少或被改变处的供电侧已按本规范 7.6.2～7.6.5 条的规定装设线路短路保护和过负荷保护电器，且其工作特性已能保护位于负荷侧的线路时；

　② 该段线路应采取措施将断路危险减至最小；

　③ 该段线路不应靠近可燃物。

　c）短路保护电器应装设在低压配电线路不接地的各相（或极）上，但对于中性点不接地且 N 导体不引出的三相三线配电系统，可只在两相（或极）上装设保护电器。

d）在 TT 或 TN－S 系统中，当 N 导体的截面与相导体相同，或虽小于相导体但能被相的保护电器所保护时，N 导体上可不装设保护。当 N 导体不能被相导体保护电器所保护时，应另在 N 导体上装设保护电器保护，并应将相应相导体电路断开，可不必断开 N 导体。

（k）同《低压配电设计规范》中的（e）。

（l）同《低压配电设计规范》。

（m）低压交流电动机的主回路设计应符合下列规定：

低压交流电动机的主回路应由隔离电器、短路保护电器、控制电器、过负荷保护电器、附加保护期间和导线等组成。

（n）低压交流电动机的控制回路设计应符合下列规定：

a）电动机控制按钮或控制开关，宜装设在电动机附近便于操作和观察的地点。在控制点不能观察到电动机或所拖动的机械时，应在控制点装设指示电动机工作状态的信号和仪表。

b）自动控制、联锁或远方控制的电动机，宜有就地控制和解除远方控制的措施，当突然启动可能危及周围人员时，应在机旁设置启动预告信号和应急断电开关或自锁式按钮。

对于自动控制或联锁控制的电动机，还应有手动控制和解除自动控制或联锁控制的措施。

c）对操作频繁的可逆运转电动机，正转接触器和反转接触器之间除应有电气联锁外，还应有机械联锁。

（o）电梯、自动扶梯和自动人行道的主电源开关和导线选择应符合下列规定：

a）每台电梯、自动扶梯和自动人行道应装设单独的隔离电器和保护电器；

b）主电源开关宜采用低压断路器；

c）低压断路器的过负荷保护特性曲线应与电梯、自动扶梯和自动人行道设备的负荷特性曲线相配合；

d）选择电梯、自动扶梯和自动人行道供电导线时，应由其铭牌电流及其相应的工作制确定，导线的连续工作载流量不应小于计算电流，并应对导线电压损失进行校验；

e）对有机房的电梯，其主电源开关应能从机房入口处方便接近；

f）对无机房的电梯，其主电源开关应设置在井道外工作人员方便接近的地方，并应具有必要的安全防护。

（p）机房配电应符合下列规定。

a）电梯机房总电源开关不应切断下列供电回路：

① 轿箱、机房和滑轮间的照明和通风；

② 轿箱、机房、底坑的电源插座；

③ 井道照明；

④ 报警装置。

b）机房内应设有固定的照明，地表的照度不应低于 200lx，机房照明电源应与电梯电源分开，照明开关应设置在机房靠近入口处。

c）机房内应至少设置一个单相带接地的电源插座。

d）在气温较高地区，当机房的自然通风不能满足要求时，应采取机械通风。

e）电力线和控制线应隔离敷设。

f）机房内配线应采用电线导管或电线槽保护，严禁采用可燃性材料制成的电线导管或电线槽。

（q）井道配电应符合下列规定。

a）电梯井道应为电梯专用，井道内不得装设与电梯无关的设备、电缆等。

b）井道内应设置照明，且照度不应小于 50lx，并应符合下列要求：

① 应在距井道最高点和最低点 0.5m 内各装一盏灯，中间每隔不超过 7m 的距离应装设一盏灯，并应分别在机房和底坑设置控制开关；

② 轿顶和井道照明电源宜为 36V，当采用 220V 时，应装设剩余电流动作保护器；

③ 对于井道周围有足够照明条件的非封闭式井道，可不设照明装置。

c）在底坑应装有电源插座。

d）井道内敷设的电缆和电线应是阻燃和耐潮湿的，并应使用难燃性电线导管或电线槽保护，严禁使用可燃性材料制成的电线导管或电线槽。

e）附设在建筑物外侧的电梯，其布线材料和方法及所用电器器件均应考虑气候条件的影响，并应采取防水措施。

（r）自动门应由就近配电箱（屏）引单独回路供电，供电回路应装设过电流保护。

3）《通用用电设备配电设计规范》（GB 50055—2011）规定：

（a）固定式日用电器的电源线，应装设隔离电器和短路、过载及接地故障保护电器。

（b）移动式日用电器的电源线及插座线路，应装设隔离电器和短路、过载及漏电保护电器。

（c）插座的形式和安装高度，应根据其使用条件和周围环境确定。需要连接带线接地的日用电器的插座，必须带接地孔。

（3）线路选择与敷设。

1）《低压配电设计规范》（GB 50054—2011）规定：

（a）选择导线截面，应符合下列要求：

a）线路电压损失应满足用电设备正常工作及其启动时端电压的要求；

b）按敷设方式及环境条件确定的导体载流量，不应小于计算电流；

c）导体应满足动稳定和热稳定的要求；

d）导体最小截面应满足机械强度的要求，固定敷设的导线最小截面应符合《低压配电设计规范》的规定。

（b）PE 线采用单芯绝缘导线时，按机械强度要求，截面不应小于下列数值：

a）有机械性保护时为 $2.5mm^2$；

b）无机械性保护时为 $4mm^2$。

（c）金属管、金属线槽布线宜用于屋内、屋外场所，但对金属管、金属线槽有严重腐蚀的场所不宜采用。

在建筑物的顶棚内，必须用金属管、金属线槽布线。

（d）明敷或暗敷于干燥场所的金属管布线应采用管壁厚度不小于 1.5mm 的电线管。直接埋于素土内的金属布线管，应采用水煤气钢管。

（e）穿金属管或金属线槽的交流线路，应使所有相线和 N 线在同一外壳内。

（f）不同回路的线路不应穿于同一根钢管内，但符合下列情况时可穿同一根管路内：

a）标称电压为 50V 以下的回路；

b）同一设备或同一流水作业线设备的电力回路和无防干扰要求的控制回路；

c）同一灯具的几个回路；

d）同类照明的几个回路，但管内绝缘导线总数不应多于 8 根。

（g）在同一管道内有几个回路时，所有的绝缘导线都应采用与最高标称电压回路绝缘等级相同的绝缘。

2）《民用建筑电气设计规范》（JGJ 16）规定：

（a）低压配电导体截面的选择应符合下列要求：

a）按敷设方式、环境条件确定导体截面，其导体载流量不应小于预期负荷的最大计算电流和按保护条件所确定的电流；

b）线路电压损失不应超过允许值；

c）导体应满足动稳定和热稳定的要求；

d）导体最小截面应满足机械强度的要求，配电线路每一相导体截面不应小于规定。

（b）导体敷设的环境温度与载流量校正系数应符合下列规定。

a）当沿敷设路径各部分的散热条件不相同时，电缆载流量应按最不利的部分选取。

b）导体敷设处的环境温度，应满足下列规定：

① 对于直接敷设在土壤中的电缆，应采用埋深处历年最热月的平均地温；

② 敷设在室外空气中或电缆沟时，应采用敷设地区最热月的日最高温度平均值；

③ 敷设在室内空气中时，应采用敷设地点最热月的日最高温度平均值，有机械通风的应按通风设计温度；

④ 敷设在室内电缆沟中时，应采用敷设地点最热月的日最高温度平均值加 5℃。

c）导体的允许载流量，应根据敷设处的环境温度进行校正，校正系数应符合《民用建筑电气设计规范》中的规定。

d）当土壤热阻系数与载流量对应的热阻系数不同时，敷设在土壤中的电缆载流量应进行校正，其校正系数应符合规定。

（c）中性导体和保护导体截面的选择应符合下列规定：

a）具有下列情况时，中性导体应和相导体具有相同截面：

① 任何截面的单相两线制线路；

② 三相四线和单相三线电路中，相导线截面不大于 $16mm^2$（铜）或 $25mm^2$（铝）。

b）保护导体必须有足够的截面，其截面可用下列方法之一确定：

当保护导体与相导体使用相同材料时，保护导体截面不应小于表 12-1 的规定。

表 12-1　　　　　　　　　　　　保护导体截面要求表

相导体的截面 S/mm^2	相应保护导体的最小截面 S/mm^2
$S \leqslant 16$	S
$16 < S \leqslant 35$	16
$S > 35$	$S/2$

c）TN-C、TN-C-S 系统中的 PEN 导体应满足下列要求：

① 必须有承受最高电压的绝缘；

② TN-C-S 系统中的 PEN 导体从某点分为中性导体和保护导体后，不得再将这些导

体互相连接。

（d）在 TN–C 系统中，严禁断开 PEN 导体，不得装设断开 PEN 导体的电器。

（e）直敷布线可用于正常环境室内场所和挑檐下的室外场所。

（f）建筑物顶棚内、墙体及顶棚的抹灰层、保温层及装饰面板内，严禁采用直敷布线。

（g）明敷于潮湿场所或埋地敷设的金属导管，应采用管壁厚度不小于 2.0mm 的钢导管。明敷或暗敷于干燥场所的金属导管宜采用管壁厚度不小于 1.5mm 的电缆管。

（h）电线或电缆在金属线槽内不得有接头。当在线槽内有分支时，其分支接头应设在便于安装、检查的部位。电线、电缆和分支接头的总截面（包括外护层）不应超过该点线槽内截面的 75%。

（i）电线电缆在塑料线槽内不得有接头，分支接头应放在接线盒内。

（j）电缆埋地敷设应符合下列规定：

埋地敷设的电缆严禁平行敷设于地下管道的正上方或下方。电缆与电缆及各种设施平行或交叉的净距离，不应小于规定。

3）《电力工程电缆设计规范》（GB 50217—2018）规定：

（a）在隧道、沟、线槽、竖井、夹层等封闭式电缆通道中，不得布置热力管道，严禁易燃气体或易爆液体的管道穿越。

（b）直埋敷设的电缆，严禁位于地下管道的正上方或正下方。

电缆与电缆、管道、道路、构筑物等相互间容许的最小距离应符合表 12–2 的要求。

表 12–2　　　　　电缆与电缆、管道、道路、构筑物等相互间容许的最小距离

电缆直埋敷设时的配置情况		平行	交叉
控制电缆之间		—	0.5*
电力电缆之间与控制电缆之间	10kV 及以下电力电缆	0.1	0.5*
	10kV 以上电力电缆	0.25**	0.5*
不同部门使用的电缆		0.5**	0.5*
电缆与地下管沟	热力管沟	2***	0.5*
	油管或易燃气管	1	0.5*
	其他管道	0.5	0.5*
电缆与铁路	非直流电气化铁路路轨	3	1.0
	直流电气化铁路路轨	10	1.0
电缆与建筑物基础		0.6***	—
电缆与公路边		1.0***	
电缆与排水沟		1.0***	
电缆与树木主干		0.7	
电缆与 1kV 以下架空线电杆		1.0***	
电缆与 1kV 以上架空线杆塔基础		4.0***	

　*　用隔板分割或电缆穿管时可为 0.25m；

　**　用隔板分割或电缆穿管时可为 0.1m；

　***　特殊情况可酌减且最多减少一半值。

（c）电缆保护管内壁应光滑无毛刺。其选择应满足使用条件所需的机械强度和耐久性，且应符合下列规定：

a）需采用穿管抑制对控制电缆的电气干扰，应采用钢管。

b）交流单芯电缆以单根穿管时，不得采用未分割磁路的钢管。

4）《建筑电气工程施工质量验收规范》（GB 50303—2015）规定：

三相或单相的交流单芯电缆，不得单独穿于钢导管内。

（4）接地与等电位。

1）《低压配电设计规范》（GB 50054—2011）规定：

（a）在有人的一般场所，有危险电位的裸带电导体应加遮护或置于人的伸臂范围以外。

（b）标称电压超过交流 25V（均方根值）容易被触及的裸带电体必须设置遮护物或外罩，其防护等级不应低于《外壳防护等级分类》（GB 4208—2017）的 IP2X 级。

（c）采用接地故障保护时，在建筑物内应将下列导体作等电位连接：

a）PE、PEN 干线；

b）电气装置接地极的接地干线；

c）建筑物内的水管、煤气管、采暖管和空调管道等金属管道；

d）条件许可的建筑物金属构件等导电体。

上述导电体在进入建筑物处接总等电位连接端子。等电位连接中金属管道连接处应可靠接地连通导体。

2）《民用建筑电气设计规范》（JGJ 16）规定：

（a）直接接触防护可采用下列方式：

应使设备置于伸臂范围以外的防护。能同时触及不同电位的两个带电部位间的距离，严禁在伸臂范围以内。计算伸臂范围时，必须将手持较大尺寸的导电物件计算在内。

（b）封闭式母线外壳支架应可靠接地，全长不应少于 2 处与接地保护导体（PE）相连。

（c）电梯机房、井道和轿厢中电气装置的间接接触保护应符合下列规定：

a）与建筑物的用电设备采用同一接地形式保护时，可不另设接地网。

b）与电梯相关的所用电器设备及导管、线槽的外露可导电部分均应可靠接地，电梯的金属构件，应采取等电位连接。

c）当轿厢接地线利用电缆芯线时，电缆芯线不得少于两根，并应采用铜芯导体，每根芯线截面不得小于 2.5mm^2。

3）《建筑电气工程施工质量验收规范》（GB 50303—2015）规定：

（a）接地（PE）或接零（PEN）支线必须单独与接地（PE）或接零（PEN）干线相连接，不得串联连接。

（b）电动机、电加热器及电动执行机构的可接近裸露导体必须接地（PE）或接零（PEN）。

（c）不间断电源输出端的中性线（N 极），必须与由接地装置直接引来的接地干线相连接，做重复接地。

（d）金属电缆桥架及其支架和引入或引出的金属电缆导管必须可靠接地（PE）或接零（PEN），且必须符合下列规定：

a）金属电缆桥架及其支架全长不少于 2 处与接地（PE）或接零（PEN）干线相连接。

b）非镀锌电缆桥架间连接板的两端跨接铜芯接地线，接地线最小允许截面积不小于

4mm²。

c）镀锌电缆桥架间连接板的两端不跨接接地线，但连接板两端不少于 2 个有放松螺母或放松垫圈的连接固定螺栓。

（e）金属电缆支架、电缆导管必须可靠接地（PE）或接零（PEN）。

（f）金属导管严禁对口熔焊连接；镀锌和壁厚小于等于 2mm 的钢导管不得套管熔焊连接。

（5）其他。

1）《低压配电设计规范》（GB 50054—2011）规定：

（a）配电室内除本室需用的管道外，不应有其他管道通过。室内管道上不应设置阀门和中间接头；水汽管道与散热器的连接应采用焊接。配电屏的上方不应敷设管道。

（b）配电室内的电缆沟应采取防水和排水措施。

（c）当严寒地区冬季室温影响设备的正常工作时，配电室应采暖。炎热地区的配电室应采取隔热、通风或空调等措施。

有人值班的配电室，宜采取自然采光。在值班人员休息间内设给水、排水设施。附近无厕所时宜设厕所。

（d）位于地下室和楼层内的配电室，应设设备运输的通道，并应设良好的通风和照明系统。

（e）配电室的门、窗关闭应密合；与室外相通的洞、通风口应设防止鼠、蛇类等小动物进入的网罩，其防护等级不宜低于《外壳防护等级》（GB 4208—2017）的 IP3X 级。直接与室外露天相通的通风口还应采取防止雨、雪飘入的措施。

（f）竖井的井壁应是耐火极限不低于 1h 的非燃烧体。竖井在每层楼应设维护检修门并应开向公共走廊，其耐火等级不应低于三级。同时楼层间应采取防火密封隔离；电缆和绝缘线在楼层间穿钢管时，两端管口空隙应作密封隔离。

2）《民用建筑电气设计规范》（JGJ 16）规定：

（a）竖井的井壁应是耐火极限不低于 1h 的非燃烧体。竖井在每层楼应设维护检修门并应开向公共走廊，其耐火等级不应低于三级。楼层间钢筋混凝土楼板或钢结构楼板应作防火密封隔离；线缆穿过楼板应进行防火封堵。

（b）竖井内高压、低压和应急电源的电气线路之间应保持不小于 0.3m 的距离或采取隔离措施，并且高压线路应设有明显标志。

12.2.2　防雷与接地

（1）防雷等级划分。

1）《建筑物防雷设计规范》（GB 50057—2010）。

（a）遇到下列情况之一时，应划为第一类防雷建筑物：

a）凡制造、使用或储存炸药、火药、起爆药、火工品等大量爆炸物品的建筑物，因电火花而引起爆炸，会造成巨大破坏和人身伤亡者；

b）具有 0 区或 10 区爆炸危险环境的建筑物；

c）具有 1 区爆炸危险环境的建筑物，因电火花而引起爆炸，会造成巨大破坏和人身伤亡者。

（b）遇到下列情况之一时，应划为第二类防雷建筑物：

a）国家级重点文物保护的建筑物；

b）国家级的会堂、办公建筑物、大型展览和博览建筑物、大型火车站、国宾馆、国家级档案馆、大型城市的重要给水水泵房等特别重要的建筑物；

（c）国际家计算中心、国际通信枢纽等对国民经济有重要意义且装有大量电子设备的建筑物；

（d）制造、使用或储存爆炸物质的建筑物，且电火花不易引起爆炸或不致造成巨大破坏和人身伤亡者；

（e）具有 1 区爆炸危险环境的建筑物，且电火花不易引起爆炸或不致造成巨大破坏和人身伤亡者；

（f）具有 2 区或 11 区爆炸危险环境的建筑物；

（g）工业企业内有爆炸危险的露天钢质封闭气罐；

（h）预计雷击次数大于 0.06 次/a 的省、部级办公建筑及其他重要或人员密集的公共建筑物；

（i）预计雷击次数大于 0.3 次/a 的住宅、办公楼等一般性民用建筑物。

注：与雷击次数有关时，应按照本规范附录一的规定进行防雷计算。

人员密集的公共建筑物指：集会、展览、博览、体育、商业、影剧院、医院、学校等建筑物。

（c）遇到下列情况之一时，应划为第三类防雷建筑物：

（a）省级重点文物保护的建筑物及省级档案馆；

（b）预计雷击次数大于或等于 0.012 次/a，且小于或等于 0.06 次/a 的省、部级办公建筑及其他重要或人员密集的公共建筑物；

（c）预计雷击次数大于或等于 0.06 次/a，且小于或等于 0.3 次/a 的住宅、办公楼等一般性民用建筑物；

（d）预计雷击次数大于或等于 0.06 次/a 的一般性工业建筑物；

（e）根据雷击后对工业生产的影响及产生的后果，并结合当地气象、地形、地质及周围环境等因素，确定需要防雷的 21 区、22 区、23 区火灾危险环境；

（f）在平均雷暴日数大于 15d/a 的地区，高度在 15m 及以上的烟囱、水塔等孤立的高耸建筑物以及在平均雷暴日数小于或等于 15d/a 的地区，高度在 20m 及以上的烟囱、水塔等孤立的高耸建筑物。

注：同上。

2）《民用建筑电气设计规范》（JGJ 16）。

（a）符合下列情况之一的建筑物，应划分为第二类防雷建筑物：

（a）高度超过 100m 的建筑物；

（b）国家级重点文物保护建筑物；

（c）国家级的会堂、办公建筑物、档案馆、大型博展建筑物，特大型、大型铁路旅客站，国际性的航空港、通信枢纽，国宾馆、大型旅游建筑物，国际港口客运站；

（d）国家级计算中心、国际级通信枢纽等对国民经济有重要意义且装有大量电子设备的建筑物；

（e）年预计雷击次数大于 0.06 的省、部级办公建筑及其他重要或人员密集的公共建筑物；

（f）年预计雷击次数大于 0.3 的住宅、办公楼等一般性民用建筑物。

（b）符合下列情况之一的建筑物，应划分为第三类防雷建筑物：

a）省级重点文物保护的建筑物及省级档案馆；

b）省级大型计算中心和装有重要电子设备的建筑物；

c）19 层及以上的住宅建筑和高度超过 50m 的其他民用建筑物；

d）年预计雷击次数大于或等于 0.12 且小于 0.06 的省、部级办公建筑及其他重要或人员密集的公共建筑物；

e）年预计雷击次数大于或等于 0.06 且小于 0.3 的住宅、办公楼等一般性民用建筑物；

f）建筑群中最高的建筑物或位于建筑群边缘高度超过 20m 的建筑物；

g）通过调查确认当地遭受过雷电灾害的类似建筑物，历史上雷害事故严重地区或雷害事故较多地区的较重要建筑物；

h）在平均雷暴日数大于 15d/a 的地区，高度大于或等于 15m 的烟囱、水塔等孤立的高耸构筑物以及在平均雷暴日数小于或等于 15d/a 的地区，高度大于或等于 20m 的烟囱、水塔等孤立的高耸构筑物。

（2）防雷与接地措施。

1）《建筑物防雷设计规范》（GB 50057—2010）。

（a）各类防雷建筑物应采取防直击雷和防雷电波侵入的措施。

第一类防雷建筑物和 12.2.2（1）、1）、（d）、d）、e）、f）款所规定的第二类防雷建筑物尚应采取防雷电感应的措施。

（b）装有防雷装置的建筑物，在防雷装置与其他设施和建筑物内人员无法隔离的情况下，应采取等电位连接。

（c）第一类防雷建筑物雷电波侵入措施，应符合下列要求：

a）室外配电线路宜全线采用电缆直接埋地敷设，在入户处将电缆金属外皮、钢管接到等电位连接带或防雷电感应的接地装置上，在入户处的总配电箱内是否装设 SPD 应根据具体情况确定。全线电缆直接埋地确有困难时，参照下面的（f）中的 b）。

b）架空金属管道在进出建筑物时，应与防雷电感应的接地装置相连。距离建筑物 100m 内的管道，应每隔 25m 左右接地一次，并宜利用金属支架或钢筋混凝土上支架的焊接、绑扎钢筋网作引下线……

埋地或地沟内的金属管道，在进出建筑物处亦应与防雷电感应的接地装置相连。

（d）一类防雷建筑物高度超过 30m 的建筑物，尚应采取以下防侧击和等电位的保护措施：

a）从 30m 起每隔不大于 6m 沿建筑物四周设水平避雷带并与引下线相连；

b）30m 及以上外墙上的栏杆、门窗等较大的金属物与防雷装置连接；

c）在电源引入的总配电箱处宜装设过电压保护器。

（e）二类防雷建筑物利用建筑物的钢筋作为防雷装置时应符合下列规定：

a）敷设在混凝土中作为防雷装置的钢筋或圆钢，当仅一根时其直径不应小于 10mm。被利用作为防雷装置的混凝土构件内有箍筋连接的钢筋，其截面积总和不应小于一根直径为 10mm 钢筋的截面积。

b）利用基础内钢筋网作为接地体时，在周围地面以下距地面不小于 0.5m，每根引下线所连接的钢筋表面积总和应符合下列表达式的要求，即

$$S_{ec} \geqslant 4.42 K_c^2$$

　　其中：S_{ec} 为表面积总和；K_c 为分流系数，单根引下线为 1；两根引下线及接闪器不成闭合环的多根引下线为 0.66；接闪器成闭合环或网状多根引下线为 0.44。

　　c）构件内有箍筋连接的钢筋或成网状的钢筋，其箍筋与钢筋的连接、钢筋与钢筋的连接应采用土建施工的绑扎法连接或焊接。单根钢筋或圆钢或外引预埋连接线、线与上述钢筋的连接应焊接或采用螺栓紧固的卡夹器连接。构件之间必须连接成电气通路。

　　（f）第二类防雷建筑物雷电波侵入措施，应符合下列要求：

　　a）当室外配电线路全线采用电缆直接埋地敷设或敷设在架空金属线槽内的电缆引入时，在入户端应将电缆金属外皮、金属线槽接地……

　　b）室外架空线应改换一段为埋地金属铠装电缆或护套电缆穿钢管直接埋地引入，其埋地长度应符合 $l \geqslant 2\sqrt{\rho}$ 且不应小于 15m。入户端电缆的金属外皮、钢管应与防雷的接地装置相连。电缆与架空线连接处尚应装设避雷器……

　　（g）二类防雷建筑物高度超过 45m 的钢筋混凝土结构、钢结构建筑物，尚应采取以下防侧击和等电位的保护措施：

　　a）钢构架和混凝土的钢筋应互相连接；

　　b）应利用钢柱或柱子钢筋作为防雷装置引下线；

　　c）应将 45m 及以上外墙上的栏杆、门窗等较大的金属物与防雷装置连接；

　　d）竖直敷设的金属管道及金属物的顶端和底端与防雷装置连接。

　　（h）三类防雷建筑物高度超过 60m 的建筑物，其防侧击和等电位的保护措施应符合上述二类防雷建筑物 a）、b）、d）款的规定，并应将 60m 及以上外墙上的栏杆、门窗等较大的金属物与防雷装置连接。

　　（i）接闪器应由下列的一种或多种组成：

　　a）独立避雷针；

　　b）架空避雷线或避雷网；

　　c）直接装在建筑物上的避雷针、避雷带或避雷网。

　　（j）接闪器布置应符合表 12-3 的规定。

表 12-3　　　　　　　　　　　　　　接 闪 器 布 置

建筑物防雷类别	滚球半径/m	避雷网网格尺寸/m
一类防雷建筑物	30	≤5×5 或≤6×4
二类防雷建筑物	45	≤10×10 或≤12×8
三类防雷建筑物	60	≤20×20 或≤24×16

　　（k）在工程的设计阶段不知道信息系统的规模和具体位置的情况下，若预计将来会有信息系统，在设计时将建筑物的金属支撑物、金属框架或钢筋混凝土的钢筋等自然构件、金属管道、配电的保护接地系统等与防雷装置组成一个公用接地系统，并应在一些合适的地方预埋等电位连接板。

　　（l）当电源采用 TN 系统时，从建筑物内总配电盘（箱）开始引出的配电线路和分支线路必须采用 TN-S 系统。

2)《民用建筑电气设计规范》(JGJ 16)。

(a)装有防雷装置的建筑物,在防雷装置与其他设施和建筑物内人员无法隔离的情况下,应采取等电位连接。

(b)不得利用安装在接收无线电视广播的共用天线的杆顶上的接闪器保护建筑物。

(c)当采用敷设在钢筋混凝土中的单根钢筋或圆钢作为防雷装置时,钢筋或圆钢的直径不应小于 10mm。

(d)建筑物防雷击电磁脉冲设计宜符合下列规定:

按建筑物电子系统的重要性和使用性质确定的防护等级应符合表 12-4 的规定。

表 12-4　　　　　　　　　　　　雷击电磁脉冲防护等级

雷击电磁脉冲防护等级	设置电子信息系统的建筑物
A 级	1. 大型计算中心、大型通信枢纽、国家金融中心、银行、机场、大型港口、火车枢纽站等 2. 甲级安全防范系统,如国家文物、档案馆的闭路电视监控 3. 大型电子医疗设备、五星级宾馆
B 级	1. 中型计算中心、中型通信枢纽、移动通信基站、大型体育场馆监控系统、证券中心 2. 乙级安全防范系统,如省级文物、档案馆的闭路电视监控 3. 雷达站、微波站、高速公路监控和收费系统 4. 中型电子医疗设备 5. 四星级宾馆
C 级	1. 小型通信系统、电信局 2. 大中型有线电视系统 3. 三星级以下宾馆
D 级	除上述 A、B、C 级以外的电子信息设备

(e)建筑物电子信息系统机房内的电源严禁采用架空线路直接引入。

(f)采用 TN—C—S 系统时,当保护导体与中性导体从某点分开后不应再合并,且中性导体不应再接地。

(g)IT 系统应符合下列基本要求:IT 系统必须装设绝缘监视及接地故障报警或显示装置。

(h)IT 系统中包括中性导体在内的任何带电部分严禁直接接地。IT 系统中的电源系统对地应保持良好的绝缘状态。

(i)除另有规定外,下列电气装置的外露可导电部分均应接地:

a)电机、电器、手持式及移动电器;

b)配电设备、配电屏与控制屏的框架;

c)室内外配电装置的金属构架、钢筋混凝土构架的钢筋及靠近带电部分的金属围栏等;

d)电缆的金属外皮和电力电缆的金属保护导管、接线盒和终端盒;

e)建筑电气设备的基础金属构架;

f)Ⅰ类照明灯具的金属外壳。

(j)下列部分严禁保护接地:

a)采用设置绝缘场所保护方式的所有电气设备外露可导电部分及外界可导电部分;

b)采用不接地的局部等电位连接保护方式的所有电气设备外露可导电部分及外界可导电部分;

c）采用电气隔离保护方式的所有电气设备外露可导电部分及外界可导电部分；

d）在采用双重绝缘及加强绝缘保护方式中的绝缘外护物里面的可导电部分。

（k）接地极的选择与设置应符合下列规定：

在满足热稳定条件下，交流电气装置的接地极应利用自然接地导体。当利用自然接地导体时，应确保接地网的可靠性，禁止利用可燃液体或气体管道、供暖管道及自来水管道作保护接地极。

（l）在地下禁止采用裸铝导体作接地极或接地导体。

（m）包括配线用的钢导管及金属线槽在内的外界可导电部分，严禁用作 PEN 导体。PEN 导体必须与相导体具有相同的绝缘水平。

（n）手持式电气设备应采用专用保护接地芯导体，且该芯导体严禁用来通过工作电流。

（o）浴池的安全防护应符合下列规定：

a）安全防护应根据所在区域，采取相应措施。区域的划分应符合本规范附录 D 的规定。

b）建筑物除应采取总等电位连接外，尚应进行辅助等电位连接。辅助等电位连接应将 0、1 区及 2 区内所有外界可导电部分与位于这些区内的外露可导电部分的保护导体连接起来。

c）在 0 区内，应采用标称电压不超过 12V 的安全特低电压供电，其安全电源应设于 2 区外的地方。

d）在使用安全特低电压的地方，应采取下列措施实现直接接触防护：

① 应采用防护等级至少为 IP2X 的遮拦或外护物；

② 应采用能耐受 500V 电压历时 1min 的绝缘。

e）不得采取用阻挡物及置于伸臂范围以外的直接接触防护措施，也不得采用非导电场所及不接地的等电位连接的间接接触防护措施。

f）除安装在 2 区内的防溅型剃须插座外，各区内所选用的电气设备的防护等级应符合下列规定：

① 在 0 区内应至少为 IPX7；

② 在 1 区内应至少为 IPX5；

③ 在 2 区内应至少为 IPX4（在公共浴池内应为 IPX5）。

g）在 0、1 区及 2 区内宜选用加强绝缘的铜芯电线或电缆。

h）在 0、1 区及 2 区内，非本地的配电线路不得通过，也不得在该区内装设接线盒。

i）开关和控制设备的装设应符合下列要求：

① 在 0、1 区及 2 区内，不应装设开关设备及线路附件，当在 2 区外安装插座时，其供电应符合下列条件：可由隔离变压器供电；可由安全特低电压供电；由剩余电流动作保护器保护的线路供电，其额定动作电流值不应大于 30mA。

② 开关和插座距预制淋浴间的门口不得小于 0.6m。

j）当未采用安全特低电压供电及安全特低电压用电器具时，在 0 区内应采用专用于浴盆的电器，在 1 区内只可装设电热水器，在 2 区内只可装设电热水器及Ⅱ类灯具。

（p）喷水池的安全防护应符合下列规定：

a）安全防护应根据所在不同区域，采取相应措施。区域的划分应符合本规范附录 F 的规定。

b）室内喷水池与建筑物除应采取等电位连接外，尚应进行辅助等电位连接；室外喷水池在 0、1 区域范围内均应进行等电位连接。

辅助等电位连接应将防护区内下列所有外界可导电部分与位于这些区域内的外露可导电部分，用保护导线连接，并经过总接线端子与接地网相连：

① 喷水池构筑物的所有外露金属部件及墙体内的钢筋；

② 所有成型金属外框架；

③ 固定在池上或池内的所有金属构件；

④ 与喷水池有关的电气设备的金属配件；

⑤ 水下照明灯具的外壳、爬梯、扶手、给水口、排水口、变压器外壳、金属穿线管；

⑥ 永久性的金属隔离护栏、金属网罩等。

c）喷水池的 0、1 区的供电回路的保护，可采用下列任一种方式。

① 对于允许人进入的喷水池，应采用安全特低电压供电，交流电压不应大于 12V；不允许人进入的喷水池，可采用交流电压不大于 50V 的安全特低电压供电。

② 由隔离变压器供电。

③ 由剩余电流动作保护器保护的供电线路，其额定动作电流不应大于 30mA。

d）在采用安全特低电压的地方，应采取下列措施实现直接接触防护：

① 应采用防护等级至少是 IP2X 的遮挡或外护物；

② 应采用能耐受 500V 试验电压、历时 1min 的绝缘。

e）电气设备的防护等级应符合下列规定：

① 0 区应至少为 IPX8；

② 1 区应至少为 IPX5。

3）《建筑物电子信息系统防雷技术规范》（GB 50343—2015）。

（a）需要保护的电子信息系统必须采取等电位连接与接地保护措施。

（b）防雷接地与交流工作接地、直流工作接地、安全保护接地共用一组接地装置时，接地装置的接地电阻必须按接入设备中要求的最小值确定。

（c）接地装置应优先利用建筑物的自然接地体，当自然接地体的接地电阻达不到要求时应增加人工接地体。

（d）子信息系统设备由 TN 交流配电系统供电时，配电线路必须采用 TN-S 系统的接地方式。

（e）基站的天线必须设置在直击雷防护区（LPZOB）内。

4）《住宅建筑规范》（GB 50368—2005）。

（a）住宅应根据防雷分类采取相应的措施。

（b）住宅配电系统的接地方式应可靠，并应进行等电位连接。

（c）防雷接地应与交流工作地、安全保护接地等共用一组接地装置，接地装置应优先利用住宅建筑的自然接地体，接地装置的接地电阻值必须按接入设备中要求的最小值确定。

12.2.3　照明系统

（1）《民用建筑电气设计规范》（JGJ 16）。

1）室内照明应采用高光效光源和高效灯具。在有特殊要求不宜使用气体放电光源的场所，可选用卤素灯或普通白炽灯光源。

2）备用照明、疏散照明的回路上不应设置插座。

3）卫生间的灯具位置应避免安装在便器或浴缸的上面及背后。开关宜设于卫生间门外。

4）高级住宅（公寓）的客厅、通道和卫生间，宜采用带指示灯的跷板式开关。

5）住宅内电热水器、柜式空调宜选用三孔 15A 插座；空调、排油烟机宜选用三孔 10A 插座；其他宜选用二、三孔 10A 插座；洗衣机插座、空调及电热水器插座宜选用带开关控制的插座；厨房、卫生间应选用防溅水型插座。

6）卫生间、浴室等潮湿且易产生雾气场所，宜采用防潮易清洁的灯具。

（2）《建筑照明设计标准》（GB 50034—2013）。

1）根据照明场所的环境条件，分别选用下列灯具：

（a）在潮湿的场所，应采用相应防护等级的防水灯具或带防水灯头的开敞式灯具；

（b）在有腐蚀性气体或蒸汽的场所，宜采用防腐蚀密闭式灯具，若采用开敞式灯具，各部分应有防腐蚀或防水措施；

（c）在高温场所，宜采用散热性能好、耐高温的灯具；

（d）在有尘埃的场所，应按防尘的相应防护等级选择适宜的灯具；

（e）在装有锻炼、大型桥式吊车等震动、摆动较大场所使用的灯具，应有防振和防脱落措施；

（f）在易受机械损伤、自行脱落可能造成人员伤害或财物损失的场所使用的灯具，应有防护措施；

（g）在有爆炸或火灾危险场所使用的灯具，应符合国家现行相关标准和规范的有关规定；

（h）在有洁净要求的场所，应采用不易积尘、易于擦拭的洁净灯具；

（i）在需防止紫外线照射的场所，应采用隔紫灯具或无紫光源。

2）直接安装在可燃材料表面的灯具，应采用标有 F 标志的灯具。

3）在一般情况下，设计照度值与照度标准值相比较，可有 $-10\% \sim +10\%$ 的偏差。

4）每一照明单相回路的电流不宜超过 16A，所接光源数不宜超过 25 个；连接建筑组合灯具时，回路电流不宜超过 25A，光源数不宜超过 60 个；连接高强度气体放电灯的单相分支回路的电流不应超过 30A。

5）供给气体放电灯的配电线路宜在线路或灯具内设置电容补偿，功率因素不应低于 0.9。

6）当采用 I 类灯具时，灯具的外露可导电部分应可靠接地。

7）安全特低电压供电应采用安全隔离变压器，其二次侧不应作保护接地。

（3）《住宅设计规范》（GB 50096—2011）。

1）每套住宅应设电能计量表。每套住宅的用电负荷标准及电能表规格不应小于相关的规定。

2）每套住宅的空调电源插座、电源插座与照明，应分路设计；厨房电源插座和卫生间电源插座宜设置独立回路。

3）住宅的公共部位应设人工照明，除高层住宅的电梯厅和应急照明外，均应采用节能自熄开关。

（4）《住宅建筑规范》（GB 50368—2005）。

1）电气线路的选材、配线应与住宅的用电负荷相适应，并应符合安全和防火要求。

2）住宅供配电应采取措施防止因接地故障等引起的火灾。

3）当应急照明采用节能自熄开关控制时，必须采取应急时自动点亮的措施。

4）每套住宅应设置电源总断路器，总断路器应采用同时断开相线和中性线的开关电器。

5）住宅套内的电源插座与照明应分路配电。安装在 1.8m 及以下的插座均应采用安全型插座。

6）10 层及 10 层以上住宅建筑的消防供电不应低于二级负荷要求。

7）10 层及 10 层以上住宅建筑的楼梯间、电梯间及其前室应设置应急照明。

8）住宅公共部位的照明应采用高效光源、高效灯具和节能控制措施。

9）住宅内使用的电梯、水泵、风机等设备应采取节电措施。

12.2.4　消防系统

（1）供配电系统。

1）《建筑设计防火规范》（GB 50016—2014）。

（a）高层建筑的消防控制室、消防水泵、消防电梯、防烟排烟设备、火灾自动报警、漏电火灾报警系统、自动灭火系统、应急照明、疏散指示标志和电动的防火门、窗、卷帘、阀门等消防用电，应按现行的国家标准《供配电系统设计规范》（GB 50052—2016）的规定进行设计，一类高层建筑应按一级负荷供电，二类高层建筑应按二级负荷要求供电。

（b）高层建筑的消防控制室、消防水泵、消防电梯、防烟排烟设备等的供电，应在最末一级配电箱处设置自动切换开关。

一类高层建筑自备发电设备，应设有自动启动装置，并能在 30s 内供电。二类高层建筑自备发电设备，当采用自动启动有困难时，可采用手动启动装置。

（c）消防用电设备应采用专用的供电回路，其配电设备应设有明显标志。其配电线路和控制回路宜按防火分区划分。

注：本条所规定的供电回路，系指从低压总配电室（包括分配电室）至最末一级配电箱，与一般配电线路均应严格分开。

（d）消防用电设备的配电线路应满足火灾时连续供电的需要，其敷设应符合下列规定：

a）暗敷设时，应穿管并应敷设在不燃烧体结构内且保护层厚度不应小于 30mm；明敷设时，应穿有防火保护的金属管或有防火保护的封闭式金属线槽；

b）当采用阻燃或耐火电缆时，敷设在电缆井、电缆沟内可不采取防火保护措施；

c）当采用矿物绝缘类不燃性电缆时，可直接敷设。

2）《建筑设计防火规范》（GB 50016—2014）。

（a）建筑物、储罐（区）、堆场的消防用电设备，其电源应符合下列规定：

a）下列建筑物、储罐（区）、堆场的消防用电应按二级负荷供电；

b）座位数超过 1500 个的电影院、剧院，座位数超过 3000 个的体育馆，任一层建筑面积大于 3000m² 的商店、展览建筑，省（市）级以上的广播电视楼、电信楼和财贸金融楼，室外消防用水量大于 25L/s 的其他公共建筑。

（b）消防应急照明灯具和灯光疏散指示标志的备用电源的连续供电时间不应少于 30min。

（c）消防用电设备应采用专用的供电回路，当生产、生活用电被切断时，应仍能保证消防用电。

（d）消防用电设备的配电线路应满足火灾时连续供电的要求，其敷设应符合下列规定：

暗敷时，应穿管并应敷设在不燃烧体结构内且保护层厚度不应小于 30mm。明敷时（包括敷设在吊顶内），应穿金属管或封闭式金属线槽，并采取防火措施。

3)《民用建筑电气设计规范》(JGJ 16)。

(a) 消防用电设备配电系统的分支线路,不应跨越防火分区,分支干线不宜跨越防火分区。

(b) 应急照明电源应符合下列规定:

备用照明和疏散照明,不应由同一分支回路供电,严禁在应急照明电源输出回路中连接插座。

4)《汽车库、停车库、停车场设计防火规范》(GB 50067—2014)。

消防用电设备的两个电源或两个回路应在最末一级配电箱处自动切换。消防用电的配电线路,必须与其他动力、照明等配电线路分开设置。

5)《固定消防炮灭火系统设计规范》(GB 50338—2016)。

系统配电线路应采用经阻燃处理的电线、电缆。

(2) 应急照明与疏散指示。

1)《建筑设计防火规范》(GB 50016—2014)。

(a) 高层建筑的下列部位应设置应急照明:

a) 楼梯间、防烟楼梯间前室、消防电梯间及其前室、合用前室和避难层(间);

b) 配电室、消防控制室、消防水泵房、防烟排烟机房、供消防用电的蓄电池室、自备发电机房、电话总机房以及发生火灾时仍需坚持继续工作的其他房间;

c) 观众厅、展览厅、多功能厅、餐厅和商业营业厅等人员密集的场所;

d) 公共建筑内的疏散走廊和居住建筑内走廊长度超过 20m 的内走道。

(b) 应急照明灯和灯光疏散指示标志,应设玻璃或其他不燃烧材料制作的保护罩。

(c) 应急照明和疏散指示标志,可采用蓄电池作备用电源,且连续供电时间不应少于 20min,高度超过 100m 的高层建筑连续供电时间不应少于 30min。

(d) 开关、插座和照明器靠近可燃物时,应采取隔热、散热等保护措施。

卤钨灯和超过 100W 的白炽灯泡的吸顶灯、槽灯、嵌入式灯的引入线应采取保护措施。

(e) 开关、插座和照明灯具靠近可燃物时,应采取隔热、散热等防火保护措施。

卤钨灯和额定功率不小于 100W 的白炽灯泡的吸顶灯、槽灯、嵌入式灯,其引入线应采取瓷管、矿棉等不燃材料作隔热保护。

超过 60W 的白炽灯、卤钨灯、高压钠灯、金属卤灯光源、荧光高压汞灯(包括电感镇流器)等不应直接安装在可燃装修材料或可燃构件上。

(f) 除住宅外的民用建筑、厂房和丙类仓库的下列部位,应设置消防应急照明灯具。

a) 封闭楼梯间、防烟楼梯间及其前室、消防电梯间的前室或合用前室;

b) 消防控制室、消防水泵房、自备发电机房、配电室、防烟与排烟机房以及发生火灾时仍需正常工作的其他房间;

c) 观众厅,建筑面积超过 400mm^2 的展览厅、营业厅、多功能厅、餐厅,建筑面积超过 200mm^2 的演播室;

d) 建筑面积超过 300mm^2 的地下、半地下建筑或地下、半地下室中的公共活动房间;

e) 公共建筑中的疏散走道。

(g) 建筑内消防应急照明灯具的照度应符合下列规定:

a) 疏散走道的地面最低水平照度不应低于 0.5lx;

b) 人员密集场所内的地面最低水平照度不应低于 1.0lx;

　　c）楼梯间内的地面最低水平照度不应低于 5.0lx；

　　d）消防控制室、消防水泵房、自备发电机房、配电室、防烟与排烟机房以及发生火灾时，仍需正常工作的其他房间的消防应急照明，仍应保证正常照明的照度。

　　（h）公共建筑、高层厂房（仓库）及甲、乙、丙类厂房应沿疏散走道和在安全出口、人员密集场所疏散门的正上方设置灯光疏散指示标志，并应符合下列规定：

　　a）安全出口和疏散门的正上方应采用"安全出口"作为指示标志；

　　b）眼疏散走道设置的灯光疏散指示标志，应设置在疏散走道及其转角处距地面高度 1.0m 以下的墙上，且灯光疏散指示标志间距不应大于 20m；对于袋形走道，不应大于 10m；在走道转角区，不应大于 1.0m；其指示标志应符合现行国家标准《消防安全标志》（GB 13495—2015）的有关规定。

　　（i）下列建筑或场所应在其疏散走道和主要疏散路线的地面上增设能保持视觉连续的灯光疏散指示标志或蓄光疏散指示标志：

　　a）总建筑面积超过 8000m² 的展览建筑；

　　b）总建筑面积超过 5000m² 的地上商店；

　　c）总建筑面积超过 500m² 的地下、半地下商店；

　　d）歌舞娱乐放映游艺场所；

　　e）座位数超过 1500 个的电影院、剧院，座位数超过 3000 个的体育馆、会堂或礼堂。

　　2）《民用建筑消防安全疏散系统设计标准》（DB 29—2013）。

　　（a）大型商场、博展馆、体育馆、影剧院、车站、码头、机场、歌舞厅、桑拿洗浴场所等公众聚集场所，应在其疏散走道和主要疏散路线的地面或靠近地面的墙面上，设置蓄光型或电光源型疏散指示标志，建筑安全出口处应设置火灾应急照明。

　　（b）设置消防安全疏散标志的建筑和场所，其安全出口应设置电光源型疏散指示标志。

　　（c）建筑高度超过 32m 的大型商场，建筑高度超过 50m 的医院、高级旅馆、综合楼，除设置疏散指示标志外，应在楼梯间及其前室、合用前室的地面或靠近地面的墙面上设置疏散导流标志。

　　（d）建筑高度超过 100m 的民用建筑（住宅除外），除设置疏散指示标志外，应在疏散走道、楼梯间及其前室、合用前室的地面或靠近地面的墙上设置疏散导流标志。

　　（e）地下商场、医院、歌舞娱乐放映游艺场所等地下民用建筑内的疏散走道应设置光电源型疏散指示标志，主要疏散路线的地面或靠近地面的墙上设置疏散导流标志。

　　3）《人民防空工程设计防火规范》（GB 50098—2009）。

　　人防工程的火灾疏散照明应由火灾疏散照明灯和火灾疏散标志等组成，其设置应符合下列规定：

　　（a）火灾疏散照明灯应设置在疏散走道、楼梯间、防烟前室、公共活动场所等部位，其最低照度值不应低于 5lx，其设置位置宜在墙面上或顶棚下；

　　（b）火灾疏散标志灯应由疏散方向标志灯和安全出口标志灯组成，疏散方向标志灯应设置在疏散走道、楼梯间及其转角处等部位，并宜距室内地坪 1.0m 以下的墙上，其间距不宜大于 15m，安全出口标志灯应设置在安全出口处，其位置宜在出口上部的顶棚下方墙面上。

　　歌舞娱乐放映游艺场所、商业营业厅疏散走道和其他主要疏散路线地面或靠近地面的墙上，应设置发光疏散指示标志。

（3）自动报警系统设置。

1）《建筑设计防火规范》（GB 50016—2014）。

（a）高层建筑内的歌厅、卡拉 OK 厅、夜总会、录像厅、放映厅、桑拿浴房、游艺厅、网吧等歌舞娱乐放映游艺场所，应设在首层或二、三层。

当必须设置在其他楼层时，尚应符合下列规定：

应设置火灾自动报警系统。

地下商店应符合下列规定：

应设置火灾自动报警系统。

（b）建筑物高度超过 100m 的高层建筑，除游泳池、溜冰场、卫生间外，均应设火灾报警系统。

（c）除住宅、商住楼的住宅部分、游泳池、溜冰场外，建筑高度不超过 100m 的一类高层建筑的下列部位应设置火灾自动报警系统：

a）医院病房楼的病房、贵重医疗设备室、病历档案室、药品库；

b）高级旅馆的客房和公共活动用房；

c）商业楼、商住楼的营业厅，展览楼的展览厅；

d）电信楼、邮政楼的重要机房和重要房间；

e）财贸金融楼的办公室、营业厅、票据库；

f）广播电视楼的演播室、播音室、录像室、节目播出技术用房、道具布景；

g）电力调度楼、防火指挥调度楼等的微波机房、计算机房、控制机房、动力机房；

h）图书馆的阅览室、办公室、书库；

i）档案馆的档案库、阅览室、办公室；

j）办公楼的办公室、会议室、档案室；

k）走道、门厅、可燃物品库房、空调机房、配电室、自备发电机房；

l）净高超过 2.60m 且可燃物较多的技术夹层；

m）贵重设备间和火灾危险性较大的房间；

n）经常有人停留或可燃物较多的地下室；

o）电子计算机房的主机房、控制室、质库、磁带库。

（d）二类高层建筑的下列部位应设火灾自动报警系统：

a）财贸金融楼的办公室、营业厅、票据库；

b）电子计算机房的主机房、控制室、介质库、磁带库；

c）面积大于 $50m^2$ 的可燃物品库房；

d）面积大于 $50m^2$ 的营业厅；

e）经常有人停留或可燃物较多的地下室；

f）性质重要或有贵重物品的房间。

（e）燃油或燃气锅炉、油电力变压器、充有可燃油的高压电容器和多油开关等用房受条件限制必须布置在民用建筑内时，不应布置在人员密集场所的上一层、下一层或贴邻，并应符合下列规定：

应设置火灾报警装置。

（f）柴油发电机房布置在民用建筑内时应符合下列规定：

应设置火灾报警装置。

（g）建筑中的疏散用门应符合下列规定：

人员密集场所平时需要控制人员随意出入的疏散用门，或设有门禁系统的居住建筑外门，应保证火灾时不需使用钥匙等任何工具即能从内部易于打开，并应在显著位置设置标识和使用提示。

（h）下列场所应设置火灾自动报警系统：

a）大中型电子计算机房及其控制室、记录介质库，特殊贵重或火灾危险大的机器、仪表、仪器设备室、贵重物品库房，设有气体灭火系统的房间；

b）每座占地面积大于 1000m² 的棉、毛、丝、麻、化纤及其织物的库房，占地面积超过 500m² 或总建筑面积超过 1000m² 的卷烟库房；

c）任一层建筑面积大于 1500m² 或总建筑面积大于 3000m² 的制鞋、制衣、玩具等厂房；

d）任一层建筑面积大于 3000m² 或总建筑面积大于 6000m² 的商店、展览建筑、财贸金融建筑、客运和货运建筑等；

e）图书、文物珍藏库，每座藏书超过 100 万册的图书馆，重要的档案馆；

f）地市级级以上广播电视建筑、邮政楼、电信楼，城市或区域性电力、交通和防灾救火指挥调度等建筑；

g）特等、甲等剧院或座位超过 1500 个的其他等级的剧院、电影院，座位数超过 2000 个的会堂或礼堂，座位数超过 3000 个的体育馆；

h）老年人建筑、任一层建筑面积大于 1500m² 或总建筑面积大于 3000m² 的旅馆建筑、疗养院的病房楼、儿童活动场所和大于等于 200 床位的医院的门诊楼、病房楼、手术部等；

i）建筑面积大于 500m² 的地下、半地下商店；

j）设置在地下、半地下或建筑的地上四层及四层以上的歌舞娱乐放映游艺场所等；

k）净高大于 0.8m 且有可燃物的闷顶或吊顶内。

（i）消防控制室的设置应符合下列规定：

a）单独建造的消防控制室，其耐火等级不应低于二级；

b）附设在建筑物内的消防控制室，宜设置在建筑物内首层的靠外墙部位，也可设置在建筑物的地下一层，但应按规定与其他部位隔开，并应设置直通室外的安全出口；

c）严禁与消防控制室无关的电气线路和管路穿过；

d）不应设置在电磁场干扰较强及其他可能影响消防控制设备工作的设备用房附近。

2）《火灾自动报警系统设计规范》（GB 50116—2017）。

（a）消防水泵、防烟和排烟风机的控制设备当采用总线编码模块控制时，还应在消防控制室设置手动直接控制装置。

下列部位应设置消防专用电话分机：

a）消防水泵房、备用发电机房、配变电室、主要通风和空调机房、排烟机房、消防电梯机房及其他与消防联动控制有关的且经常有人值班的机房；

b）灭火控制系统操作装置处或控制室；

c）企业消防站、消防值班室、总调度室。

（b）消防控制室、消防值班室或企业消防站等处，应设置可直接报警的外线电话。

（c）火灾自动报警系统应设专用接地干线，并应在消防控制室设置专用接地板。专用接地干线应从消防控制室专用接地板引至接地体。

（d）专用接地干线应采用铜芯绝缘导线，其线芯截面面积不应小于 $25mm^2$。专用接地干线宜穿硬质塑料管埋设至接地体。

（e）消防控制室内严禁与其无关的电气线路与管路穿过。

a）消防水泵、防烟和排烟风机的启、停，除自动控制外，还应能手动直接控制。

b）消防控制室在确认火灾后，应能切断有关部分的非消防电源，并接通警报装置及火灾应急照明灯和疏散标志灯。

c）消防控制室在确认火灾后，应能控制电梯全部停在首层，并接受其反馈信号。

3）《民用建筑电气设计规范》（JGJ 16）。

（a）下列民用建筑应设置火灾自动报警系统。

a）高层建筑：

① 有消防联动控制要求的一、二类高层住宅的公共场所；

② 建筑高度超过 24m 的其他高层民用建筑以及与其相连的建筑高度不超过 24m 的裙房；

b）多层及单层建筑：

① 9 层及 9 层以下的设有空气调节系统，建筑装修标准高的住宅；

② 建筑高度不超过 24m 的单层及多层公共建筑；

③ 单层主体建筑高度超过 24m 的体育馆、会堂、影剧院等公共建筑；

④ 设有机械排烟的公共建筑；

⑤ 除敞开式汽车库以外的 Ⅰ 类汽车库，高层汽车库、机械式立体汽车库、复式汽车库，采用升降梯作汽车疏散口的汽车库。

c）地下民用建筑：

① 铁道、车站、汽车库（Ⅰ、Ⅱ类）；

② 影剧院、礼堂；

③ 商场、医院、旅馆、展览厅、歌舞娱乐放映游艺场所；

④ 重要的实验室、图书馆、资料库、档案库。

（b）建筑高度超过 250m 的民用建筑的火灾自动报警系统设计，应提交国家消防主管部门组织专题研究论证。

4）《人民防空工程设计防火规范》（GB 50098—2009）。

下列人防工程或部位应设置火灾自动报警系统：

① 建筑面积大于 $500m^2$ 的地下商店和小型体育场所；

② 建筑面积大于 $1000m^2$ 的丙、丁类生产车间和丙、丁类物品仓库；

③ 重要的通信机房和电子计算机房，柴油发电机房和变配电室，重要的实验室和图书、资料、档案库房等；

④ 歌舞娱乐放映游艺场所。

5）《固定消防炮灭火系统设计规范》（GB 50338—2003）。

工作消防泵组发生故障停机时，备用消防泵组应能自动投入运行。

6）《采暖通风与空气调节设计规范》（GB 50019—2015）。

空气调节系统的电加热器应与送风机联锁，并应设无风断电、超温断电保护装置，电加热器的金属风管应接地。

12.3　图　纸　审　查

12.3.1　规范和标准的使用

（1）必须是有效规范和标准。

1）必须是最新规范和标准，注意修订后改变的内容。

2）注意规范和标准的适用范围，与建筑用途和定位有关。

3）设计手册、标准图集那些内容与新规范有不符的地方，使用时多注意。

（2）使用建筑性质和功能用途最贴近的规范。

1）首先在建筑性质和功能用途最贴近的规范和标准上查找对应问题的要求。

2）其次在相近、通用规范上查找对应问题的要求。

3）同一建筑多种功能用途时，按要求最高的标准实施。

（3）准确把握规范和标准。

1）把握好对应问题的重要程度，严格执行强制性条款。

2）多个规范中重复说明的内容一般都是基本的、比较重要的内容。

3）注意规范和标准中"严禁""禁止""应""不应""宜""不宜""可以""不得""必须"等语气词的准确理解。

12.3.2　常见问题审查

下面只能就主要常见问题罗列出来，以供图纸设计和审查中参考。

（1）供配电系统。

1）具体问题负荷等级把握不准，导致供电可靠性达不到要求或浪费资源。

2）系统接地形式问题，如距建筑物外墙 20m 以内的室外设施应与室内接地形式一致，大于 20m 采用 TT 接地形式；PE、PEN 干线、支线混乱，分开后又接一块等处理不当的问题。

3）供配电系统图、各级系统图不是最佳方案，所选器件性能与建筑档次不完全匹配，或相互间档次不一致。

4）对环境条件差，易短路和过负荷的回路、照明和插座应独立供电，尽可能不混在一个支路、一个回路供电。

5）剩余电流保护设置不合理，如消防电气回路设置、顶灯设置、插座不设置等情况均不符合规范要求。

6）设备远程操作和就近操作间联锁问题，如人防中必须有就地控制和就地解除集中控制的功能。

7）插座安装高度与型号问题，如有些场合应高一些（1.8m）并具有防溅等功能，低的应为安全型等。

8）等电位连接的接入点不合适，如重要或要求高的应与干线连接或独立连接线等。

9）电气竖井的设置位置、门位置、密封隔离和防火封堵问题。

（2）消防系统。

1）应急照明、安全出口标志、疏散标志和导流标志设置问题。各种走道、楼梯间、前室要求的设置标准不同。

2）满足照度要求，如消防控制室、水泵房、发电机房、防烟排烟机房等和正常照度相同，最少持续时间 30min。

　　3）消防设施专用回路供电，无关管路穿越消防控制室问题。

　　4）一级负荷、消防线路选择与敷设方式。

　　（3）雷电防护。

　　1）防雷的分类不准，导致定性要保护的内容、接闪器的保护范围和引下线间距都错了。

　　2）接闪器布置不合理，使所有设施未在接闪器的保护范围内。

　　3）外露金属设施接地遗漏。

　　（4）照明系统。

　　1）光源灯具问题，如显色性不合适、非高效节能光源和灯具。

　　2）照明功率密度超标，除住宅外其他均为强制条文。

　　3）分区控制的方式和采光、使用方式不一致。

　　4）能够节能的采取集中、自动控制方式。

　　（5）其他。

　　1）一些特殊场所不符合规范要求，如人防工程、汽车库、地下室设备房等。

　　2）图纸表述不清楚、有缺漏项、不规范、不统一、比例不协调等。

　　3）说明不全面、不完善、不确定，出现作废规范和标准等。

习 题 12

1. 填空题

（1）在_____中，当中断供电将发生中毒、爆炸和火灾等情况的负荷以及特别重要场所的不允许中断供电的负荷，应视为_____负荷。

（2）一级负荷应由_____供电，当一个电源发生故障时，另一个电源不应_____。

（3）装置外可导电部分严禁作_____线，在 TN－C 系统中，_____线严禁接入开关设备。

（4）对于突然断电比过负荷造成的损害更大的线路，该线路的_____保护应作用于信号而不应_____。

（5）电梯井道内照度不应小于____lx，应在距井道最高点和最低点 0.5m 内各装一盏灯，中间每隔不超过____m 的距离应装设一盏灯。

（6）敷设在室内电缆沟中的电缆，应采用敷设地点最热月的日最高温度平均值加____℃修正其载流量。

（7）高层竖井内高压、低压和应急电源的电气线路之间应保持不小于____m 的距离或采取隔离措施，并且_____应设有明显标志。

（8）接地（PE）或接零（PEN）支线必须单独与接地（PE）或接零（PEN）干线相连接，不得_____连接；在 TN－C 系统中，严禁断开_____线。

（9）一类防雷建筑物高度超过 30m 的建筑物，尚应采取_____和_____的保护措施；高度超过____m 的建筑物应划分为第二类防雷建筑物。

（10）每一照明单相回路的电流不宜超过____A，所接光源数不宜超过____个；供给气体放电灯的配电线路功率因数不应低于 0.9。

（11）高层住宅建筑的消防供电不应低于_____要求；建筑的楼梯间、电梯间及其前室应设置_____照明。

（12）一类防雷物避雷针的滚球半径为____m，避雷网格小于_____m 或_____m。

（13）自动转换开关 ATSE 不具备短路分断功能的是_____级，具备短路分断功能的是_____级。

（14）照明设计中实际照度值应在标准照度的_____范围内。

（15）应急照明和疏散指示在应急状态时，应具有_____点亮的功能。

（16）消防电梯在火灾确认后，应具有在_____时间内自动下降至_____的功能。

2. 简答题

（1）高层建筑供配电常见问题及措施有哪些？

（2）高层建筑中照明系统常见问题及措施有哪些？

（3）高层建筑防雷接地常见问题及措施有哪些？

（4）高层建筑消防供配电常见问题及措施有哪些？

第三篇

变电站电气工程设计

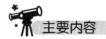 **主要内容**

（1）变电站的分类、主要设备，变电站设计的内容、依据和方法。

（2）变电站不同电压等级采用的接线方式，变压器和其他电气设备选择。

（3）变电站布置图包含的内容及设计要点。

（4）变电站二次接线图包含的内容及设计要求。

（5）变电站防雷和接地的内容、措施。

（6）变电站用电和变电站照明的内容，设计说明的作用。

 知识要点

（1）基本概念。变电站；电网；母联断路器；分段断路器；旁路断路器；动稳定校验；热稳定校验；互感器精度；室外变电站；独立变电站。

（2）知识点。

主变压器的台数和容量如何选取、短路电流计算的内容和作用。

高压电器选择一般原则、断路器选择、互感器选择。

变电站布置的总要求、维护通道、安全净距离。

控制和信号回路的要求、保护及整定计算的内容和方法。

户外高压电器装置防直击雷、雷电侵入的措施。

接地和等电位连接的要点。

站用电的功能和重要性。

（3）重点及难点。变电站主接线图设计、布置图设计、二次接线图设计、防雷接地设计、站用电和照明设计。

基本要求

具备完成中小型变电站主要图纸的设计能力。

变电站电气工程设计篇

第13章 变电站概述

目前我国的各行各业正处于高速发展阶段，而现代化的农业、工业、国防等所有行业的发展都必须以电气工程为基础，所有行业的正常运行都要使用电能。同时在国家大力发展清洁能源（水电、风电、太阳能、核电、海潮发电等）和智能化电网，采用超高压和特高压以及直流输电，区域和地区性的电网不断联网，各大发电公司就近建设电厂（煤、气转变为电能）等一系列举措下，新建、扩建和改造的电网数量很大、投资巨大。在电网中，变电站直接影响整个电力系统的安全与经济运行，是电能输送环节中连接发电厂和用户最重要的环节，起着变换和分配电能的作用。所以作为"电气工程及其自动化"专业的学生对变电站（所）相关知识的掌握非常重要和必要。

从"电气工程及其自动化"专业来说，变电站应包含电气工程（强电部分）和自动化（弱电部分）两部分内容。本篇讲述的是电气工程（强电）方面的内容，而自动化（弱电）方面的内容如变电站通信、调度、自动化和智能化等不属于本篇的范围。

本篇以相关国家标准和规范为依据，较系统地讲述变电站电气工程设计的内容。本篇本着重视理论基础、拓展专业知识面和加强理论应用的教学改革需要编写的，内容覆盖变电站电气工程设计的各个方面。本篇的主要特点是以工程应用作为出发点，力求做到深入浅出，通俗易懂，使读者能够对变电站电气工程设计有完整的、系统的了解与认识。

13.1 基 础 知 识

13.1.1 概念

（1）变电站（所）。它是电力系统中变换电压、接受和分配电能、控制电力流向和调整电压水平的重要电力设施，通过变压器可将各级电压的电网联系起来，形成电网中输电和配电的集结点，是发电厂（个别有直接升至特高压）、输电网、配电网及用户（特小型除外）都不可缺少的组成部分。

（2）换流站。它是在高压直流输电系统中，将交流电变换为直流电或者将直流电变换为交流电，并达到电力系统对于安全稳定及电能质量的要求而建立的站点。其中，背靠背换流站可实现异步电网的互联。

（3）电力网。它是在电力系统中，把由输电、变电、配电设备及相应辅助系统组成的联系发电与用电的统一整体称为电力网，简称电网。它主要由连接成网的输电线路、变电站（换流站）、配电所和配电线路组成。

我国的电网分为国家电网（25 个省）、南方电网（5 个省）和蒙西电网三个公司运营，其中国家电网又分为华北电网、华东电网、华中电网、西北电网、东北电网，南方电网包括广东、海南、贵州、广西、云南 5 省，同时个别省份又存在地方电网等不同模式。

13.1.2　变电站分类

变电站可以按照电压等级、在电网中的地位、用途、容量大小、形式等进行分类。

（1）按电压等级分类。

1）交流分为：中压变电站（66kV 及以下，包含 66kV、35kV、10kV、6.3kV）开闭所、箱式变电站；高压变电站（110～220kV，如 220kV，110kV）；超高压变电站（330～750kV，包含 750kV、500kV、330kV）；特高压变电站（1000kV 及以上，如 1000kV）。

2）直流分为：超高压（±300～±600kV）±500kV；特高压（±600kV 以上，如：±660kV、±750kV、±800kV、±1200kV）。

（2）按在电网中的地位分类。

1）枢纽变电站：位于电力系统的枢纽点，连接电力系统的高压和中压的几个部分，汇集多个电源点，出线回路多，变电容量大电压为 330～500kV 及以上的变电站，称为枢纽变电站。该类电站若出现全站停电，将引起系统解列，甚至出现瘫痪。

2）中间变电站：高压侧以交换潮流为主，起系统交换功率的作用，或使长距离输电线路分段，一般汇集 2～3 个电源点，电压为 220～500kV，同时又降压供给当地用电，这样的变电站主要起中间环节的作用，所以叫中间变电站。全站停电后将引起区域网解列。

3）地区变电站：高压侧一般为 110～220kV，对地区用户供电为主的变电站，这是一个地区或城市的变电站，全站停电后，仅使该区域中断供电。

4）终端变电站：在输电线路的终端，接近负荷点，高压侧多为 110kV，经降压后直接向用户供电即为终端变电站，全站停电后只是用户受到损失。

（3）按电压阶级分类。

1）一次变电站：承担主网上第一次降压任务的变电站就是一次变电站，由许多个一次变电站的出线共同形成了次级局域电网。

2）二次变电站：承担次级电网继续降压任务的变电站。

（4）按用途分类。按照变电站的功能用途分为电网系统的输电变电站、换流站、配电变电站，工矿企业变电站，铁路变电站（25kV）等，均为升压变电站或降压变电站。

（5）按形式分类。按照变电站主要设备安装地点分屋外变电站、屋内变电站、半屋外变电站、地下变电站、移动变电站等。

（6）按容量和馈线的多少分类。按照变电所规模和重要程度，分为大型变电站、中型变电站、小型变电站。

（7）按是否有人值班分类。按照变电站运行时是否有人值班，分为有人值班变电站和无人值班变电站，目前在大力实施无人值守的智能化变电站。

13.1.3　变电站组成

变电站可以从其所包含的设备（实物角度）、功能设计（技术角度）两个方面叙述其组成。

（1）变电站主要设备。变电站的电压等级、功能和连接方式不同，其主要设备差异很大。

1）主变压器：变压器是变电站的中心设备，连接几个电压等级，起着变换电压和传输能量的作用。变压器一般为三相三绕组结构，也有部分变压器采用自耦变压器，其中第三绕组为三角形接线。

2）开关设备、互感器。断路器（用来断开或闭合正常工作电流，也用来断开短路电流）、隔离开关（设备检修时用来隔离有电部分和无电部分）、负荷开关、高压熔断器等断开和闭合电路的开关设备；用于测量、计量、保护和控制用的互感器。

3）母线。变电站输送电能用的总导线，具有汇集、分配和传送电能的作用。

4）全封闭组合电器 GIS。把断路器、隔离开关、母线、接地开关、互感器、出线套管或电缆终端头等分别装在各自密封间中，并充以六氟化硫气体作为绝缘介质而组成的整体，代替上述 2）、3）。优点是结构紧凑、体积小、重量轻、不受大气条件影响、检修间隔长、无触电事故和电噪声干扰小等，缺点是价格贵，制造和检修工艺要求高。

5）仪表、继电保护装置。测量和计量仪表，各种非正常情况的保护装置。

6）信号和控制装置。具备反映变电站运行状态的各种信号以及改变其运行方式的控制功能的装置（包括远动）。

7）防雷保护装置。防止变电站遭受直接雷击或断路器操作等引起过电压的保护装置，包含避雷器和避雷针。避雷器的作用是防止雷电波沿线路侵入变电站危害电气设备绝缘，常用的避雷器有阀型避雷器和氧化锌避雷器。避雷针一般明显高于被保护物，实际是起引雷作用。

8）调度通信装置。用于保证电网安全、经济运行的调度通信装置。

9）无功补偿设备。用于提供无功、减少线路损耗的设备。如并联电容器的作用主要是进行无功补偿，调整网络电压；消弧线圈的作用是补偿系统发生单相接地时的电容电流。

（2）功能设计。

1）一次系统：由主接线，主变压器，高、中、低压开关设备或配电装置等组成。其中主接线是变电所最重要的组成部分，它决定着变电所的功能、建设投资、运行质量、维护条件和供电可靠性。一般分为单母线、双母线、一个半断路器接线（3/2 接线）和环形接线等形式。主变压器是变电所最重要的设备，它的性能与配置直接影响到变电所的先进性、经济性和可靠性。

2）二次系统：由继电保护和控制系统、直流系统、远动和通信系统等组成。继电保护分系统保护（包括输电线路和母线保护）和元件保护（包括变压器、电抗器及无功补偿装置保护）两类。控制方式一般分为直接控制和选控两大类。直接控制方式指一对一的按钮控制，对控制对象较多的变电所则控制盘数量太多、监视面太大，不能满足运行要求；选控方式具有控制容量大、控制集中、控制屏占地面积较小等优点，缺点是直观性较差，中间环节多。

3）电气布置：反映变电站所有电气设备、设施、线路等在平面、空间安装位置的布置图以及符合规范要求的环境条件图。

4）防雷接地、照明等。

13.2　设　计　依　据

在整个设计中必须满足如下要求：

13.2.1　符合针对性文件和资料

如设计委托合同（电压等级、容量、保护方式、功能等），建设单位提供的立项计划、建设和土地以及环保等部门批复、气象、地质等资料。

13.2.2　符合国家和地方的法规

即国家、各级政府主管部门颁布的规定、条例，如《中华人民共和国电力法》《中华人民共和国节约能源法》《电力供应与使用条例》《供电营业规则》《建设工程设计文件编制深度规定》等。

13.2.3　符合国家、行业、地区、企业的标准和规范要求

包括强制性标准、推荐标准、指导性技术文件、试行技术文件，作为电气设施制造和检

验、设计、施工和验收规范等。它是保证电网系统安全、可靠、经济运行的前提。

（1）国家标准。国家标准是由国家技术监督局、国家质量监督检验总局、国家标准化委员会等发布实施的。如：

工程建设标准强制性条文 电力工程部分 2011 版

GB/T 13534—1992	电气颜色标志的代号
GB/T 18135—2008	电气工程 CAD 制图规则
GB/T 5465.2—1996	电气设备用图形符号
GB/T 4728.7—2008	电气简图用图形符号
GB/T 7356—1987	电气系统说明书用简图的编制
GB/T 6988—2008	电气技术用文件的编制（第 1 部分：一般要求，第 2 部分：功能性简图，第 3 部分：接线图和接线表，第 4 部分：位置文件与安装文件，第 5 部分：索引）
GB/T 19678—2005	说明书的编制　构成、内容和表示方法
GB/T 19045—2003	明细表的编制
GB 50059—1992	35～110kV 变电所设计规范
GB 50053—1992	10kV 及以下变电所设计规范
GB 50052—1995	供配电系统设计规范
GB 50054—1995	低压配电设计规范
GB 50060—2008	3～110kV 高压配电装置设计规范
GB 50062—1992	电力装置的继电保护和自动装置设计规范
GB 50063—1992	电力装置的自动测量仪表装置设计规范
GB 50217—1994	电力工程电缆设计规范
GB 50260—1996	电力设施抗震设计规范
GB 50057—1994	建筑物防雷设计规范
GB 50034—2004	建筑照明设计标准
GB 50016—2006	建筑设计防火规范
GB 311.1—1997	高压输变电设备的绝缘配合
GB 19517—2004	国家电气设备安全技术规范
GB 14050—1993	系统接地的型式及安全技术要求
GB 7266—1987	电力系统二次回路电气控制台基本尺寸
GB 4208—2008	外壳防护等级（IP 代码）
GB/T 13869—2008	用电安全导则
GB/T 7267—2003	电力系统二次回路控制、保护屏及柜基本尺寸系列
GB/T 7268—2005	电力系统二次回路控制、保护装置用插箱及插件面板基本尺寸系列
GB/T 7269—2008	电子设备控制台的布局、型式和基本尺寸
GB/T 12325—2008	电能质量　供电电压偏差
GB/T 15543—2008	电能质量　三相电压不平衡
GB/T 12501—1990	电工电子设备防触电保护分类
GB/T 12501.2—1997	电工电子设备按电击防护分类

GB/T 14285—2006	继电保护和安全自动装置技术规程
GB/T 16435.1—1996	远动设备及系统 接口（电气特性）
GB/T 15148—2008	电力负荷管理系统技术规范
GB/T 25737—2010	1000kV 变电站监控系统验收规范
GB/T 26865.2—2011	电力系统实时动态监测系统
GB/T 13462—2008	电力变压器经济运行
GB/Z 25841—2010	1000kV 电力系统继电保护技术导则

（2）行业标准。由原电力部、水电部、能源部等制定发布，是最主要的依据，涵盖的标准文件数量多，且内容更为详细，如导则、要求、技术条件、技术规定、设计技术规定、技术规范、管理规程、整定规程、检验规程、运行评价规程、单项技术等，涉及整个电力系统的全过程。如：

DL 5009.3—1997	电力建设安全工作规程（变电所部分）
DL 504—1992	电力工程规划设计任务来源代码
DL 503—1992	电力工程设计代码
DL 5028—1993	电力工程制图标准
DL 755—2005	电力系统安全稳定导则
DL 5014—1992	330～500kV 变电所无功补偿装置设计技术规定
DL/T 5026—1993	电力工程计算机辅助设计技术规定
DL/T 5229—2005	电力工程竣工图文件编制规定
DL/T 5365—2006	电力数据通信网络工程初步设计内容深度规定
DL/T 5364—2006	电力调度数据网络工程初步设计内容深度规定
DL/T 5103—1999	35～110kV 无人值班变电所设计规程
DL/T 5218—2005	220～500kV 变电所设计技术规程
DL/T 5216—2005	35～220kV 城市地下变电站设计规定
DL/T 5223—2005	高压直流换流站设计技术规定
DL/T 5056—2007	变电站总布置设计技术规程
DL/T 723—2000	电力系统安全稳定控制技术导则
DL/T 5352—2006	高压配电装置设计技术规程
DL/T 5137—2001	电测量及电能计量装置设计技术规程
DL/T 5136—2001	火力发电厂、变电所二次接线设计技术规程
DL/T 5149—2001	220～550kV 变电所计算机监控系统设计规程
DL/T 5225—2005	220～500kV 变电所通信设计技术规定
DL/T 5025—2005	电力系统数字微波通信工程设计技术规程
DL/T 5157—2002	电力系统调度通信交换网设计技术规程
DL/T 5002—2005	地区电网调度自动化设计技术规程
DL/Z 886—2004	750kV 电力系统继电保护
DL/T 5147—2001	电力系统安全自动装置设计技术规定
DL/T 5222—2005	导体和电器选择设计技术规定
DL/T 575—1999	控制中心人机工程设计导则
DL/T 5391—2007	电力系统通信设计技术规定

DL/T 5003—2005	电力系统调度自动化设计技术规程
DL/T 5155—2002	220～500kV 变电所所用电设计技术规程
DL/T 5390—2007	火力发电厂和变电站照明设计技术规定
DL/T 5221—2005	城市电力电缆线路设计技术规定
DL/T 5220—2005	10kV 及以下架空配电线路设计技术规程
DL/T 5217—2005	220～500kV 紧凑型架空送电线路设计技术规定
DL/T 866—2004	电流互感器和电压互感器选择及计算导则
DL/T 5048—1995	电力建设施工及验收技术规范
DL/T 782—2001	110kV 及以上送变电工程启动及竣工验收规程
DL/T 5161—2002	电气装置安装工程质量检验及评定规程
DL/T 5344—2006	电力光纤通信工程验收规范
DL/T 5168—2002	110～500kV 架空电力线路工程施工质量及评定规程
DL/T 769—2001	电力系统微机继电保护技术导则
DL/T 969—2005	变电站运行导则
DL/T 593—2006	高压开关设备和控制设备标准的共用技术要求
DL/T 814—2002	配电自动化系统功能规范
DL/T 720—2000	电力系统继电保护柜 屏通用
DL/T 791—2001	户内交流充气式开关柜选用导则
DL/T 670—1999	微机母线保护装置通用技术条件
DL/T 770—2001	微机变压器保护装置通用技术条件
DL/T 537—2002	高压/低压预装箱式变电站选用导则
DL/T 1010—2006	高压静止无功补偿装置
DL/Z 981—2005	电力系统控制及其通信数据和通信安全
DL/Z 860—2004	变电站通信网络和系统
DL/Z 713—2000	500kV 变电所保护和控制设备抗扰度要求
SD 131—1984	电力系统技术导则（试行）
SD 325—1989	电力系统电压和无功电力技术导则（试行）
能源部	《电力系统电压和无功电力管理条例》

（3）地区或企业标准。它是在国家强制标准下，某地区（多个省）依据地域环境特点和技术水平等或企业依据其定位和发展战略等制定的标准。一般地方标准用 DB，企业标准用QB，但不是绝对的。如：

国家电网公司技术标准体系表（2009 版）

国家电网公司输变电工程可行性研究内容深度规定（试行）（2007）

Q/GDW 166—2007	输变电工程初步设计内容深度规定
Q/GDW 381.4—2009	国家电网公司输变电工程施工图设计内容深度规定
Q/GDW 156—2006	城市电力网规划设计导则
Q/GDW 203—2008	110kV 变电站通用设计规范
Q/GDW 341—2009	330kV 变电站通用设计规范
Q/GDW 342—2009	500kV 变电站通用设计规范

Q/GDW 347—2009	电能计量装置通用设计
Q/GDW 343—2009	信息机房设计及建设规范
Q/GDW 393—2009	110（66）～220kV 智能变电站设计规范
Q/GDW 394—2009	330～750kV 智能变电站设计规范
Q/CSG 20001—2004	变电运行管理标准
Q/CSG 20004—2005	电力系统电压质量和无功电力管理标准

13.2.4　必须依据设计手册和标准图进行设计

采用工程上的经验数据和常规作法，结合实际情况设计出最佳的方案。手册是符合标准和规范、为设计人员提供参考的方法、数据，标准图是符合标准和规范的典型案例和做法。

（1）各种手册。

《电力工程电气设计手册》1、2 册　　西北电力设计院编　　中国电力出版社
《电力工程电气设备手册》上、下册　　西北电力设计院编　　中国电力出版社
《电力工程设计手册》共 4 册，西北电力设计院、东北电力设计院、华东电力设计院编
上海人民出版社
《电力系统设计手册》　　　　　　　电力规划设计总院编　　中国电力出版社
《供配电系统图集》　　　　　　　　芮静康主编　　　　　　中国电力出版社
《电力工程高压送电线路设计手册》　国电公司　　　　　　东北电力设计院编
　　　　　　　　　　　　　　　　　　　　　　　　　　　中国电力出版社
《电力施工工程师手册》　　　　　　　　　　　　　　　　中国电力出版社
《电力工程师手册》　　　　　　　　东北电业管理局编　　中国电力出版社
《电气工程师手册》　　　　　　　　周鹤良主编　　　　　中国电力出版社
《实用电气工程设计手册》　　　　　上海市电气工程设计研究会主编
　　　　　　　　　　　　　　　　　　　　　　　　　　上海科学技术文献出版社
《工厂常用电气设备手册》　　　　　　　　　　　　　　水利电力出版社
《电力计算手册》　　　　　　　　　比特［美］编　　　中国电力出版社
《电力电缆选择手册》　　　　　　　　　　　　　　　　中国电力出版社
《电力工程材料手册》　　　　　　　　　　　　　　　　中国电力出版社
《实用电工手册》　　　　　　　　　　　　　　　　　　水利水电出版社
《实用电工手册》上、下册　　　　　　　　　　　　　　金盾出版社
《新电工手册》　　　　　　　　　　　　　　　　　　　安徽科学技术出版社
《新编实用电工手册（精）》　　　　周文森，黄金屏，等编　北京科学技术出版社

（2）标准图集。

国家电网公司　输变电工程典型设计 35kV 变电站分册（2006 年版）
国家电网公司　输变电工程典型设计 110kV 变电站分册
国家电网公司　220（110）kV 变电站典型设计实施方案编制和推广应用手册
国家电网公司　220kV 变电站通用设计标准
国家电网公司　输变电工程典型设计 330kV 变电站二次系统部分
国家电网公司　变电站智能化改造技术规范（2011）
国家电网公司　输变电工程标准工艺

南方电网公司　　　110～500kV 变电站标准设计（2011）

南方电网公司　　　10kV 配网标准设计（2011）

南方电网公司　　　10kV 和 35kV 配网标准设计（2011）

南方电网公司　　　标准设计和典型造价（2011）设计要点及详解

其他地区、省标准等。

13.2.5　必须查阅产品样本手册，选用适宜的设备和装置

（1）针对使用场所及要求，确定可选范围。

（2）熟悉各种产品的功能、性能参数、使用上主要差异情况。

（3）掌握产品的技术先进程度和价格等，与项目总体相协调。

（4）进行必要的生产厂家和使用情况的考察，实地了解情况。

（5）选取具有生产许可证、质量认证、入网认证、国家重点推广、节能环保、智能化程度高、成熟、合格的适宜产品。

13.3　所 需 知 识

13.3.1　专业知识

（1）主要专业课程知识：必须系统掌握电气工程及其自动化专业主要课程的知识，如《现代供电技术》《电力系统继电保护》《电气测量技术》《电气工程基础》《电力系统自动化装置》《电机学》《电力系统稳态分析》《电力系统暂态分析》《电力系统调度自动化》《电气 CAD 技术》等，对变电站电气设计来说《现代供电技术》《电力系统继电保护》《电气工程基础》《高电压技术》最重要。

（2）必须对相关《设计手册》《标准图》《设计规范》等真正理解、掌握，特别是强制性标准的条文，并能灵活运用。

（3）必须掌握目前新技术和设备的现状及发展方向，熟悉成熟的新技术、新设备、新材料、新工艺。

（4）熟练使用计算机进行绘图：即掌握通用 CAD 或专业 CAD。

13.3.2　其他知识

以下知识也是从事工程设计者必须具备的，但需要在工作中不断学习和积累，才能达到一定程度。

（1）掌握工程设计知识：如设计内容、设计流程、设计方法和设计中注意的问题，不同项目的设计程序、设计内容、专业间配合内容是不同的。

（2）掌握国家政策：国家、地方相关政策引导、调控的方向，行业未来的发展趋势。

（3）具备一定综合能力：即较好把握实际尺度的工程设计经验、工程建设中现场处理解决问题能力、项目方案评估、可行性审查、竣工验收等的综合能力。

13.4　设 计 内 容 和 方 法

13.4.1　设计内容

（1）方案设计。它主要是对变电站实现的全部功能编制设计说明书和投资及效益分析，一般必须经过方案论证（特别是大项目）才能进行初步设计。

1）设计说明书。对整个变电站的文字叙述说明，包括：设计依据、设计范围、变电站位置，重点是变电站系统的设计方案和主要设备选型（容量、电源数量、电压等级、主接线、运行方式、计量、保护、操作电源、功率因数补偿、站用电），防雷（类别、方法）、接地（方式、等电位、接地体）、通信、调度、照明（正常、应急）、消防、环保、节能等，必要的须附图说明。

2）投资及效益分析。由专业人员进行投资估算和效益分析。

（2）初步设计。它主要是设计说明书、设计图样、主要设备材料表和工程概算，此方案必须经过专家的可行性论证后才能进行施工图设计。

1）设计说明书：以文字叙述说明为主，对整个变电站从进线开始作以全面的说明，包括：设计依据（立项文件、合同、法规、地址资料、气象等）、设计范围、变电站位置（进线、出线方式）、变电系统（容量、电源数量、电压等级、主接线、运行方式、计量、保护、操作电源、功率因数补偿、站用电）、防雷（类别、方法）、接地（方式、等电位、接地体）、通信、调度、照明（正常、应急）、消防、环保、节能等。

2）设计图样：变电站平面布置图（变压器、母线、开关柜、控制屏、电源屏、信号屏等）、主要结构剖面布置图、变电站一次系统图、二次回路方案编号、防雷接地图等。

3）主要设备材料表：主要是设备名称、型号、规格、数量、生产厂家等。

4）工程概算：由专业人员完成。

5）设计计算书：对初设中负荷、变压器、母线、短路、防雷等的计算，仅限内部保存。

（3）施工图设计。此设计以初步设计方案和专家评审意见为依据。主要包括：图纸目录、施工设计说明书、施工图、设备材料表等。

整个设计过程中，互相关联、相互影响，如设备型号变化会使得对应的功能、形式、尺寸等都会有所不同，是反复相互修改的过程，最终形成的施工图可以将所有内容表示出来。

1）施工设计说明书：包括工程概况、变电站采用方案简介、工程特点、施工要求及注意事项、采用标准图集编号、设备订货要求、图例说明等。

2）变电站平、剖面布置图：对建筑物及建筑物内外各功能区的所有设施，如：变压器、开关、母线、线缆、开关柜、控制屏、电源屏、信号屏、补偿柜、控制箱、操作机构、塔架、支架、地沟、接地体等按比例绘制其平面布置图和剖面布置图。并以此图为依据设计出土建、水暖、空调通风等专业资料图，标明建筑物、地沟、过墙洞、支架、防护方式及基础等的详细尺寸。

3）一次电气系统图设计：按照规范方式画出系统图，首先在图中标注各器件的型号、规格、整定值等，如母线、变压器、断路器、开关、互感器、电工仪表等；其次在系统图下绘制表格对系统图中的每路情况进行说明，如回路编号、开关柜编号、开关柜型号、装机功率、计算电流、线路型规和敷设方式、出线回路名称（用户名称）、二次原理图编号等。

4）二次电气系统图设计：绘制计量、保护、控制、信号和操作电源的二次原理图，如在标准图集的基础上改动时，可只画出修改部分并说明要求，进行具体元器件参数计算和选用。如过负荷、电流速断、单相接地、零序电流保护、变压器温度和瓦斯保护等。

5）电力平面图：在变电站平面布置图上绘制出所有电器设备间的线路及敷设方式，一般应是对变电站平、剖面布置图中未反映出的线路进行补充和完善。

6）防雷接地图：防雷平面图是对建筑物、塔架等采用的避雷针（带）、引下线、接地装置等按比例绘制出图，并说明避雷针（带）、引下线、接地体的材料（标准图号）、规格、方式和要求。接地平面图是绘制出接地线、断接卡、接地极的平面图，说明材料（标准图号）、规格、方式和要求，并说明和其他中性点、等电位接地的关系。

7）站用电及照明：站用电应在满足规范的基础上在一次系统设计中考虑；变电站照明分正常照明、备用电源自动投入和应急照明；应画出平面照明图。

8）通信及智能化变电站：电话内线与外线、宽带与外网屏蔽防止外网攻击调度系统；采用成熟的智能化系统。

9）设备材料表：主要是设备名称、型号、规格、数量、单位、生产厂家等。

13.4.2　设计方法和过程

变电站的电压等级不同、重要程度不同、规模不同，变电站的形式、主要设备和国际规范的要求差别特别大，设计方法和所包含的内容也不同，故在本篇后续叙述中将从偏重理论技术的方面较笼统地讲述设计的内容。

变电站设计中电气工程及其自动化专业是龙头专业，其他专业均按照电气专业提出的要求完成相应的设计工作。

（1）学习已实施的整套竣工图，反复对照设计手册、规范、标准图、设备样本等，多问为什么，每个细节都必须弄清楚，还可采用的类似方案有哪些，分别具有的优缺点，比较不同方案的要点和核心。

（2）完全读懂图纸内容后，多去现场实地学习，头脑中具有实物立体概念，使图纸和实物融为一体。

（3）要有不耻下问的精神，请教有经验的专家、同事和现场操作人员，了解掌握一、二次系统构成、设备性能、便于操作维护等各方面的知识。

（4）设计过程可以参照类似的设计图和示范性典型案例进行，反复对照实现的功能、指标等进行修改。

（5）工程建设中多去现场，了解自己设计存在的问题，掌握解决办法，学习同行们的长处。

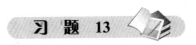

习 题 13

1. 填空题

（1）变电站是电力系统中_____、_____、_____和调整电压的电力设施，它通过_____将各级电压的电网联系起来，是输电和配电的集结点。

（2）电力网是指在电力系统中，把由_____、_____、_____设备及相应辅助系统组成的联系_____与_____的统一整体，主要由联结成网的输电线路、_____、配电所和_____组成。

（3）枢纽变电站是汇集多个电源和联络线或连接不同电力系统的重要变电站，位于电力系统的枢纽点，电压等级一般为_____kV 及以上。

（4）变电站最主要的设备是_____，母线的作用是_____电能。

2. 简答题

（1）组成变电站的主要设备有哪些？分别的用途是什么？

（2）变电站电气设计的依据是什么？

（3）变电站施工图设计要完成什么内容？

第14章 变电站主接线图设计

变电站电气主接线图就是一次电气系统图，是发电厂变电站的主要环节，电气主接线的拟订直接关系着全站（所）电气设备的选择、配电装置的布置、继电保护和自动装置的确定，是变电站电气部分投资大小的决定性因素。在满足总的要求情况下，完成满足具体要求的主接线设计、所用电器和设备的选型。

14.1 总 的 要 求

（1）符合国家和行业的政策、方针、发展方向。以下达的设计任务书为依据，根据国家现行的"安全可靠、经济适用、符合国情"的电力建设与发展的方针，严格按照技术规定和标准，结合工程实际的具体特点，准确地掌握原始资料，保证设计方案的可靠性、灵活性和经济性。

（2）基本要求。

1）满足可靠性、灵活性和经济性的要求，同时应满足供电质量的要求。

（a）主接线可靠性的具体要求：断路器检修时，不宜影响对系统的供电；断路器或母线故障以及母线检修时，尽量减少停运的回路数和停运时间，并要求保证对全部一级负荷和大部分二级负荷的供电；尽量避免变电站全部停运的可靠性。

（b）主接线灵活性的具体要求：电气主接线应能适应各种运行状态，并能灵活地进行运行方式的切换。

2）为了调度的目的，可以灵活地操作，投入或切除某些变压器及线路，调配电源和负荷能够满足系统在事故运行方式、检修方式以及特殊运行方式下的调度要求。

3）为了检修的目的，可以方便地停运断路器、母线及继电保护设备，进行安全检修，而不致影响电力网的运行或停止对用户的供电。

4）为了扩建的目的，可以容易地从初期过渡到其最终接线，使在扩建过渡时，无论在一次和二次设备装置等所需的改造为最小。

（3）电压等级不超过三种。

（4）最大、最小有功和无功负荷的平衡，为正确选择接线运行方式、设备提供依据。

14.2 变电站主接线设计

一个变电站的电气主接线包括高压侧、中压侧、低压侧以及变压器的接线。因各侧所接的系统情况不同，进出线回路数不同，其接线方式也不同。应本着具体问题具体分析的原则，按照《35～110kV 变电所设计规范》（GB 50059—2011）、《10kV 及以下变电所设计规范》（GB 50053—2013）、《供配电系统设计规范》（GB 50052—2009）、《35kV～110kV 无人值班变电所设计规程》（DL/T 5103—2012）、《220kV～500kV 变电所设计技术规程》（DL/T

5218—2012）、《35kV～220kV 城市地下变电站设计规定》（DL/T 5216—2017）、《220～500kV 变电所所用电设计技术规程》（DL/T 5155—2016）、《电流互感器和电压互感器选择及计算导则》（DL/T 866—2015）等，根据变电站在电力系统中的地位和作用、负荷性质、出线回路数、设备特点、周围环境及变电站规划容量等条件和具体情况，在满足供电可靠性、功能性、具有一定灵活性、拥有一定发展裕度的前提下，尽量选择经济、简单实用的电气主接线。

目前常用的主接线形式有单母线、单母线分段、单母线分段带旁路、双母线、双母线分段带旁路、一台半（3/2）断路器接线、桥形接线及线路变压器组接线等。

14.2.1 500～1000kV 侧接线

我国 500kV、750kV、1000kV 电压侧主要采用 3/2 断路器接线，其他接线方式有双母线三分段（或四分段）带旁路母线接线，变压器—母线接线和 3～5 角型接线。

（1）3/2 断路器接线。3/2 断路器接线也称为一台半断路器接线，一个回路由两台断路器供电的双重连接的多环形接线，如图 14-1 所示。

3/2 断路器接线主要优点如下：

1）供电可靠性高。每一回路有两台断路器供电，母线故障或断路器故障时只跳开与此母线相连的所有断路器，并不会导致出线停电；

2）运行调度灵活。正常运行两组母线和所有断路器都投入工作，形成多环路供电方式；

3）倒闸操作方便。隔离开关仅作为检修时用，对于母线停电的操作，不需要像双母线接线方式时进行倒负荷倒排操作，操作较简单。但检修断路器、母线或线路，只要涉及断路器检修，要注意二次回路的切换（主要是重合闸先投压板和失灵启动母差、失灵启动其他线路、失灵启动远跳等压板的投退）。

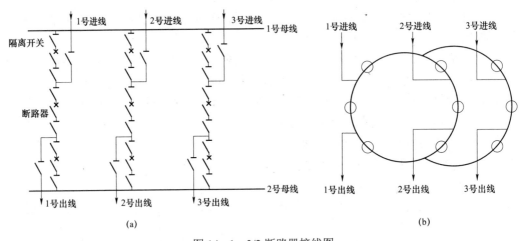

(a)　　　　　　　　　　　　　(b)

图 14-1　3/2 断路器接线图

一个回路连接两台断路器，一台中间断路器连接两个回路，使继电保护及二次回路比较复杂，要注意保护中关于"和电流"的设置问题。

一台半断路器接线至少应该设置三个串，才能形成多环，如图 14-1（b）所示，三个串形成三个环，当只有两个串时，只是形成单环，类同与角型接线。

（2）双母线三分段（或四分段）带旁路母线接线。当进出线为 6 回及以上时，一般采用双母线三分段（或四分段）带旁路母线的接线。如图 14-2 所示。

双母线三分段（或四分段）带旁路母线接线优点：

1）故障停电范围小，当母线故障或连接在母线上的断路器发生故障时，停电范围不超过整个母线的 1/3（三分段）或 1/4（四分段）。

2）为保证供电可靠性，每段母线接 2～3 个回路。电源与负荷需均匀分布在各段母线上。因母线复杂，要注意配置母线保护时，可靠性与灵活性的问题。

（3）变压器—母线接线。

变压器—母线接线，如图 14-3 所示。

变压器—母线接线的特点如下：

1）出线采用的是双断路器，可靠性高。假若线路比较多时，也可采用 3/2 断路器接线。

2）可将主变经隔离开关直接与母线连接，节省断路器。

3）若变压器发生故障，与故障变压器相连的母线上所有断路器跳开，不影响其他回路供电。将故障变压器隔离开关断开后，即可恢复母线供电，供电可靠性较高。

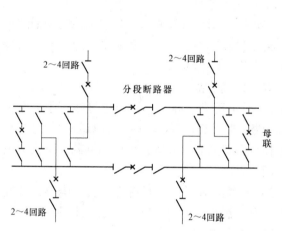

图 14-2　双母四分段接线图

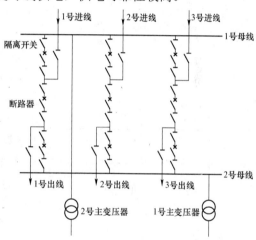

图 14-3　六回路时变压器—母线接线图

（4）3～5 角型接线。各断路器相互连接形成的闭环接线为角型接线，如图 14-4 所示。

角型接线的特点如下：

1）投资省，平均每回路只需装设一台断路器。

2）检修操作简单，单个回路由两台断路器供电，当任何一台断路器检修时，回路不停电。隔离开关只作为检修时隔离，不会造成误操作。

3）可靠性较高，当接线任何一回路发生故障时，只需切除这一段与其相连的元件，而不会造成系统其他回路停电。角型接线形成闭合回路，在闭环运行时，可靠性及灵活性较高。需注意的是，每一进线回路都连接两台断路器，每台断路器又连接两个回路，使继电保护及控制回路比较复杂。

14.2.2　35～330kV 侧接线

我国 35～330kV 接线分为有汇流母线的接线和无汇流母

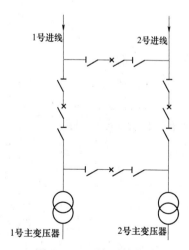

图 14-4　四角型接线图

线的接线。

有汇流母线接线包括单母线、单母线分段、双母线、双母线分段、增设旁路母线或者旁路隔离开关。

无汇流母线接线包括：变压器—线路单元接线、桥型接线、角型接线等。

（1）单母线接线。

优点：接线简单清楚，设备投入少，操作方便，便于扩建。

缺点：不够灵活，任何元件故障或者检修，会造成整个回路停电。

（2）单母线分段接线。

优点：母线分段后，重要负荷可以从不同段引入电源，增加重要负荷供电的可靠性。当一段母线故障时，可以切除故障母线，并不会造成无故障母线停电，有一定的可靠性。

缺点：当一段母线或者母线的隔离开关需要检修或者发生故障时，本段母线所有回路均需停电。

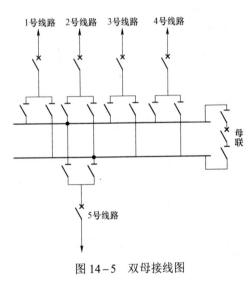

图 14-5　双母接线图

（3）双母接线。

双母接线两个母线同时工作，母线之间通过母联断路器相互连接，电源与负荷平均分配至两组母线上，如图 14-5 所示。

双母接线的特点如下：

1）供电可靠性高，检修一组母线时不会造成供电中断；当母线发生故障时，可以迅速恢复供电；检修任一回路的隔离开关，仅停本回路，不会造成其他回路停电。

2）调度灵活，任一回路可以通过隔离开关连接至任意一组母线上，可以适应系统中各种运行方式和潮流变化的需要。

3）增加一回路就会多增加一组母线隔离开关；当母线故障或者检修时，隔离开关作为倒闸操作的元器件，容易误操作，为避免这种情况的发生，应装设五防闭锁装置。

（4）增设旁路母线或者旁路隔离开关的接线。

设置旁路原则如下：

1）110kV 以下不设旁路设施；35kV 侧采用双母线时，一般不设旁路母线。

2）110～220kV 均设旁路母线，出线回路少利用分段断路器或母联断路器兼作旁路断路器，如图 14-6、图 14-7 所示；出线在 5 个回路以上设专用旁路断路器。

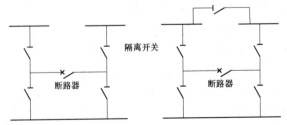

图 14-6　分段断路器兼作旁路断路器

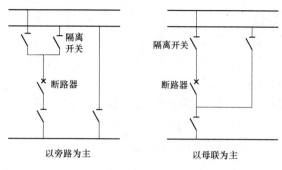

图 14-7　母联断路器兼作旁路断路器

（5）桥型接线。桥型接线分为内桥和外桥两种，如图 14-8 所示。

1）内桥接线。内桥接线的特点如下：

需要高压断路器少，四个回路只需要三台断路器，投资少；但变压器的切除和投入较为复杂，需动作两台断路器，并且影响一回线路暂时停运；桥接断路器检修时，需解列两个回路。

2）外桥接线。外桥接线的特点如下：

需要高压断路器少，四个回路只需要三台断路器，投资少；但线路的切除和投入较为复杂，需动作两台断路器，并且影响一台变压器暂时停运；桥接断路器检修时，需解列两个回路。

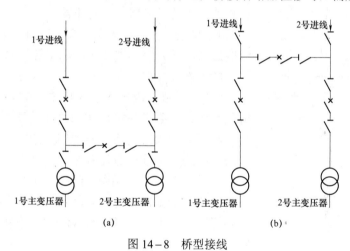

图 14-8　桥型接线

（a）内桥接线；（b）外桥接线

（6）角型接线。角型接线变压器与出线宜对角布置，其他特点详见本章 14.2.1 节。

（7）其他要求。

1）满足运行安全时，尽可能少用断路器，35～110kV 短路容量小、中小型变电站，优先选用高压熔断器。

2）110kV 以上的电网中性点一般均直接接地，3～60kV 的电网，当接地电流（容性电流）超过下列数值时，中性点应装设消弧线圈。

3～6kV 电网	30A
10kV 电网	20A
35～60kV 电网	10A

14.2.3　10kV 侧主接线

（1）常采用单母线和单母线分段运行方式。

（2）旁路根据网络连接情况和用户供电重要程度决定，出线回路少采用简易旁路，出线回路 8 个以上时设旁路母线和专用旁路断路器。

（3）为限制短路电流，一般变压器分列运行或在变压器回路装设电抗器。

（4）对大型变电站，一般采用在变压器的 10kV 侧串联分裂电抗器的接线，而不采用双母线。重要用户由双电源供电，负荷可以调整。

14.2.4　站用电主接线

站用电是变电站（站内交流系统和直流系统）正常运行最基本的保障条件，即使在事故状态下，必须保证一定时间内用于反映变电站运行状态的指示、自动装置的动作、站内照明等的用电，所以非常重要。

（1）站用变压器台数。

1）枢纽变电站一般设两台站用变压器，其他一般只装一台，但容量在 60MVA 以上需装两台变压器。

2）变电站中装有强迫油循环变压器或调相机时，应装设两台变压器。

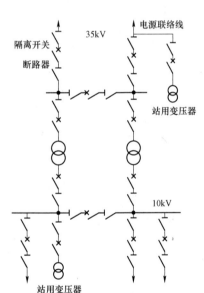

图 14-9　站用变压器接线图

3）能从变电站外引入可靠的 380V 备用电源时，需装两台变压器的可只装一台变压器。

4）采用直流操作电源或者无人值守的变电所，需装两台变压器，需分别连接在不同电压等级的电源上。

（2）接线要求。

1）对采用交流操作及采用整流装置得到直流操作电源的变电站，要求外接可靠的电源。外接难度很大时采用接于高压电源线路（断路器外侧）的变压器供电，与接于低压母线的变压器作为备用电源，如图 14-9 所示。

2）提高站（所）用电可靠性。可采取 10kV 有旁路母线的，所用变压器与旁路断路器接在不同母线上，变压器接到旁路母线上；无旁路母线的，所用变压器可以接在不同母线上。

3）高压侧尽量采用熔断器，低压侧采用 380/220V 中性点接地的三相四线制，动力和照明公用一个电源，设置检修电源。

14.3　负荷计算和短路计算

为变电站的正常运行和检测、判断、处理故障，提供电气开关、元器件、母线、蓄电池和装置选择的依据。

14.3.1　负荷计算

（1）计算内容。计算负荷又称为需要负荷或最大负荷。它作为一个假想的持续负荷，其热效应与同一时间内实际变动负荷产生的最大热效应相等。尖峰负荷是指在设备单台或者多台启动过程中电流增大（平滑日负荷曲线上持续 1～2s 最大负荷），作为计算电网电压损失、电压波动和电压下降的依据，作为选择电器和保护装置的依据。平均负荷是指在某段时间内设备消耗的电能与该段时间的比值。

1）主接线负荷：各回路的计算负荷、尖峰电流、平均负荷、线路损耗的功率、无功补偿的容量等。

2）站用电负荷：站内不同等级个功能单元用电负荷的容量、持续时间对应的蓄电池容量等。

（2）计算方法。

1）需要系数法：计算简便、精度一般、特别适合变电站计算。

2）利用系数法：基于概率论和数理统计，计算结果接近实际，计算较繁、精度高、特别适合企业功率已知的项目。

3）单位指标法：计算简便、误差大、特别适合民建和工业功率不明确的项目，一般用于设计前期。如照明的单位容量法和工业的单位产品耗电量法。

（3）确定设备功率。在进行负荷计算之前，必须把用电设备进行负荷分类，按照其使用性质不同分成不同的种类，然后确定设备功率。

设备不同，负载持续率不同，所以不同负载应换算为统一负载持续率下的有功功率。例如：设备连续工作时设备功率就等于额定功率；短时或周期工作的电动机（起重机）的设备功率就是将额定功率转换为统一负载持续率下的有功功率。

14.3.2　短路电流计算

根据短路电流计算的条件，对不同电压等级依据用途分别计算出系统可能发生的最大短路电流和最小短路电流。最大短路电流的值用以校验电气设备的动稳定、热稳定及分断能力，整定继电保护定值；最小短路电流的值作为校验继电保护装置灵敏系数。计算的内容和目的如下：

1）三相对称短路电流初始值（超瞬态短路电流）：校验高压电器的热稳定、整定继电保护装置（电流速断）。

2）三相对称开断电流（有效值）：校验电器开关设备的分断能力。

3）三相短路电流峰值（短路冲击电流）：校验电器开关的动稳定、校验断路器的额定关合电流。

4）三相稳态短路电流（有效值）：为计算其他短路电流提供依据。

5）两相稳态短路电流（有效值）：校验继电保护装置或熔断器的灵敏度。

6）对称短路容量：计算其他电网短路电流的依据。

7）单相接地短路电流：校验接地装置的接触电压和跨步电压。

（1）计算短路电流条件。

1）基本假定：正常工作时三相系统对称运行，电动势相位角相同，变压器和电机不考虑磁饱和、涡流等其他影响。电气元件计算参数只考虑额定值，不考虑误差和调整范围等。

2）一般规定：验算导体和电器的动、热稳定效应及电器的开断电流所用的短路电流，应按照设计规划容量计算，并考虑电力系统的远景发展规划（一般为本期工程建成后 5～10 年）。确定短路电流必须按照可能发生的最大短路电流的正常接线方式计算。动、热稳定以及电器的开断电流一般按三相短路验算，若两相短路电流或者单相、两相接地短路比三相短路严重时，应按最严重的情况计算。

（2）电器元件参数计算。高压短路电流计算一般只计及各元件（变压器、电抗器、线路等）的电抗。在短路电流计算中，为计算方便，应当在同一容量下对各元件电抗值采用标幺值计算。采用标幺值后，相电压和线电压的标幺值是相同的，单相功率和三相功率的标幺值也是相同的。计算公式详见《电力工程电气设计手册 电气一次部分》。

（3）等值网络参数的变换。在网络变换过程中，对短路点具有局部对称或者完全对称的网络，及同电位的点可以短接，其间电抗可以略去。对多电源并列的支路可以进行合并化简处理。计算公式详见《电力工程电气设计手册 电气一次部分》。

（4）三相短路电流的计算。

1）周期分量的计算：无限大系统供给短路电流和有限电源系统供给短路电流。

2）非周期分量的计算：单支路短路电流非周期分量计算和多支路短路电流非周期分量计算。

计算公式详见《电力工程电气设计手册 电气一次部分》。

（5）不对称短路电流计算。不对称短路电流计算可以采用对称分量法，将不对称的短路电流分解为三组对称的分量，最后采用迭代原理，求出实际的短路电流或者电压值。

计算公式详见《电力工程电气设计手册 电气一次部分》。

（6）短路电流热效应计算。主要计算短路电流在导体和电器元件中引起的热效应。

计算公式详见《电力工程电气设计手册 电气一次部分》。

14.4 变压器选择

14.4.1 主变压器

（1）主变容量。依据电力系统发电厂、供电网、配电网、用户变配电所的规划或负荷计算数据，计算出变压器处于经济运行状态时的容量。

1）一般按照变电所建成后 5～10 年的规划负荷，并适当考虑 10～20 年的负荷发展。对于城郊变电所，主变压器容量应与城市规划相结合。

2）根据变电所所带负荷的性质和电网结构来确定主变压器的容量。对于有重要负荷的变电所应当考虑当一台主变压器停运时，其余变压器容量在计及过负荷能力后的允许时间内，应保证用户的一级和二级负荷；对一般性变电所，当一台主变压器停运时，其余变压器容量应能保证全部负荷的 70%～80%。

3）同级电压的单台降压变压器容量的级别不宜太多，应从全网出发，推行系列化、标准化。

（2）主变台数。

1）一般和电力系统连接的主变压器不超过两组（如扩容时主变已有两台，也尽可能更换大容量主变），当只有一个电源或变电所的一级负荷有备用电源时可只装一组。

2）当装设两组及以上变压器时，每组容量应按任一组停运，其他容量保证一级负荷或全部负荷的 60～75%。

3）对大城市郊区的一次变电所，在中、低压侧已构成环网的情况下，变电所以装设两台主变压器为宜。

4）对于规划只装设两台主变压器的变电所，其变压器基础容量宜按大于变压器容量的1～2级设计，以便负荷发展时，更换变压器的容量。

（3）主变类型。

1）一般制造、运输和安装条件能满足的均采用三相变压器，但原只装设一组单相变压器组的枢纽变电站，最好选用一组单相变压器，且装设备用相。

2）与两个中性点直接接地系统连接的变压器，一般采用自耦变压器，需进行技术经济比较。

3）主变有调压要求的，应选用有载调压变压器。

4）具有三种电压等级的变电所应选用三卷变压器，如有两种电压的用户或与系统连接且每种电压的容量超过主变容量的15%，一般采用三卷变压器或自耦变压器。

5）三卷变压器阻抗：降压结构适用于一向中压母线供电为主、低压母线供电为辅的降压变电站，高压向中压送电同时低压向高压或中压输送部分功率。升压结构适用于一向低压母线供电为主、中压母线供电为辅的升压变电站，发电厂变电站的主变。

注：首先三卷变压器制造上有两种方式：升压结构—线圈排列为铁芯→中压绕组→低压绕组→高压绕组，中压绕组和高压绕组间的阻抗最大；降压结构—线圈排列为铁芯→低压绕组→中压绕组→高压绕组，低压绕组和高压绕组间的阻抗最大。其次降压结构变压器的无功损耗是升压结构的 160%～170%，需要补偿的无功较大，投资可观。最后三卷变压器的线圈排列不同（最大阻抗）对高压系统的稳定、继电保护、供电电压水平及调整等有很大影响。

6）分接头：升压变压器按照标准选择，即低压线圈线电压为额定电压105%，高中压线圈为110%，并带±2×2.5%的分接头；降压变压器运行时高压与低压同时给中压送电，高压线圈额定电压为100%，分接头可根据系统选用±2×2.5%、+1×2.5%、−3×2.5%、−4×2.5%。

14.4.2　站用变压器

（1）容量。依据不同性质的负荷进行计算得到计算负荷，如连续经常运行（主变压器风扇、浮充电机、锅炉房水泵、载波通讯电源、油断路器油箱和操作机构电热、户外开关端子箱电热、调相机循环水泵和润滑油泵、建筑物室内照明、户外配电装置照明、道路照明）、连续不经常运行（充电机、蓄电池室进排风）、断续不经常运行、短时经常运行、短时不经常运行进行分类计算。

（2）台数。依据主结线运行方式、变电站大小、重要程度等，选一台或两台互为备用。

14.5　高 压 电 器 选 择

14.5.1　一般要求

对不同类型的电器开关，选择的项目和条件是不同的，但也有相类似的条件，都应满足：

（1）正常工作条件。满足电压、电流、频率、开断电流能力、机械荷载等要求。

（2）短路条件。按最大可能通过的短路电流校验电器的动稳定性和热稳定性，额定关合电流，开断短路电流的能力。

（3）环境条件。使用场所（户内或户外）、环境温度、湿度、海拔高度、防尘、防腐、防火、防爆等的要求，工作时产生的噪声和电磁干扰等。

（4）过电压能力及绝缘。额定短时工作过电压及雷电冲击过电压下的绝缘配合要求。

（5）其他。不同电器的特点要求，如开关的操作性能、熔断器的保护配合特性、互感器的准确度等级。

14.5.2　断路器选择

在满足正常使用环境（否则按特殊要求生产），根据使用场所和电压等级及对机械寿命和电寿命要求，按户内还是户外、操作机构等选用不同性能级别的断路器，如六氟化硫断路器、真空断路器（35kV 及以下）、少油断路器、空气断路器等，选择项目如下：

（1）电压选择。额定电压符合线路标称电压，最高工作电压大于线路最高运行电压。

（2）电流选择。额定电流大于回路在各种工作方式下最大持续工作电流。

（3）频率选择。额定频率等于电网工频 50Hz。

（4）断流量选择。额定短路开断电流大于断路器出线端子处的最大三相对称开断电流；用于开断电缆线路时，额定充电开断电流大于电缆充电电流。

（5）峰值耐受电流（动稳定性校验）。额定峰值耐受电流大于安装处的最大三相短路电流峰值。

（6）短时耐受电流（热稳定性校验）。安装处短路电流初始值和持续时间产生的热效应满足如下公式：

$$(额定短时耐受电流)^2 \times (短路时间4s) \geq (最大三相对称短路电流)^2 \times [(持续时间) + 0.05]$$

（7）短路关合电流。额定短路关合电流大于安装处最大三相短路电流峰值。

（8）过电压能力。满足雷电冲击耐受电压和短时工频耐受电压（1min 有效值）指标。

14.5.3　负荷开关选择

在满足正常使用环境（否则按特殊要求生产），根据使用场所和电压等级及对机械寿命和电寿命要求，按户内还是户外、操作机构等选用不同性能级别的负荷开关，如真空负荷开关、六氟化硫负荷开关、压气式负荷开关等，一般用于 35kV 及以下，选择项目如下：

（1）电压选择。额定电压符合线路标称电压，最高工作电压不低于线路最高运行电压。

（2）电流选择。额定电流大于回路在各种工作方式下最大持续工作电流。

（3）频率选择。额定频率等于电网工频 50Hz。

（4）开断电流选择。额定有功负荷开断电流大于最大可能的过负荷电流；用于开断电缆线路时，最大充电电流大于额定电缆充电开断电流；用于开断空载变压器（不大于 1250kVA）时，变压器空载电流不大于额定空载变压器开断电流（额定电流 1%）。

（5）峰值耐受电流（动稳定性校验）。额定峰值耐受电流不小于安装处的最大三相短路电流峰值。

（6）短时耐受电流（热稳定性校验）。满足安装处短路电流初始值和持续时间产生的热效应：

$$(额定短时耐受电流)^2 \times (短路时间4s) \geq (最大三相对称短路电流)^2 \times [(持续时间) + 0.05]$$

（7）短路关合电流。额定短路关合电流大于安装处最大三相短路电流峰值。

（8）过电压能力。满足雷电冲击耐受电压和短时工频耐受电压（1min 有效值）指标。

14.5.4　隔离开关选择

在满足正常使用环境（否则按特殊要求生产），根据使用场所和电压等级及对机械寿命和电寿命要求，按户内还是户外、操作机构等选用不同功能的带接地开关，选择项目如下：

（1）电压选择。额定电压符合线路标称电压，最高工作电压大于线路最高运行电压。

（2）电流选择。额定电流大于回路在各种工作方式下最大持续工作电流。

（3）频率选择。额定频率等于电网工频 50Hz。

（4）峰值耐受电流（动稳定性校验）。额定峰值耐受电流大于安装处的最大三相短路电流峰值。

（5）短时耐受电流（热稳定性校验）。安装处短路电流初始值和持续时间产生的热效应满足如下公式：

$$(额定短时耐受电流)^2 \times (短路时间 4s) \geqslant (最大三相对称短路电流)^2 \times [(持续时间) + 0.05]$$

（6）过电压能力。满足雷电冲击耐受电压和短时工频耐受电压（1min 有效值）指标。

14.5.5　熔断器选择

在满足正常使用环境（否则按特殊要求生产），根据使用场所和电压等级及对机械寿命和电寿命要求，按不同保护对象、户内（RN）还是户外（RW）等选取，选择项目如下：

（1）电压选择。额定电压符合线路标称电压，最高工作电压不低于线路最高运行电压。

（2）电流选择。额定电流不小于安装的熔体额定电流。

（3）频率选择。额定频率等于电网工频 50Hz。

（4）熔体电流选择。保护电力变压器时，按厂家提供的熔体额定电流与变压器容量配合表选择，也可按变压器额定电流 1.5～2.0 倍选；保护电力线路时，熔体额定电流按线路最大工作电流 1.1～1.3 倍选；保护并联电容器时，熔体额定电流按电容器回路额定电流 1.5～2.0 倍选；保护电压互感器时，熔体额定电流选 0.5A 或 1A，并能承受励磁冲击电流。

（5）开断电流（动稳定性校验）。对限流熔断器，额定最大开断电流大于安装处的最大三相短路电流初始值；对后备熔断器，还应满足最小短路电流大于最小开断电流。

（6）过电压能力。满足雷电冲击耐受电压和短时工频耐受电压（1min 有效值）指标。

（7）选择性配合校验。按照熔断器选择性配合动作特性的整定要求进行校验，如上、下级配合，要求下级先动作，上级不动作或后动作（电流－时间曲线无交点）；同级配合，明确的分工保护，各自保护不同的区域（电流－时间曲线必须有交点）。熔断器配合曲线图如图 14－10 所示。

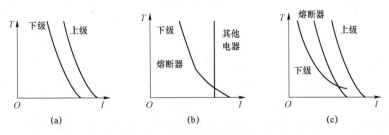

图 14－10　熔断器配合曲线图

（a）上下级限流熔断器配合；（b）熔断器与其他电器配合；（c）熔断器与其他上下级配合

14.5.6　电压互感器选择

在满足使用的环境条件下（否则按特殊要求生产），如安装地点（户内和户外）、相数、绕组数、绝缘方式，按以下项目选取。其中，各类绝缘方式特点为：干式结构简单、无着火和爆炸危险，但绝缘强度较低，只适用于 6kV 以下的户内式装置；浇注式结构紧凑、维护方便，适用于 3～35kV 户内式配电装置；油浸式绝缘性能较好，用于 10kV 以上的户外式配电装置；充气式用于 SF_6 全封闭电器中；电容式是由若干个相同的电容器串联组成，接在高压相线与地之间，用于 110～330kV 的中性点直接接地的电网中等。

（1）一次电压。双绕组电压互感器额定一次电压与所接线路标称电压相符，用于一次绝缘监视，三绕组电压互感器一次绕组额定电压为 $U/\sqrt{3}$。

（2）二次电压。双绕组电压互感器额定二次电压一般为 100V，用于一次绝缘监视，三绕组电压互感器二次绕组额定电压为 $100/\sqrt{3}$ V。

（3）频率。额定频率为电网工频 50Hz。

（4）准确级。反映互感器精度的是比差和角差，测量、保护用电压互感器选 0.5～1.0 级，计量用电压互感器选 0.2 级，兼作交流操作电源选 1.0～3.0；均应校验实际二次负荷容量小于对应准确级的额定容量。

14.5.7　电流互感器选择

在满足使用的环境条件下（否则按特殊要求生产），如安装地点、相数、绝缘方式（干式只适用于 6kV 以下的户内式装置；浇注式用于 3～35kV 户内式配电装置；油浸式绝缘性能较好，用于 10kV 以上的户外式配电装置；充气式用于 SF_6 全封闭电器中）等，一般测量、保护、自动装置均由单独的电流互感器供电。并按以下项目选取。

（1）额定电压。额定电压与所在线路标称电压相符。

（2）一次电流。对测量、计量用电流互感器，额定电流按线路正常负荷电流的 1.25 倍选，对保护用电流互感器按电流不小于线路最大负荷电流选，对采用过电流继电器保护的一次电流还要考虑继电器的触点容量和动作电流整定值，对零序电流互感器（电流大于保护装置预定动作电流值）必须考虑动作的灵敏度。

（3）二次电流。电流互感器额定二次电流一般为 5A（也可为 1A、0.5A）。

（4）频率。额定频率为电网工频 50Hz。

（5）准确级。测量用电流互感器一般选 0.5 级，计量用电流互感器选 0.2 级（负荷变化范围大选 S 型），并校验实际二次负荷小于对应准确级的额定值；110kV 及以下 P 类保护用电流互感器，选用标准准确级 5P 或 10P 中一种，并校验稳态短路情况下的准确限值系数是否满足要求。

电流互感器准确级分为 0.2、0.5、1.0、3、10 五级。保护用电流互感器，可分为稳态保护用（P）和暂态保护用（TP）两类，稳态保护用电流互感器准确级有 5P 和 10P，暂态保护用电流互感器准确级分为 TPX、TPY、TPZ 三个级别。TPX 级其电流误差不大于±0.5%，TPY 级最大电流误差为±1%。TPZ 级特别适合于有快速重合闸（无电流时间间隙不大于 0.3s）线路上使用。

（6）动稳态电流。额定动稳态电流不小于使用处的最大三相短路电流峰值。

（7）短时热稳定电流。安装处短路电流和持续时间产生的热效应满足公式，

(额定短时耐受电流)²×(短路时间4s)≥(最大三相对称短路电流)²×[(持续时间)+0.05]

（8）二次侧接线方式。根据用途选用单相、两相不完全星形连接、三相星形连接等。

14.5.8　开关柜选择

开关柜的种类很多，首先了解其大概的使用场合、性能、价格等。如 KYN 系列和 XGN

系列的区别。

（1）根据变电所供电可靠性、电压等级、使用场所（户内和户外、环境温度、湿度、海拔高度、防尘、防腐、防火）、防护等级（开关设备、隔离间）、外形尺寸，选择开关柜种类和结构。

（2）力求技术先进、安全可靠、操作方便、免维或少维、小型无油、成熟适用、性价比高。

（3）开关柜具备五防功能，可移动或抽出部件具有连锁功能。

（4）每个开关柜符合对应的一次主接线和二次计量、测量、保护、控制等系统图的功能。

（5）所有柜内电器应按上述要求选择和校验，对不同的器件要求参数不同，即额定电压、额定电流（母线和断路器）、额定频率、绝缘水平（1min 工频耐受电压、雷电冲击耐受电压、辅助回路和控制回路 1min 工频耐受电压）、断路开断电流、短路耐受电流/4s、额定峰值耐受电流、额定短路关合电流、控制回路额定电压、操作性能（分合闸线圈的额定操作电压和功率、储能电机额定电压、额定功率和储能时间）、保护配合特性、准确度等要求。

（6）额定短路电流开断次数、断路器机械寿命、隔离和接地开关机械寿命等方面的机械荷载。

（7）对高温地区柜内电器应降额使用，潮湿地区采取加热、通风等措施，以提高安全使用性能。

习 题 14

1. 填空题

（1）变电站主接线最主要的是满足供电＿＿＿＿＿＿＿＿和＿＿＿＿＿＿＿的要求。

（2）我国变电站 500～1000kV 侧主结线均采用＿＿＿＿＿＿＿＿接线，其他大多采用＿＿＿＿＿＿＿或＿＿＿＿＿＿＿接线。

（3）110kV 以上的电网中性点一般均＿＿＿＿＿＿＿，35kV 的电网当接地电流大于 10A 时变压器中性点＿＿＿＿＿＿＿接地。

（4）35kV 及以下断路器主要采用＿＿＿＿＿断路器，110kV 及以上断路器主要采用＿＿＿的是＿＿＿＿＿＿＿或＿＿＿＿＿＿＿断路器。

2. 简答题

（1）什么是一台半式断路器接线？适用于什么场合？主要优缺点有什么？

（2）单母线和双母线接线适用于什么场合？主要优缺点有什么？

（3）简述旁路断路器的设置原则。

（4）短路电流计算的项目有哪些？各自有什么作用？

（5）如何选择高压断路器？动稳定和热稳定校验指什么？

（6）熔断器保护时的上下级动作如何配合？其选择性指什么？

（7）不同用途时电流互感器的精度要求是什么？

（8）变电站电气主接线设计要完成什么内容？

第 15 章　变电站电气布置图设计

变电站电气布置图应包含能反映变电站所有电气设备、开关、柜屏、线缆等的详细布置图（主要针对一次设备）以及为实现此布置其他专业应配合完成工作的资料图。

15.1　变电站形式

15.1.1　常见形式

（1）室内和室外。

1）室内型：变电站所有电器设备全部在室内的为室内型，多用于电压等级低、室外环境恶劣、城区更安全和美观等场合。

2）变电站部分或全部主要电气设备在室外的为室外型，用途和室内相反。

（2）独立和附设。

1）独立式：变电站的建筑结构上是独立的为独立式，多用于电网的输、配变电站、企业总变电站等。

2）附设式：依附于生产车间、商住建筑等的为附设式，多用于企业的车间变电站、高层建筑变电站等。

（3）地上和地下。

1）地上式：变电站建筑物设在地面上为地上式，多用于电压等级高、生产型企业、建筑成本投入少等场合。

2）地下式：建筑物设在地下为地下式，多用于战时用、美化环境、节约地上土地资源、不计建筑成本投入大等场合。

15.1.2　形式选择

（1）室外、室内型。

1）除严重污秽地区、城市闹市区或人员密集场所和有防空要求的变电站外，一般 35kV 以上配电装置设在室外。

2）成套变电站、杆上或高台式变电站均设在室外。

3）城市或人员密集区域一般设在室内。

4）高层或大型民用建筑物内，宜设室内变电所。

5）技术经济合理时，应优先选用占地少的室内型式，35kV 宜用室内式。

6）其他变电站和主控、检修等均设在室内。

（2）独立、附设式。从变电站安全、可靠运行和经济投入比较，综合考虑采用的形式。负荷小而分散的工业企业和大中城市的居民区，宜设独立变电所。有条件的也可设附设式变电所或户外箱式变电站。

（3）地上、地下式。从变电站用途、安全、可靠运行、土地资源和经济投入比较，综合考虑采用的形式。

15.2　变电站布置的要求

对不同电压等级的变电站，主要电器开关置于室内还是室外，其设置的差别很大，一般主要包括：户外电器、高压室、中压室、低压室、继电保护室、电容器室、发电机房、主控室、值班室、试验室、检修室、备件室、休息室等。按照《35～110kV 变电所设计规范》（GB 50059—2011）、《10kV 及以下变电所设计规范》（GB 50053—2013）、《变电站总布置设计技术规程》（DL/T 5056—2007）、《电气装置安装工程质量检验及评定规程》（DL/T 5161—2016）等规范要求。

15.2.1　总的要求

（1）便于运行维护。布置和设置便于运行过程中值班人员的监视和操作，如设独立值班室；便于维护，如设置方便的人行通道和设备通道、设备更换吊装天井、双层结构设吊运天井等。

（2）便于进出线。进线和出线距离短、方便，合理设置塔架、进出线孔洞、电缆沟等。

（3）保证运行安全。对不同电压等级、不同种类的产品、安装于户内还是户外、变压器（油变和干变）、电器开关（柜）、电容器、通道长度和出入口、防护结构和距离、人员安全出口等规范要求不同，必须符合规范保证运行中的安全。

（4）投资少效率高。节约土地、降低建筑和电气成本，提高运行效率高。如户内和户外方式经济性比较、低压室和电容器室合并、低压室和值班室合并等。

（5）预留发展空间。为后期扩容留有余地，如主要设备空间可更换为大一级容量的、各室留有备用柜体空间等。

15.2.2　操作维护通道

按照不同电压等级对应规范的要求，确定操作维护通道尺寸。

（1）室内外配电装置的布置，应便于设备的搬运、操作、检修维护和试验。对不同电压等级（1000、750、500、330、220、110、35、10、0.4kV）、不同类别（变压器、隔离开关、断路器、互感器）、不同种类（油变和干变、真空断路器和六氟化硫断路器）、不同型号（单面维护和双面维护、前开门室和抽屉式、固定式和移动式）、不同排列方式（单列布置、双列面对面、双列背对背、多排同向布置）的设备《规范》要求的通道宽度和出口数量不同，必须满足《规范》的要求。

（2）特殊情况可适当处理，如不许就地检修等宽度适当减小，遇到个别墙柱宽度适当放大，出口长度超规范不多时宽度适当放大等。

15.2.3　安全净距离

按照不同电压等级对应规范的要求，确定净距离。

（1）室内外配电装置的安全净距离，应便于设备的搬运、操作、检修维护和试验，对不同电压等级、不同类别、不同种类、不同型号容量、不同布置方式、装于室内或室外的设备《规范》要求的净距离不同，必须满足《规范》的要求。

（2）主要净距离有：不同相裸带电体间距离、裸带电体与接地体（各种遮拦、护栏）间水平和垂直距离、金属外壳与墙间距离、金属外壳与门间距离、相邻两台侧面间距离、相邻两台正面间距离。

（3）特殊情况可适当处理，如不许就地检修等宽度适当减小，遇到个别墙柱宽度适当放大，出口长度超规范不多时宽度适当放大等。

15.3　布 置 图 设 计

能够把变电站内塔架、建筑物门窗及净高、各处高程、变压器、电器开关及操作机构、互感器、避雷器、电抗器、电容器、调相机、绝缘支柱、各种箱柜台、母线及电缆、过墙洞及地沟等所有内容的具体详细布置描述清楚的平面图和剖面图统称为布置图。以初步设计（方案设计）内容为依据，是和一次系统图和二次图不断相互修改，最终融为一体的过程。按以下方法设计：

（1）总体布置上，参照设计手册和标准图集，选取电压等级相同、用途、在电网中地位、形式、容量等类似的变电站布置方案。

（2）采用典型、标准化、常用的布置方案。

（3）考虑具体工程特点，如地形、高程、进出线位置、设备特点等，结合具体实际情况进行改动，修改处必须进行详细计算或核对规范要求，以满足安全运行的要求。

（4）便于设备安装、操作、检修、维护和试验，特殊情况酌情处理。

（5）尽可能利用地势，降低土建、塔架等成本，节约母线数量和安装成本，提高运行效率。

（6）考虑使用者的经济、管理水平、技术水平等因素细化布置方案。

（7）对未来扩容留有适当余地，主要设备可更换大一级的容量。

15.4　资 料 图 设 计

满足变电站对建筑、结构、给排水、采暖空调等专业的要求，同时必须符合防火规范、设备运输和安装检修的要求。

（1）建筑。对建筑室内的耐火等级（二级、一级）、门和窗的防火等级（甲级、乙级）、窗的大小和窗台高度以及开启形式（1.8m 高、向外开和双向开、防护网）、地面形式（水泥压光、水磨石）、各室的高度（设备安装检修、调芯）、穿墙和楼板孔洞位置和大小、内墙（抹灰、刷白）、门窗数量、各种安全距离和检修维护通道（人员、设备）、地面高度和地沟形式（地下、夹层）、屋面排水形式等。

（2）结构。不同室和位置对荷载和设备吊装检修荷载的要求不同，具体可查手册、产品样本等，高压室楼面静荷载 $7kN/m^2$ 和屏前后每边动荷载 4900N/m 以及操作时每台屏的冲力 9800N、变压器室放大一级地面荷载和吊钩承载、低压室楼面静荷载 $4kN/m^2$ 和屏前后每边的动荷载 2000N/m、控制室和值班室荷载 $4kN/m^2$。

（3）给排水。变电站各室内不得有无关管道和线路通过，电缆沟道和夹层必须设排水措施，进出线采取防水措施，屋面排水等。

（4）采暖空调。不同室正常运行的温度保持在允许范围内。如高压室一般不采暖、采取自然通风、温度不低于 5℃，变压器室一般自然通风、排风温度不高于 45℃、进风和排风温差不大于 15℃，低压室一般不采暖、温度不低于 5℃，控制室和值班室采暖温度不低于 18℃、采暖管道必须焊接不能用法兰和阀门等，对特殊环境条件的变电站设置空调系统。

（5）其他。根据变电站等级设置消防系统，如火灾自动报警、固定式自动灭火装置和自动排烟系统，火灾自动报警、手提式灭火装置和排烟系统等；根据变电站所处的位置（污染严重或地下变电站），为满足运行和卫生条件，设置通风换气系统。

习　题　15

1. 填空题

（1）变电站的部分主要电气设备在室外称为_____变电站，一般_____kV 以上配电装置设在_____。

（2）变电站布置时，从保证安全、可靠运行的角度必须满足规范要求的_____，从运行维护方便角度要满足规范的要求_____设置。

（3）变电站室内的耐火等级不应低于___级，_____无关管道和线路穿过，采暖管道必须_____、不得采用_____。

2. 简答题

（1）变电站布置设计总的要求是什么？

（2）变电站电器设施间安全净距离主要包括什么内容？

（3）变电站布置图设计要完成什么内容？怎么设计？

第16章　变电站二次电气图设计

二次电气图是包含测量、计量、保护、控制、信号和操作电源的二次原理图，并对每个元器件进行选型，对柜、屏、台进行选型和布置设计。

按照操作电源分为强电控制（220V、110V）和弱电控制（48V及以下）。

16.1　总　的　要　求

依据《220～500kV变电所所用电设计技术规程》（DL/T 5155—2016）、《220kV～500kV变电所所用电设计技术规程》（DL/T 5155—2016）、《110kV变电站通用设计规范》（Q/GDW 203）、《火力发电厂、变电所二次接线设计技术规程》（DL/T 5136—2012）、《电力系统安全自动装置设计技术规定》（DL/T 5147—2016）、《控制中心人机工程设计导则》（DL/T 575—1999）、《330kV变电站通用设计规范》（Q/GDW 341）、《500kV变电站通用设计规范》（Q/GDW 342—1999）、《微机母线保护装置通用技术条件》（DL/T 670—1999）、《微机变压器保护装置通用技术条件》（DL/T 770—2012）、《110（66）～220kV 智能变电站设计规范》（Q/GDW 393—2009）、《330～750kV智能变电站设计规范》（Q/GDW 394—2009）、《变电运行管理标准》（Q/CSG 20001—2004）等规范要求进行设计。

16.1.1　控制回路的要求

（1）主要形式。

1）控制地点：按控制地点分为远程控制、集中控制和就地控制，根据规模和重要程度采取单一或结合的方式。

2）监视方式：按跳、合闸的监视方式分为灯光监视和音响监视，一般是二者都有的方式。

3）控制开关：按控制回路的接线控制开关分为固定位置（有人值班站）和自复位（无人值班站）的接线，选取其中一种。

（2）断路器控制要求。

1）能监视电源及下次操作时跳闸回路的完整性和备用电源自动投入操作时下次合闸回路的完整性。

2）能指示断路器合、分的位置状态，自动合、分时有明显的信号。

3）有防止断路器多次合闸的"防跳"闭锁装置，不同操作机构（空气、弹簧、液压、电磁）的防跳控制电路不同。

4）单相操作的断路器按三相操作时，合闸和跳闸的三相线圈应串联，并有检测三相不一致的信号。

5）自动合闸和跳闸完成后应自动解除命令信号。

6）远程控制断路器采用灯光监视时，合闸位置红灯亮、跳闸位置绿灯亮的双灯制。

7）在主控室控制的断路器一般采用单灯制，控制开关的手柄位置表示断路器的开、合位置，垂直为合闸、水平为跳闸，开关手柄内须有信号灯。

8）隔离开关和其对应的断路器应装设机械或电磁闭锁装置，防止隔离开关误动作。

9）接线尽可能简单。

16.1.2 信号回路的要求

在控制室应装设中央信号装置或光字牌闪光的报警装置，应符合对应电压等级设计规程的要求。

（1）信号形式。

1）中央信号分为事故信号和预告信号，一般设为手动复归。事故信号分为单元事故信号（变压器、不同母线、站用电、调相机、直流屏、信号回路）和全站事故信号（主母线、变压器），预告信号分为瞬时预告和延时预告信号。

2）对不同类型信号设信号小母线（事故、预告），由发出信号的元件通过信号继电器送给中央信号屏光信号（指明故障点）和其小母线。

（2）信号回路要求。

1）断路器故障跳闸应发出音响信号、相应指示灯闪亮，对所有断路器、隔离开关的位置均应有指示信号。

2）对其电源保护元件应有监视，手动或自动复归音响，接线简单、可靠。

3）中央信号装置一般采用冲击型继电器实现重复动作。

4）元件过负荷信号经其单独时间继电器接入预告信号，其他信号一般直接接入信号系统。

5）中央信号可采用模拟屏、LCD 显示屏等不同形式，进而还可显示瞬时的电压、电流、有功功率、无功功率、功率因数，记录与时间对应的各种状态和数据等信息量。

16.1.3 测量、计量回路

按照规范要求，选取适宜的互感器和测量、计量表，测量其电压、电流、功率因数等，计量有功功率、无功功率、功率因数、峰值、谷值等。

16.2 小 母 线 设 置

16.2.1 直流小母线

各安装单位的控制、信号直流小母线由直流屏供电，尽可能使不同用途的受电器具由独立网络供电，如操作、保护、自动装置供电网络，合闸电磁线圈供电网络。

（1）控制、信号、保护和自动装置小母线设置：主结线为双母线，装设控制、信号小母线，主结线为单母线，只装设控制小母线，信号电源由控制小母线引接或附设信号小母线。

（2）信号、控制小母线均为单母线，按屏组分设、双电源供电、开环运行，并用刀开关适当分段；每个屏上装设为各安装单位供电的转换开关，便于寻找接地故障。

16.2.2 交流小母线

母线电压互感器二次侧电压小母线一般在该互感器有关的控制屏、保护屏或信号屏顶上，供二次设备用的 220V 交流电源小母线和接地小母线视具体情况参照直流小母线装设。对各安装单位的电压互感器须注意：

（1）各单位回路电压切换。电压回路不经继电器切换的电压小母线敷设在配电装置内，电压回路经继电器切换的电压小母线敷设在控制室内。

（2）各等级电压小母线。110kV 及以上小母线附设在主控室保护屏上，安装单位的电压回路均需经其隔离开关重动继电器进行电压切换；35kV 室外配电装置小母线附设在主控室保护屏上，安装单位的电压回路均需经其隔离开关重动继电器进行电压切换；35kV 及以下室内配电装置小母线附设在配电装置内，安装单位的电压回路用其隔离开关辅助触点切换。

16.3 二次保护和计算

对需保护的单元设备按照规范要求设置保护项，并进行相应计算。

16.3.1 线路保护和整定计算

（1）按照《电力装置的继电保护和自动装置设计规范》（GB 50062—2008）规定：线路应装设过电流保护、电流速断保护、零序电流保护（单相接地）和过负荷保护。

（2）依据设计手册和规范，对过电流保护、电流速断保护、零序电流保护和过负荷保护进行整定电流和动作时间计算以及灵敏度校验。

16.3.2 变压器保护和整定计算

（1）按照《电力装置的继电保护和自动装置设计规范》（GB 50062—2008）规定：变压器应装设过电流保护、电流速断保护、过负荷和温度保护；800kVA 以上油浸式应装设气体保护；单台 10 000kVA 或并列运行 6300kVA 以上应装设差动保护。在实际应用中，应结合实际情况选取保护形式。

（2）依据设计手册和规范，一般应对变压器的过电流保护、电流速断保护、差动保护、温度保护、过负荷保护和瓦斯保护进行整定电流计算和灵敏度校验。

16.3.3 电容器保护和整定计算

（1）电容器组容量在 400kvar 以上采用断路器控制和保护，400kvar 以下采用负荷开关控制和保护。

（2）计算电流速断保护整定电流并校验灵敏度。

16.4 二次电气接线图设计

16.4.1 电源

控制回路按操作电源不同分为直流操作、交流操作和整流操作（后两者用于小型变电站或用户变电站），信号回路电源一般和控制回路相同。

16.4.2 断路器操作机构

（1）断路器操作机构。

1）常用的有电磁操作、液压操作、弹簧操作、电动机操作、气压操作机构（随断路器厂家配套供应），应用广泛的是电磁操作和液压操作机构。

2）断路器跳闸需要的功率不大，如直流 110V 或 220V，各种操作机构的跳闸电流为 2～5A。

3）不同操作机构的合闸电流相差较大，如直流 110V 或 220V，液压、弹簧、气压操作机构的合闸电流小于 5A，电磁操作机构的合闸电流达几十甚至几百安（须加中间继电器等）。

（2）隔离开关操作机构。

1）常用的有手动、电动、气压、液压操作机构（随厂家配套供应），一般 110kV 以上采取就地操作和远方操作相结合。

2）隔离开关的控制接线：防止带负荷操作和断路器有闭锁、防止带电合接地刀闸、防止带地线合闸、误入有电间隔，不同操作机构的控制接线（330kV 以上单相操作）。

3）隔离开关的闭锁接线：装有电指示器、网门与地线闭锁、防止误操作的线路，对单母线、双母线、旁路隔离开关的闭锁接线。

4）隔离开关位置指示：对经常操作或 330kV 以上重要回路，利用其辅助触点装设位置指示器。

16.4.3　典型基本线路

主要参考《电力工程电气设计手册 电气二次部分》上的图，掌握基本接线图的原理、实现功能、适用场合等。

（1）断路器控制、信号回路。

1）包括断路器的跳合闸回路（基本跳合闸回路、灯光信号回路、音响信号回路）。

2）断路器的"防跳"闭锁回路（串联防跳接线、合闸回路完整性监视）。

3）重合闸装置的断路器分相控制回路接线。

4）进线旁路断路器跳闸回路。

5）分相操作断路器控制回路（220kV 以上多采用，分相操作液压操作机构接线，弹簧操作机构接线，空气断路器）。

（2）灯光监视的控制、信号回路。

1）主控室控制的断路器控制、信号回路。

2）就地控制的断路器控制、信号回路。

3）弹簧操作机构的断路器控制、信号回路（110kV 以上少油断路器采用）。

4）液压操作机构的断路器控制、信号回路（110kV 以上多采用）。

（3）音响监视的控制、信号回路。

1）在主控室控制的断路器。

2）控制回路中用中间继电器监视断路器状态。

（4）隔离开关的控制、信号和闭锁回路。

1）220kV 及以下倒闸操作用的隔离开关宜就地操作。

2）330kV 及以上倒闸操作用的隔离开关应能远方操作和就地操作。

3）检修用的隔离开关、接地导闸、母线接地器以就地操作。

4）110kV 及以上的电压互感器回路的隔离开关宜远方操作。

5）气动操作、电动机操作、电动液压操作隔离开关的基本接线。

6）隔离开关和断路器的闭锁接线（单母线、双母线、旁路）。

（5）变压器冷却和调压方式接线。

1）变压器的自然风冷却（小容量变压器）通风控制回路。

2）强迫油循环风冷却（一般的大容量变压器）、强迫油循环水冷却（电厂水源丰富、需水冷却系统）、强迫油循环导向冷却（巨型变压器）的冷却器和电机（风机、油泵、水泵）

控制回路。

3）有载调压的自整角机分接开关控制回路（主要由自整角机指示位置、执行电机改变位置、限位开关、保护装置、减速装置组成），具体定型分接开关产品，如贵州长征电器厂生产的 ZY 系列、西德的 MR 系列产品的接线。

16.4.4　二次接线设计

利用《电力工程电气设计手册》或其他手册，参考对应电压等级、用途和功能相同、重要程度一致的相关标准图集，如国家电网、南方电网的标准化变电站设计图集。

对计量、进线保护、主变保护、出线保护、各种信号、操作电源等在满足总的要求和规范要求时，选择标准图典型的线路并结合基本线路按照具体工程实际情况修改。主要包括：各种断路器控制及信号系统、自动重合闸的控制及信号系统、备用电源自动投入装置、中央信号装置（事故、预告）、隔离开关的位置指示信号、进出线的各种保护（过电流、速断）、变压器的保护（温度、瓦斯、速断）。

16.4.5　二次设备选择

（1）保护设备。

1）二次回路的保护元件采用熔断器或小自动开关连通各种小母线。

2）同一设备的控制、保护装置和所有信号回路一般公用保护元件。

3）控制、保护装置和信号回路用的保护元件均须进行监视。

4）同一屏上的母线设备、信号回路一般装设公用保护元件。

5）公用的信号回路（中央信号）装设单独保护元件。

6）电压互感器一次不装保护元件，二次应装自动开关监视回路完好，其辅助触点可发出信号。

7）保护元件选择：对熔断器或小空气开关应按二次回路最大负荷电流和动作特性选取。对于不同回路（控制、中央信号、预告信号、公用保护、各种闭锁、互感器）、主配电装置安装地点（屋内、屋外）、断路器的种类（油、空气）等不同参照手册或计算选取。

（2）控制开关。

1）符合功能要求：复位方式、回路的接点数量、实现功能等。

2）符合使用要求：额定电压、额定电流、分断电流、操作频繁程度、接线方式等。

（3）信号灯及附加电阻。

1）信号灯短路时，跳合闸线圈的电流须小于其最小动作电流，一般按不大于线圈额定电流 10%，选取附加电阻。

2）母线电压为额定值的 95% 时，信号灯电压为其额定的 60%～70%，对音响监视开关内带信号灯的只按此条件选取附加电阻。

3）一般电压为 110 或 220V，信号灯选 8W，可参考《设计手册》选。

（4）音响和灯光监视跳、合闸位置继电器。

1）正常情况合闸或跳闸回路的电流，小于其动作电流其长期热稳定电流。

2）当母线电压为额定电压的 85% 时，继电器上的电压不小于其额定电压的 70%。

（5）控制和信号回路继电器。

1）断路器的合闸或跳闸继电器的额定电流，按断路器合闸或跳闸线圈的额定电流选择，灵敏度达到 1.5。

2）"防跳"继电器的额定电流按断路器跳闸线圈的额定电流选择，保证动作灵敏度不小于 2。

3）自动重合闸继电器和其出口信号继电器，按其出口接断路器的合闸线圈或合闸继电器分别满足合闸线圈或合闸继电器的要求选择，灵敏度达到 1.5。

4）对不同断路器的不同操作机构、防跳继电器、灯管监视和音响监视，也可参照《设计手册》选取。

（6）串接信号继电器和附加电阻。

1）信号继电器和电阻选择原则：额定电压时信号继电器动作灵敏度大于 1.4；额定电压下信号继电器产生的压降不大于额定电压的 10%；故障切除后保护回路继电器接点断开功率不大于 50W；满足继电器热稳定性。

2）重瓦斯保护信号继电器和电阻选择原则：额定电压时信号继电器动作灵敏度大于 1.4；回路电流不大于信号继电器额定电流的 3 倍。

（7）控制电缆和信号电缆。

1）总的要求：一般采用铠装橡皮绝缘或聚氯乙烯绝缘的铜芯电缆；截面不小于 $1.5mm^2$；$1.5mm^2$ 芯数最多不超过 37，$2.5mm^2$ 芯数最多不超过 24，$4mm^2$ 芯数最多不超过 10；较长 6 芯以上应有备用芯，截面小于 $4mm^2$；同一起止点的电缆至少一个备用芯；同根电缆尽量避免接到屏的两侧。

2）测量表电流回路电缆：截面不小于 $2.5mm^2$（电流互感器二次电流不超过 5A），不需要对截面进行额定电流和短路热稳定校验，但须按公式校验电流互感器在某准确等级下允许的负荷值，即电缆长度。

3）保护装置电流回路电缆：根据电流互感器的 10%误差曲线，查出允许二次负荷数值，已知电缆长度按 2）中所提及的公式计算电缆截面。

4）电压回路电缆：按允许电压降选择电缆截面。一般互感器至计费表电压降不超过 0.5%，至测量表不超过 3%，至保护和自动装置不超过 3%；电压校正器与电压互感器间不小于 $4mm^2$；对熔断器或空气开关保护校验电缆截面。

5）控制和信号回路电缆：按允许电压降选择电缆截面，截面不小于 $1.5mm^2$。按照回路正常最大负荷下至各设备的电压降不超过 10%选择电缆截面。

6）按使用的场合选取电缆型号，如室内、电缆沟、管道内、地下、承受的外力等选取不同绝缘的护套电缆或护套铠装电缆，如控制电缆的 KYV 和 KVV 系列、信号电缆的 PVV 系列的具体型号；其次按芯数和截面确定电缆规格。

（8）端子排。

1）端子排设计原则：屏内与屏外二次回路的连接、同屏内各安装单位间的连接均应经过端子排；屏内设备与直接接到小母线设备的连接应经端子排；各安装单位主要保护方式的正电源要经过端子排，负电源在屏内设备间接成环形且环的两端接端子排；电流回路应经过试验端子，预告及试验信号回路和其他须断开的回路（试验断开的仪表、至闪光小母线的端子）应经过试验端子，同屏测量表之间连接不经过端子；每个安装单位应有独立的端子排，每个安装单位端子排的排列应与平面布置相配合；每一安装单位的端子排应编号，各组之间留备用端子，正负电源、跳、合闸回路之间的端子排应留一个空端子隔开。强电和弱电的端子应分开布置。

2）端子排排列顺序：每个安装单位的端子排按回路分组，并由上到下或由左到右排列。交流电流回路按每组电流互感器分组；电压回路按每组电压互感器分组；信号回路按事故、位置、预告及指挥信号分组；控制回路按各组熔断器分组，先正后负；转接回路按"先本安装单位后别的安装单位"转接端子。

3）端子排种类：一般端子（B1－1 型和 D1－型）连接屏内外导线、试验端子（B1－2 型和 D1－S 型）接入试验仪器、连接试验端子（B1－3 型和 D1－SL 型）彼此需要连接试验仪器、连接端子（B1－4 型和 D1－L1、D1－L2 型）端子间连接、终端端子（B1－5 型和 D1－B 型)固定或分割不同安装单位端子排、标准端子（B1－6 型）连接屏内外导线、特殊端子（B1－7 型）方便断开回路、隔板（D1－G 型）绝缘隔板。D1 是国家统一设计，有 10A 和 20A 两种，B1 过去用的多。

（9）屏、台选择。对直流屏、继电保护屏、中央信号屏、控制操作台的型号规格的选取。

习 题 16

1. 填空题

（1）变电站的控制方式，按地点分为＿＿＿＿、＿＿＿＿和＿＿＿＿，其中必须有的方式是＿＿＿控制。

（2）无人值守的变电站,控制回路的控制开关一般选＿＿＿＿＿；有人值守的变电站,控制回路的控制开关一般选＿＿＿＿＿。

（3）变电站中单相操作的断路器按三相操作时，合闸和跳闸的三相线圈应＿＿＿。隔离开关和其对应的断路器应装设机械或电磁＿＿＿＿，防止隔离开关误动作。

（4）变电站中央信号分为＿＿＿＿、＿＿＿＿＿和＿＿＿＿＿，中央信号装置一般采用＿＿＿继电器实现重复动作。

（5）变电站的控制、信号小母线分为＿＿＿＿＿和＿＿＿＿＿。

（6）＿＿＿操作机构的合闸电流最大，一般要加设＿＿＿＿。

（7）为了保证互感器的精度，应对互感器校验其＿＿＿＿＿。

2. 简答题

（1）变电站的线路应设什么保护？如何计算整定电流值、校验灵敏度？

（2）变电站的变压器应设什么保护？如何计算整定电流值、校验灵敏度？

（3）变电站隔离开关的控制接线有什么要求？

（4）变电站控制和信号回路设计时，应满足的主要条件是什么？

（5）变电站二次接线图如何设计？

第17章　变电站防雷与接地设计

对变电站室外的塔架、线路、设备及建筑物等采取可靠的防雷与接地保护措施，是变电站安全运行的重要保证。变电站防雷与接地设计必须在认真调查地理、地质、土壤、气象、环境、雷电活动规律和被保护物特点的基础上进行设计。

17.1　防 雷 基 本 知 识

17.1.1　防雷分类及规定

（1）建筑物防雷分类。根据其重要性、使用性质、发生雷电的可能性及其后果的严重性、遭受雷击的概率大小等因素综合考虑，按照《建筑物防雷设计规范》（GB 50057—2010）分一类防雷建筑物、二类防雷建筑物和三类防雷建筑物。

（2）一般规定。一类防雷：具有防直击雷、雷电感应、雷电波侵入措施；二类防雷：具有防直击雷、雷电感应措施、个别需具有雷电波侵入措施；三类防雷：具有防直击雷、雷电波侵入措施。对建筑物内有电子信息系统设备的，根据设备重要程度和所处雷击磁场环境，考虑是否采取防雷击电磁脉冲的措施。

17.1.2　防雷措施

（1）防直击雷。装设防雷接闪器、引下线、接地装置，高度超过45m应防侧击雷。

（2）防雷电感应。建筑物内金属物就近接地，平行或交叉附设的金属管道应跨接，高度超过45m金属物顶和底部与防雷装置连接。

（3）防雷电波侵入。进出建筑物架空和埋地电缆、金属管道接地。

（4）防雷击电磁脉冲。建筑物和房间设屏蔽，适宜的附设线路和线路屏蔽；装设电涌保护器；接地和等电位连接等措施。

17.1.3　防雷设施

（1）接闪器。建筑物防雷接闪器由下列一种或多种设施组合而成：独立避雷针、架空避雷线或避雷网、建筑物上避雷针、避雷带或避雷网、被利用做接闪器的金属体。独立避雷针按标准图集选用，所有材料（钢管、扁钢、圆钢）必须符合《建筑物防雷设计规范》（GB 50057—2010）的要求，即表17-1中数值，必须热镀锌或涂漆，做好防腐处理。

表17-1　　　　避雷针、避雷带（网）及用作接闪器的材料、规格表

类别	条件	材料	规格
避雷针	针长1m以下	圆钢	直径≥12mm
		钢管	直径≥20mm
	针长1~2m	圆钢	直径≥16mm
		钢管	直径≥25mm

续表

类别	条件	材料	规格	
避雷带（网）		圆钢	直径≥8mm	
		扁钢	截面≥48mm²（厚度≥4mm）	
金属屋面做接闪器	金属屋面下面无易燃物品	钢板	厚度≥0.5mm	搭接长度≥100mm
	金属屋面下面有易燃物品	钢板	厚度≥4mm	
		铜板	厚度≥5mm	
		铝板	厚度≥7mm	

（2）引下线。利用钢塔、柱及建筑物内主筋（至少两个以上、可靠连接处理）作自然引下线或人工敷设引下线（扁钢、圆钢的防腐处理、支架固定），材料符合规范要求。依据《建筑物防雷设计规范》）（GB 50057—2010），避雷引下线材料、规格如表 17-2 所示。

表 17-2　　　　　　　　　　　　避雷引下线材料、规格表

类别	材料	规格	备注
暗敷	圆钢	直径≥8mm	仅对明敷时，在易受机械损坏和人身接触的地方，地面上 1.7m 至地面下 0.3m 的一段接地线应采取暗敷或镀锌角钢、改性塑料管或橡胶管等保护设施
	扁钢	截面≥48mm²（厚度≥4mm）	
明敷	圆钢	直径≥10mm	
	扁钢	截面≥80mm²（厚度≥4mm）	

（3）断接卡。在引下线适当处设置的测量接地电阻、接人工接地体和等电位连接的连接板，一般设在地上 1.8m 处。断开、连接可靠，做好防腐处理。

（4）接地体。尽可能利用设施、建筑物基础作为接地体或敷设人工接地体，做好快速放电的防腐处理，根据《交流电气装置的接地》（DL/T 621）和《建筑物防雷设计规范》（GB 50057—2010）满足接地材料和接地电阻要求。

17.2　建筑物防雷设计

17.2.1　防直击雷方案设计

（1）计算保护设施预计的年雷击次数。

雷击次数 = 0.024×(校正系数)×(年均雷暴次数)×(建筑截收雷击次数的等效面积)

校正系数：反映保护物旷野孤立取 2，金属屋面砖木结构取 1.7，河边、山地土壤电阻率小、土山顶、山谷风口、特别潮湿 1.5，具体潮湿程度、土壤电阻率大小和所处山坡的底和中间以及顶等可修正系数。

年均雷暴次数：以当地气象部门提供数据为准。

建筑物截收相同雷击次数的等效面积：与建筑物的长、宽、高有关。

（2）确定保护方案。拟订保护方式采用避雷针、带、线、网的单一方式还是几种混合方式、采用独立式还是附设式等，选择接闪器的类型、规格和布置，按照避雷针滚球半径和避雷网网格尺寸表对保护范围进行验算，确定保护方案。依据《建筑物防雷设计规范》

（GB 50057—2010），避雷针滚球半径和避雷网网格尺寸见表 17-3 所示。

表 17-3　　　　避雷针滚球半径和避雷网网格尺寸表

防雷类别	避雷针滚球半径/m	避雷网网格尺寸/m
一类防雷	30	5×5 或 6×4
二类防雷	45	10×10 或 12×8
三类防雷	60	20×20 或 24×16

（3）确定引下线。按照规范要求的引下线数量及间距表，并方便测试、连接的断接卡确定引下线和断接卡的位置，确定引下线的材料规格（扁钢、圆钢）。依据《建筑物防雷设计规范》（GB 50057—2010），引下线数量及间距见表 17-4 所示。

表 17-4　　　　下线数量及间距表

防雷类别	引下线间距/m 人工引下线	引下线间距/m 自然引下线	引下线数	备　注
一类防雷	≤12	≤12	≥2	不采用独立避雷针、架空避雷线
二类防雷	≤18	按柱跨距，平均值满足	≥2	
三类防雷	≤25		≥2	40m 以下

（4）接地装置。估算利用基础的接地电阻，按照接地电阻的要求确定接地体的形式。根据《交流电气装置的接地设计规范》（GB/T 50065—2011）《交流电气装置的过电压保护和绝缘配合设计规范》（GB/T 50064—2014）和《建筑物防雷设计规范》（GB 50057—2010）的具体要求，确定接地电阻，如表 17-5、表 17-6 所示。

表 17-5　　　　变电站电气装置的接地电阻

接地类别	接地的电气装置特点		接地电阻要求（Ω）
安全保护接地	低电阻系统中的变电所电气装置保护接地的接地电阻		$R \leqslant 2000/I$ 且 ≤5
	不接地、消弧线圈接地和高电阻接地系统中变电所电气装置保护接地的接地电阻	与变电所低压电气装置共用	$R \leqslant 120/I$ 且 ≤4
		仅用于高压电气装置	$R \leqslant 250/I$ 且 ≤10
雷电保护接地	独立避雷针（含悬挂独立避雷线的架构）的接地电阻		$R_i \leqslant 10$（冲击电阻）
	在变压器门型架构上装设避雷针时的接地电阻（不包括架构基础的接地电阻）		$R \leqslant 4$（工频电阻）

注：表中 I 为计算用的流经接地装置的入地短路电流（A），该电流应按 5～10 年发展后的系统最大运行方式确定，并应考虑系统中各接地中性点间的短路电流分配，以及避雷线中分走的接地短路电流。

表 17-6　　　　建筑物电气装置的接地电阻

接地类别	接地的电气装置特点			接地电阻要求（Ω）
低压系统中性点接地	低压 TN 系统、TT 系统的电源中性点的接地电阻			$R \leqslant 4$（注2）
安全保护接地	配电变压器位于所供电建筑物之外	高压侧工作于低电阻接地	变压器保护接地不应与低压系统中性点接地不共用接地装置	$R \leqslant 250/I$ 且 ≤10
			变压器保护接地无法与低压系统中性点接地分开时	$R \leqslant 1200/I$

接地类别		接地的电气装置特点	接地电阻要求（Ω）
安全保护接地	配电变压器位于所供电建筑物之外	高压侧工作于消弧线圈接地和高电阻接地系统，保护接地与低压系统中性点接地共用接地装置	$R \leqslant 50/I$ 且 $\leqslant 4$
	配电变压器位于所供电建筑物之内	高压侧工作于低电阻接地系统，保护接地应与低压系统中性点接地共用接地装置，并作等电位连接	$R \leqslant 4$
		高压侧工作于消弧线圈接地和高电阻接地系统，保护接地应与低压系统中性点接地共用接地装置，并作等电位连接	$R \leqslant 4$
雷电保护接地		一类防雷建筑物防直击雷接地装置电阻	$R_i \leqslant 10$（冲击电阻）
		一、二类防雷建筑物防感应雷接地电阻	$R \leqslant 10$（工频电阻）
		二类防雷建筑物防直击雷接地装置电阻	$R_i \leqslant 10$（冲击电阻）
		三类防雷建筑物防直击雷接地装置电阻	$R_i \leqslant 30$（冲击电阻）
共用接地装置		接入设备中要求的最小值确定	$R \leqslant 1$（有电子信息系统）

注：考虑到低压系统相线直接接大地故障在系统中性点接地装置上产生的故障电压的危害，R 值宜尽量小，如不大于 2Ω。

（5）遵循尽可能利用保护物的设施和材料作接闪器、引下线和接地装置的原则，以节约材料、降低工程成本。

17.2.2　防雷击电磁脉冲方案设计

（1）设计时无法准确知道电子信息系统的规模和位置时，应将所有外露的金属物、混凝土中钢筋、金属管道、配电保护系统和防雷装置组成一个接地系统，在合适地方安装等电位连接板。

（2）从总配电箱引出的线路和分支线路必须采用 TN-S 系统。

（3）按需保护设备的数量、耐压水平及要求的磁场环境设置屏蔽、安装电涌保护器和采用屏蔽线的不同组合方案，如图 17-1 典型方案。

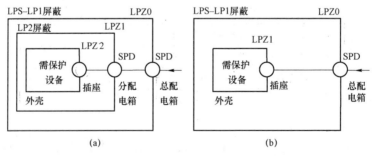

图 17-1　大空间屏蔽和电涌保护器保护
（a）方案一；（b）方案二

17.2.3　布置图设计

根据上述方案和以下要求，绘制出防雷平面图和必要的防雷立面图。

（1）保护物上的所有金属突出物（卫星天线、航空障碍灯、节日灯、广告牌等）和需要防侧击雷的门窗等与防雷装置可靠连接，不在保护范围的非金属突出物（烟囱、管道、天窗等）增设避雷设施，避雷网应对屋角、屋脊、屋檐和檐角进行重点保护。

（2）断接卡的设置处必须方便测试、增加人工接地体的敷设和连接。

（3）人工接地体距出入口或人行道要大于 3m，否则深埋或加绝缘层（详见接地部分）。

17.3　高压配电装置防雷设计

17.3.1　户外配电装置直击雷防护

（1）户外配电装置应装设独立避雷针保护，不宜装在配电装置架和房顶上及人经常通行的地方（不小于 3m）。

（2）对独立避雷针保护范围采用折线法进行计算（单针、多针）。

（3）独立避雷针与配电装置带电部分、变电站电器设备接地部分、架构接地部分的距离应满足：

$$空气中距离 \geqslant 0.2 \times (避雷针的冲击接地电阻) + 0.1 \times (避雷针高度) \geqslant 5m$$

（4）独立避雷针的接地装置与变电站接地网的地中距离满足：

$$地中距离 \geqslant 0.3 \times (避雷针的冲击接地电阻) \geqslant 3m$$

17.3.2　雷电侵入波防护

（1）进线：架空进线的进线段架设避雷线，保护角满足 110～220kV 小于 20℃、500kV 及以上小于 15℃，35kV 架设长度为 2km，110kV 及以上与原保护对接；电缆进线在架空线与电缆连接处和末端装避雷器，架空线架设避雷线。

（2）进线侧带电，进线开关（隔离开关或断路器）经常处于断开状态，在隔离开关处装设避雷器。

（3）变电站的不同等级电压母线上均应装避雷器，配电所装 FS 型、220kV 及以下装 FZ 型、220kV 以上装金属氧化物的，避雷器与主变压器和其他设备的距离符合规范要求。

（4）避雷器应以最短的接地线与变电站接地主网相连（通过电缆外皮连接），同时其附近应有集中接地装置。

17.3.3　配电装置防雷设计

（1）对户外配电采用一组独立避雷针或与避雷线相结合的方式形成的保护区域防直击雷，避雷针从标准图集中选取，保护范围计算必须留有余量。

（2）架空进线采用避雷线防止雷电侵入，必须考虑避雷线的机械强度。

（3）避雷针满足与电气设备间距离、接地部分间距离、接地网距离要求。

（4）避雷器一般在对应的主结线图中表示出来。

（5）平面布置时必须和接地要求一并考虑。

（6）画出防雷平面布置图和必要立面图。

17.4　接 地 装 置 设 计

接地分为工作接地、保护接地、防雷接地、防静电接地、电子信号接地、屏蔽接地、重复接地等，同时可以构成不同的接地系统，如 TN－C－S、TN－C、TN－S、TT、IT 等。

17.4.1　接地要求

（1）变电装置：电器设备的底座和外壳、互感器的二次绕组、铠装电缆外皮、塔杆架、穿线钢管和桥架、接线盒、敷线钢索、设备导轨等均应接地；安装在屏上的设备外壳、绝缘子金属底座、已接地金属架上的设备、交流 50V 直流 110V 及以下的电器设备可不接地。

（2）建筑物：参照前述设计应接地内容。

（3）接地电阻：接地电阻小于规定的数据，越小越好。

17.4.2　人工接地装置

（1）人工接地极可采用水平敷设和垂直敷设，水平敷设可采用圆钢、扁钢，垂直敷设可采用角钢、钢管。根据《交流电气装置的接地》（DL/T 621）、《建筑物防雷设计规范》（GB 50057—2010）和《建筑电气工程施工质量验收规范》（GB 50303—2015）的要求，机械强度必须满足表 17-7 最小规格尺寸。

表 17-7　　　　　　　　　　　接地装置导体最小规格尺寸表

种类	参数	室内地上	室外地上	地下
圆钢	直径/mm	6	8	10
扁钢	截面/mm²	60	100	100
扁钢	厚度/mm	3	4	4
角钢	厚度/mm	2	2.5	4
钢管	管壁厚度/mm	2.5	2.5	3.5

注：水平接地极和垂直接地极间的距离宜为 5m（地方限制可适当减小），埋设深度为 0.6~0.8m，垂直接地极长度宜为 2.5m。

（2）接地线截面应进行热稳定校验，应满足：

$$截面 \geq \sqrt{短路持续时间×(短路电流稳定值)}/(材料热稳定系数|钢取70)$$

17.4.3　接地电阻计算

接地电阻除了与接地体和土壤电阻率有关外，还受季节有关的大地干燥、冻结程度的影响，所以都采用估算进行设计，最终以实测值为准。土壤电阻率以实测值为准。

（1）自然接地装置工频电阻估算。

钢筋混凝土基础：电阻 ≈ 0.2×(土壤电阻率)/$\sqrt[3]{基础所包围的体积}$

金属管道：电阻 ≈ 2×(土壤电阻率)/(接地管道长度)

（2）人工接地装置工频电阻估算（采用简易的计算方法）。

单根 3m 垂直接地极：电阻 ≈ 0.3×(土壤电阻率)

单根 60m 水平接地极：电阻 ≈ 0.03×(土壤电阻率)

复合接地网：电阻 ≈ 0.5×(土壤电阻率)/$\sqrt{闭合接地网面积(>100m^2)}$

或电阻 ≈ 0.28×(土壤电阻率)/(接地网面积的等效半径)

（3）如果土壤电阻率很高，实施中还可采用其他方案，如外引接地、土壤置换、采用降阻剂和深井式接地极等。

17.4.4　接地装置设计

按照下述要求绘出接地装置平面图和必要断面图，注意均压带、环网及基础钢筋焊接等。

（1）独立变电站除利用自然接地体外，应附设以水平接地极为主的人工接地网。人工接地网外缘应闭合、成圆弧形且圆弧直径不小于均压带间距。

（2）建筑物的接地装置优先利用混凝土基础内钢筋，应估算及最终实测接地电阻，如大于要求值应补设人工接地装置。有钢筋地梁时应将地梁内钢筋焊接成环形接地装置；无钢筋地梁时应用 40×4 镀锌扁钢敷在基础外围形成环，并与基础钢筋焊接形成接地装置。

（3）接地网内应设置水平均压带，接地网边缘经常有人出入走道处应铺设烁石、沥青或在地下装设两条均压带或深埋接地体。

（4）引入架空线避雷器的接地应与变电装置接地相连，入地处应敷设集中接地装置。人工接地体应敷设在地上空闲或绿化带处。

（5）工作地与保护地公用接地装置时，低压的中性点与保护地应在进线配电屏处一点接地（PEN），接至变电站总接地。

（6）应设总接地母线与接地线、保护线、等电位连接干线相连，总母线应在不同点采用不少于两根连接线与接地网相连；每个接地部分应以单独接地线和母线相连，不得一个接地线串接几个接地部分。

17.5　等电位连接设计

参照《低压配电设计规范》（GB 50054—2011）、《建筑物防雷设计规范》（GB 50057—2010）和国家标准图集《等电位联结安装》（D501-2）等进行设计。不同的系统、不同地线的连接地点不同。

17.5.1　等电位连接要求

（1）总等电位连接：通过建筑物的每个电源进线处的总等电位连接板把进线的中性线、保护母线、金属管道干管（给排水、热力、天然气）、金属构件、接地装置连接在一起，几个电源进线的总等电位连接板必须互相连接。

（2）局部等电位连接：通过局部等电位连接板把保护母线、金属管道、金属构件连接在一起。如浴室、游泳池、手术室，使用手持式、移动式电器设备，电子信息系统和有特殊要求的地方。

（3）辅助等电位连接：是伸臂范围内或其他的外露可导电部分与装置外可导电部分连接在一起。

17.5.2　等电位连接设计

（1）电气装置均应设总等电位连接，防止间接触电、改善电磁兼容。

（2）各种建筑的卫生间、洗浴设备均应作等电位连接，游泳池、手术室、使用手持式、移动式电器设备和有特殊要求的地方应作等电位连接。

（3）连接线的截面、连接端子板，根据《低压配电设计规范》（GB 50054—2011）和标准图集《等电位联结安装》（D501-2）满足机械强度和连接线的要求，等电位连接线的截面如表 17-8 所示。根据《建筑物防雷设计规范》（GB 50057—2010）的要求，防雷等电位连接线的最小截面表 17-9 所示。

（4）绘制等电位连接的系统图和平面图（与接地图一起绘制）。

表 17-8 等电位连接线的截面表

类别 \ 取值	总等电位连接线	局部等电位连接线	辅助等电位连接线	
一般值	不小于电源进线截面的 1/2	不小于局部场所最大 PE 线截面的 1/2	两设备外露导电部分	较小 PE 线截面
			电气设备与装置外导电部分	PE 线截面 1/2
最小值	6mm² 铜线	有机械防护 2.5mm² 铜导体；无机械防护 4mm² 铜导体		
	50mm² 钢线	16mm² 钢导体		
最大值	25mm² 铜导体	—		

表 17-9 防雷等电位连接线的最小截面表

不同部位 \ 材料	总等电位连接处 LPZ0B 与 LPZ1 交界处	局部等电位连接处 LPZ1 与 LPZ2 交界处及以下处
铜导体	16mm²	6mm²
钢导体	50mm²	16mm²

习 题 17

1. 填空题

（1）变电站的控制方式，按地点分为_____、_____和_____，其中必须有的方式是_____控制。

（2）二类防雷物避雷针的滚球半径为____m，避雷网尺寸小于_____m 或_____m。

（3）一类防雷物的引下线间距不小于____m，引下线数量不少于____根。

（4）变电站电气装置的接地电阻一般小于____Ω、建筑物的防雷接地电阻一般小于____Ω，共用接地装置的接地电阻小于____Ω。

（5）独立变电站除利用自然接地体外，应附设以_____为主的人工接地网，人工接地网外缘_____、成圆弧形且圆弧直径不小于_____。

（6）独立避雷针与配电装置带电部分空气中距离应不小于____m，独立避雷针的接地装置与变电站接地网的地中距离应不小于____m。

2. 简答题

（1）一般防止直击雷的设施有哪些组成？可利用的设施有哪些？

（2）变电站高压配电装置防雷设计包括哪些内容？如何设计？

（3）变电站接地装置如何设计？

（4）变电站等电位连接如何设计？

第18章 变电站用电和照明设计

18.1 变 电 站 用 电

站用电是给整个变电站提供电能的，主要给运行操作控制和中央信号、试验与检查维修、照明等提供电源，站用电设计必须与变电站所处的地位和重要性相适应，从保证整个变电站运行的安全和可靠性出发，选定站用电供电方案。参照《220kV～500kV变电所所用电设计技术规程》（DL/T 5155—2016）、《火力发电厂和变电站照明设计技术规定》（DL/T 5390—2014）、《变电站运行导则》（DL/T 969—2014）等规范和设计手册进行设计。

站用电中运行控制和各种信号电源前面已进行了说明，在此不多叙述；试验与检修用电应针对性地设置相应容量和保护装置的电源；照明后面详细叙述；参照前面一次系统设计，画出站用电的供电系统图和相关平面布置图等。

18.2 站 动 力 用 电

18.2.1 设备正常运行

（1）主变压器的冷却风机、水冷却或强迫循环油泵供电，调相机的供电。

（2）二次的保护、信号、自动装置、操作电源的供电。

（3）调度、通信、广播系统的供电。

18.2.2 设备事故状态运行

（1）与变电站此状态下要求的功能关系最大。

（2）直流操作和交流操作对电源的数量、备用发电机启动方式、蓄电池的事故状态下供电时间等都不同。

18.3 照明方式和灯具确定

对不同工作区域需要照明的空间和照度要求，以满足使用要求、使用功能和适合使用场所的原则。

（1）按照使用和功能要求选定照明方式，如采用一般照明、局部照明、混合照明等不同形式。

（2）按照用途要求选定照明种类，如采用工作照明、事故照明、应急照明、警卫照明、障碍照明等。

（3）按照使用场合要求选定光源和灯具种类，在掌握各种光源的技术特性（功率、发光效率、寿命、显色指数、电压波动、功率因数、启动稳定时间）和灯具结构特点（开启型、闭合型、封闭型、密闭性、防爆型）的基础上，结合具体区域的要求同时选取。如光源有：

热辐射光源（白炽灯、碘钨灯）、气体放电光源（金属卤化物灯、氙灯、荧光灯、高压汞灯、单灯混光灯）、新型光源（固体放电灯、高强度气体放电灯、LED 灯）。灯具型号大类有：广照型、深照型、均照型、配照型、防水防尘型、斜照型，具体型号规格非常多。

18.4　灯具布置和照度计算

以使用功能要求为依据，进行灯具布置和照度计算。

（1）室内灯具布置：平面布置采取均匀布置和选择布置、工作照明和事故照明相间布置相结合的方式、应急照明适宜布置；灯具安装高度与工作面适宜，太高降低工作面照度、维修麻烦，过低产生眩光、不安全、不同灯具最低高度也有要求。

（2）室外灯具布置：一般照明采取均匀布置，设施设备照明采用选择布置，其他同上。

（3）按照 GB 50034—2013 或设计手册选定不同区域要求的照度值，对灯具布置方案采用利用系数法或单位容量法验算工作面照度值并使其满足要求。

18.5　照　明　供　电

（1）所有照明用电在电源进线处应与动力用电分开，并分别计量电能。

（2）按照用途要求选定工作照明、事故照明、应急照明、警卫照明、障碍照明等的供电方式。如双电源供电有备用电源自动投入装置的，可以从电源处满足全部工作照明或事故照明、应急照明的要求；只需工作照明和疏散用的应急照明；警卫照明、障碍照明采用太阳能电池板供电等等不同方式，设计照明供电系统。

（3）所有线路按照敷设方式选择型号，按照计算电流选择截面规格。

18.6　照　明　设　计

（1）编写设计说明书。对整个设计的依据、实现功能、具体做法、施工要求等的全面叙述。

（2）按照供电方式画出各级的照明供电系统图，标注回路编号、用途、容量、开关型号规格、线路型号规格等。

（3）按照平面布置画出所有的照明平面图，标注所有配电箱型号规格和安装高度、灯具型号规格和安装高度、开关型号规格和安装高度、线路型号规格和敷设方式等。

（4）画出有特殊要求的相关图，如母线安装方式大样图、灯具安装大样图、备用电源自动投入装置二次图等。

习　题　18

1. 填空题

（1）变电站室外电气设施照明应采用一般照明和＿＿＿＿相结合的方式，优选的灯具为＿＿＿＿和＿＿＿＿，但其价格较贵。

（2）变电站中央控制室的照明，优选的灯具为_____。

（3）总容量在 60MVA 以上的枢纽变电站、采用硅整流操作电源或_____的变电站均设_____台站用变压器，能从站外引入可靠的 380V 备用电源，可以只装设_____台站用变压器。

（4）变电站站用电装有备用变压器时，一般均装设_____装置，以保证及时供电。

（5）某变电站有 500kV、220kV、330kV 三个电压等级，所用电需要两个电源一般应引自于_____、_____kV 的母线上。

（6）站用电低压侧一般采用_____V_____接地的方式，动力和照明合用一个电源。

（7）站用电一般采用_____ 的方式，平时分列运行可以_____范围，提高供电可靠性。

2. 简答题

（1）变电站用电设备有哪些？其供电可靠性要求如何？

（2）变电站室外照明设计包括哪些内容？如何设计？

第19章 变电站设计说明

施工设计说明书是对整个工程的设计情况进行全面说明，主要包括：工程概况、工程特点、设计依据、采用方案、采用计算方法、采用标准和规范、采用的标准图集编号、施工要求及注意事项、设备订货要求、图例说明等，对工程的实施起着很重要的作用。

设计说明书一般是把全部内容集中起来进行总的说明，或总说明仅就主要的方案和使用面广的进行说明，其他局部使用的说明在具体图中标注，一般后者使用的较多。

开始设计时依据初步方案进行设计，设计中小的细节做法必须是整个设计完成后才确定下来，所以说明书是最后对设计图中应说明的内容归纳整理出来的。

19.1 工　程　概　况

说明变电站名称、地点、地位、性质、作用、用途、功能、容量、电压等级、工程等级类别等的简要全面叙述。

19.2 设　计　依　据

所采用的国家、地区、地方和企业的标准、规范，工程的具体特点和建设单位的要求，相关部门提供的气象、地质、水文等数据。

19.3 方　案　和　方　法

对设计方案和方法进行说明，如主接线方式、运行方式，负荷计算方法，电缆线路的型号、敷设方式等。

19.4 其　他　说　明

如具体部位做法采用的标准图编号及页码、施工要求及注意事项、具体设备订货要求，某类未标注的所表示的意义等。

19.5 图　例　说　明

说明图中图形、符号、标注方式所表示的意义。

习 题 19

简答题：

（1）你认为哪种流程形成的总说明比较完善？

（2）说明中的注意事项主要是哪些内容？

第四篇

PLC 控制系统设计

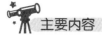

主要内容

（1）PLC 控制项目总体实施阶段。

（2）PLC 控制系统设计基本原则和内容。

（3）PLC 控制系统硬件设计。

（4）PLC 控制系统软件设计。

（5）PLC 控制系统应用实例。

知识要点

（1）基本概念：PLC 容量；PLC 输出方式；I/O 接线图；顺序功能图。

（2）主要知识点：

PLC 控制系统的设计内容。

PLC 选择方法。

PLC 控制系统硬件设计。

PLC 控制系统软件设计。

PLC 控制系统调试方法。

（3）重点及难点：PLC 选择方法；输入模块接线图设计、输出模块接线图设计、顺序功能图设计方法。

基本要求

具有根据生产工艺要求设计和调试 PLC 控制系统的能力。

PLC 控制系统设计篇

第 20 章　PLC 控制系统设计基础

可编程控制器（Programmable Controller，简称 PC。名称上为区分于个人计算机，现沿用原来的名称 PLC）产生于 1969 年，它是在继电－接触器控制系统基础上开发的一种新型工业控制装置。国际电工委员会（IEC）于 1987 年颁布了可编程控制器标准草案第三稿，在草案中对可编程控制器定义如下：

"可编程控制器是一种数字运算操作的高级电子系统，专为在工业环境下应用而设计。它采用了可编程序的存储器，用来在其内部存储执行逻辑运算、顺序控制、定时、计数和算术运算等操作的指令，并通过数字式和模拟式的输入和输出控制各种类型的机械或生产过程。可编程控制器及其有关外围设备，都应按易于与工业系统联成一个整体，易于扩充其功能的原则设计。"

PLC 以 CPU 为核心，集 3C（计算机、通信、控制）技术为一体，具有编程简单、接线简单、可靠性高、体积小、灵活通用和易于维护等特点。到目前为止，PLC 在工业领域中，无论从可靠性还是应用领域的深广度上，都超过其他的控制设备。PLC 在现代工业自动化支柱技术（PLC，CAD/CAM，Robot，NC 数控）中位居首位。目前，PLC 在中国市场的需求量很大，各种品牌的 PLC 纷纷涌入国内，各行各业对 PLC 技术人员的需求量急剧上升，对于电气工作者来说掌握好 PLC 技术已刻不容缓。

本章主要介绍 PLC 控制系统设计的基本方法和步骤。通过本章学习，使读者对 PLC 控制系统的设计有较全面的认识。

20.1　PLC 控制项目总体实施阶段

作为一个自动化系统工程的实际项目，其实施一般可分为四个阶段。

（1）项目确定与合同签订阶段。在一个工程项目设计实施的初始阶段，首先是项目的确定与合同的签订，即完成甲方和乙方之间的双方合同关系。

（2）项目设计阶段。项目设计阶段分初步设计和详细设计。控制系统的初步设计，也称总体设计。而详细设计可分为硬件设计与软件设计两大环节。

（3）软硬件制作及其调试（实验室调试）和现场安装调试及运行阶段。一般在控制系统（控制柜）的设计、采购与成套之后，到现场安装之前要先在实验室中进行仿真调试，即依次进行硬件调试、软件调试与硬软件统调，最后考机运行，为现场安装投运做好准备。

（4）资料归档与项目验收阶段。资料归档是项目实施中必不可少的一个环节。在调试运行过程中应注意图纸设计每次修改的记录，以便形成一份正确无误的项目设计资料，它是系统日后维护、维修的重要依据。

项目验收是系统设计与实施最终完成的标志，应由甲方主持、乙方参加，最终双方在设计完成确认书上签字，表明工程项目的最终完成。

下面重点介绍 PLC 控制系统设计部分。

20.2　PLC 控制系统软硬件设计

当项目确定签订好后，就进入项目的设计阶段。在结合实际工程进行 PLC 控制系统设计时，需遵循在满足控制要求前提下，力求控制系统经济、简单，维修、操作方便，保证控制系统安全可靠；考虑到生产发展和工艺的改进，在选用 PLC 时，在 I/O 点数和内存容量上要留一定备用量；软件设计遵循力求程序结构清楚，可读性强，程序简短，占用内存少，扫描周期短等原则。

PLC 控制系统设计时，主要有如下步骤：

（1）控制对象需求分析；

（2）确定 PLC 控制方案；

（3）硬件设计；

（4）软件设计。

20.2.1　控制对象需求分析

控制对象工艺流程的特点和要求是设计 PLC 控制系统的主要依据，所以必须详细分析、认真研究。

（1）任务和范围。控制系统有可能包括多种控制手段，如有的功能采取继电器 – 接触器直接控制实现，有的由 PLC 实现，对于复杂系统可能会有多个 PLC，因此，我们需明确每台 PLC 的任务及控制范围。

（2）输入量和输出量。PLC 控制系统的输入量主要是来自操作台的控制信号和工作现场的状态检测信号。输入量有开关量（如起动、停止信号等）和模拟量（如对压力、温度、流量等检测信号）之分；PLC 输出量同样有开关量（如电磁阀、接触器、指示灯等）和模拟量（如压力、温度、流量等控制信号）两种。明确机械、液压、气动等电气系统之间的关系，确定被控设备的种类和数量及输入信号的响应速度要求等，明晰输入输出种类和数量，对模拟量明确其控制范围，做到心中有数。

（3）必须完成的动作。包括动作时序、动作条件、保护联锁关系等。

（4）具备的操作方式。控制系统的操作方式一般有手动和自动两种，有的系统可能还会有半自动和单步等不同的操作方式需求。

（5）监控参数制定和选取。在满足工艺和控制要求的前提下，监测和控制用参数不宜太多，精度要求不宜过高，否则会增加系统的复杂性和成本，因此要明确合理制定和选取的监控参数。

20.2.2　控制方案设计

在对控制对象的工艺流程进行透彻分析，明确具体控制要求，确定系统所要完成的任务后，应根据系统要求及所选设备的性价比、操作的方便程度、可扩展性等，确定一种比较合理的设计方案（如采用开环还是闭环控制、简单控制还是复杂控制等）并进行控制装置机型的选择如单片机、可编程调节器、IPC、PLC 等。若确定用 PLC 控制时，应根据各生产工艺相对独立性、采集的数据量的大小和各工艺段距离远近等确定 PLC 控制系统的结构形式。

PLC 控制系统的结构形式主要有集中式、远程式和分布式。

（1）集中式控制系统。集中式控制系统是指用一台 PLC 控制一个或多个被控设备，特点是控制结构简单，如图 20-1 所示。主要用于输入输出点数较少，各被控设备所处的位置比较近，且相互间动作有一定联系的场合。

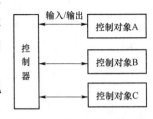

图 20-1　集中式控制系统

（2）远程式控制系统。远程式控制系统指控制单元远离控制现场，如图 20-2 所示。PLC 通过通信电缆与被控设备进行信息传递，该系统一般用于被控设备十分分散或工作环境比较恶劣的场合，其特点是需要采用远程通信模块，提高了系统的成本和复杂性。

（3）分布式控制系统。分布式控制系统指几台 PLC 分别独立控制某些被控设备，然后再用通信线将几台 PLC 连接起来，并用上位机进行管理，如图 20-3 所示。该系统多用于有多台被控设备，之间有数据信息传输的场合，其特点是灵活性强，控制范围大，但需要增加用于通信的硬件和软件，系统复杂性也更大。

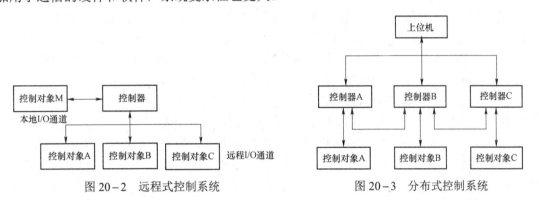

图 20-2　远程式控制系统　　　　　图 20-3　分布式控制系统

另外在总体设计方案确定时，要考虑现场设备如传感器、变送器和执行器的选择对控制任务和控制精度的影响，以及与系统数学模型相关的控制算法选取对控制指标实现的影响；此外，还应考虑人机界面、系统的机柜或机箱的结构设计、抗干扰等方面的问题。最后初步估算一下成本，做出工程概算。

在对所提出的总体设计方案进行合理性、经济性、可靠性以及可行性论证及通过的基础上，便可进行硬件与软件的详细设计。

20.2.3　PLC 控制系统硬件设计

PLC 控制系统硬件设计包含核心控制装置 PLC 的选择、接口模块的选择、现场设备的选择；PLC 输入/输出端子接线图设计；电动机等主电路及不进入 PLC 的控制电路的设计；PLC 的电源进线图和执行电器供电系统图设计；电气柜结构图设计等。

（1）核心控制装置 PLC 的选择。在明确了任务的基础上制定出运行方案后，接下来就要进行 PLC 的具体选择，选择时主要考虑两个主要内容。

1）PLC 规模的估算。PLC 规模的估算包括两个方面即 I/O 点数估算和存储容量估算。

（a）输入输出点数的估算。在详尽分析了系统流程的基础上，确定和统计出系统的输入输出类型及数量，在实际统计出的 I/O 点数的基础上，留有 15%～20% 的备用量，以便今后调整和扩充（如系统升级、控制对象的扩充）。另外，预留备用量也可解决某些输入输出点因损坏而需更换等问题。

（b）存储容量的估算。用户程序所需的内存容量主要与系统的 I/O 点数、控制要求、程序结构长短等因素有关。一般可按下式估算：存储容量＝开关量输入点数×10＋开关量输出点数×8＋模拟通道数×100＋定时器/计数器数量×2＋通信接口个数×300＋备用量，单位为字，备用量一般按 25%来考虑。

2）PLC 机型选择。PLC 生产厂家有几百家，产品种类上千种，选择 PLC 机型时主要考虑以下几个方面：

（a）功能与任务、规模相适应。对只有开关量控制的场合，选用一般低档机就可以了，对以开关量为主，带有部分模拟量控制的应用项目，应选用带 A/D、D/A 和四则运算功能的低档机。对控制较复杂，控制要求较高的应用，如 PID 调节、闭环控制、通信联网等，选用中小型和大型的 PLC 以组成 DCS 系统。总之，功能与任务要相适应，不要一味追求高档机，因为要求不高的项目中选择低档机要便宜得多。

（b）PLC 结构合理，机型统一。PLC 机型按结构形式分主要有两种即整体式和模块式。整体式常适用于单机系统、集中控制系统；模块式往往适用于控制规模大的集散系统、远程 I/O 系统，其结构容易扩展，组态灵活。

在一个单位或企业中，机型应尽可能统一，这种可降低购买编程软件和人员培训的成本。另外由于模块通用性好，备件量少，因此给编程和维修会带来很大方便。

（c）在线、离线编程的选择。离线编程的 PLC 是指编程器和 PLC 共用一个 CPU，PLC 的编程、监控和运行工作状态通过编程器上的方式开关来选择编程方式。选择编程状态时，CPU 将失去对现场的控制，只为编程服务。程序编好后，若选择运行状态，CPU 则去执行程序对现场进行控制，失去对编程器的服务。离线编程一般适用于产品定型和工艺不经常更改的设备的控制。

在线编程是指编程器和 PLC 各有一个 CPU，在 PLC 运行中可通过编程器随时编程的一种控制方式。编程器的 CPU 完成编程处理，主机的 CPU 实现对现场的控制，并在每个扫描周期的末尾与编程器进行通信，在下一个扫描周期，主机按照新输入的程序控制现场。具有在线编程功能的 PLC，由于增加了硬件和软件，因此价格高。大型 PLC 多采用在线编程。

（d）实时控制性的满足。PLC 工作时，输入量的变化一般要在 1～2 个扫描周期后才能反映到输出端，这种 I/O 滞后对一般工业控制是允许的。由于滞后时间长短与 CPU 的扫描速度、I/O 总点数、应用程序的长短及编程的质量等因素有关，因此在实时性要求高的场合，可通过提高 CPU 处理速度，提高程序质量及在必要时采用高速响应模块（不受 PLC 扫描速度只受硬件延时影响）等方法来提高响应速度。在选择 PLC 时，应考虑 PLC 的处理速度对实时控制的影响及满足。

另外在选择 PLC 时也要考虑 PLC 性价比和售后服务。

（2）接口模块的选择。当主机选择好后，就要进行接口模块选择。PLC I/O 模块有多种，通常有开关量输入/输出模块、模拟量输入/输出模块及各种智能模块，以适应不同的控制信号。

1）开关量输入模块。输入模块的作用是接收现场的各种输入信号，并通过隔离、滤波、放大整形和电压转换等环节，把输入信号送入 PLC 主机。选择开关量输入模块时主要考虑以下几点。

（a）电压选择。开关量输入模块按工作电压分通常有直流 5V、12V、24V、48V 几种，交流有 110V、220V 两种。电压等级选取除考虑尽可能和现场信号一致，以减少电源的因素外，主要考虑现场检测元件与模块间的距离及外界干扰的强弱。若距离远、外界干扰大时，可选择高电压等级的模块。

（b）同时接通点数。PLC 点数很多，允许同时接通的点数取决于输入电压和环境温度。一般来讲，同时接通的点数不超过模块总点数的 60%，若超之应考虑采取散热措施，保证输入点在允许能力范围内承受负载。

（c）门槛电平。门槛电平是指输入点的接通电平和关断电平的差值。门槛电平值越大，抗干扰能力越强，传输距离越远。

（d）输入端漏电流的控制。在实际工程连接配线中，会存在不同程度的漏电流，如连接电缆和双绞线的线路电容可能引起交流漏电，带 LED 指示的开关可能会产生较大的漏电流，晶闸管截止时也会存在少量的漏电流。漏电流会像输入信号一样输入到主机中形成干扰，解决方法是在输入端并联合适的电阻和电容，以降低输入总阻抗，防止漏电流造成信号的假象。

2）开关量输出模块。

（a）电压（流）选择。开关量输出模块电压等于负载额定电压，输出电流必须大于负载额定电流，否则可考虑增加中间放大环节。对于电容性和热敏电阻负载，考虑到接通时有冲击电流，要留有足够余量。

（b）输出方式选择。为适应现场不同负载的控制需求，PLC 有三种输出方式。根据输出回路中开关器件的不同，PLC 输出可分为继电器输出（R）、晶闸管输出（S）和晶体管（T）输出三种方式，其中继电器输出方式适合于大功率低频交直流负载的驱动，其优点是价格便宜，过压过流能力强，缺点是寿命短、响应速度较慢；晶闸管输出方式适用于交流负载的驱动；晶体管输出方式适用于直流负载的驱动。

（c）同时接通的输出点数。选择开关量输出模块时应考虑同时接通输出设备的累计电流值必须小于公共端所允许通过的电流值。一般情况下，允许同时接通的点数不超过同一公共端输出点数的 60%。

另外，还应注意模块的驱动能力，能力不够时，可增加中间放大环节；为防止由于负载短路等原因烧坏 PLC 输出模块，输出回路需外加熔断器。继电器、晶体管和晶闸管三种输出方式中，继电器方式可选普通熔断器，后二者可选快速熔断器。

3）模拟量输入模块。模拟量输入模块是将现场由传感器检测的信号转换成 PLC 内部可接收的信号。选择模拟量输入模块应注意其量程范围与现场检测信号范围相适应。模拟量输入模块量程通常有 0～5V、0～10V、−5～5V、0～20mA、4～20mA 等。如现场设备离模拟量输入模块较远时，系统设计尽量选择 0～20mA 或 4～20mA 电流型。另外，还应考虑输入模块的分辨率和转换精度等参数指标应符合具体控制要求。

4）模拟量输出模块。模拟量输出模块是将 PLC 内部的数字量信号转换成模拟量信号输出。模拟量输出模块类型有 0～10V、−10～10V 和 0～20mA、4～20mA 等的电压型和电流型。使用输出模块时根据负载情况选择不同输出功率的模块，另外，还应考虑输出模块的分辨率和转换精度等参数指标应符合具体控制要求。

5）特殊功能模块。系统较大时一般都需进行系统扩展，包括 I/O 扩展和功能扩展。不同公司的产品，扩展时对系统点数和扩展模块数量都有限制。功能扩展时特殊功能模块通常有高速计数器模块、位置控制模块、PID 模块、调制解调器模块等。特殊功能模块的价格一般较贵，而有些功能选择一般 I/O 模块也可以实现，只要增加软件工作量，因此选择时应根据实际情况进行取舍。

（3）现场设备的选择。根据工艺要求选择测量装置，包括被测参数种类、量程大小、信号类别、型号规格等；根据工艺流程选择执行装置，包括能源类型、信号类别、型号规格等。现场设备主要是传感器、变送器和执行器，它们的选择会影响到系统的控制任务和控制精度，因此应正确选择。

（4）电气原理图及控制柜设计。电气原理图主要包括主控电路、PLC 输入输出接线图、二次接线图，供电系统图等。电气原理图应利用 Autocad 绘图，同时利用 Autocad 绘出设备清单。下面主要介绍 PLC 输入输出接线图、供电系统图和控制柜图的设计。

1）PLC 输入输出接线图。PLC 的 I/O 回路接线方法及其优化是影响 PLC 控制系统可靠性的重要因素，在设计系统时要注意输入回路及输出回路的正确接线及设计。

（a）输入回路接线设计。输入回路接线一般指外部输入设备与输入接口的接线。为提高系统可靠性，在设计中尽量选择可靠性高的元器件，如位置检测中常用可靠性高的接近开关代替容易出故障的机械限位开关等。另外，输入接线设计还应注意输入接线距离一般不超过30m，但在环境干扰较小及电压降不大时，输入接线可适当增长些。输入线不能和输出线用同一根电缆，要分开。

（b）输出回路接线设计。开关量输出模块有三种输出方式：继电器输出、晶体管输出和晶闸管输出，输出端的接线分为独立输出和公共输出。使用中应根据现场负载要求具体来选其输出方式，选择不当就会降低系统可靠性，严重时导致系统不能正常工作，如晶闸管输出只能用于交流负载，晶体管只能用于直流负载。另外，在不同组中，可采用不同类型和电压等级的输出电压，但在同一组中的输出只能用同一类型同一电压等级的电源。

当 PLC 的负载很可能产生较大电磁干扰时，要采取必要的抗干扰措施。如果干扰源是交流，在负载两端并联二极管，当输出接口连接感性负载时，一定要在负载两端设置一个浪涌抑制器，以吸收负载产生的反电势。

不同的 PLC 产品，输出公共点数量也不同，有的一个公共点带 8 个输出点，有的带 4 个，也有的带 2 个或 1 个输出点。当负载种类多且电流较大时，采用一个点带 1～2 个输出点的 PLC 产品，当负载种类少数量多时，采用一个点带 4～8 个输出点的 PLC 产品，这样方便电路的设计。由于 PLC 内部一般没有熔断器，因此需在每个公共点处加熔断器。1～2 个输出点时加 2A 的熔断器，4～8 个输出点时加 5A 到 10A 的熔断器。

2）PLC 供电系统图设计。在 PLC 控制系统中，供配电应采用电压等级 220V/380V，工频 50Hz 或中频 400～1000Hz 的 TN−S 或 TN−C−S 系统。PLC 供电系统图设计中总电源一般是三相电源，设计时根据负载如电动机总容量考虑空开、交流接触器容量的选择，另外参考相关标准进行配线的选择；控制电源一般是交流 220V 或 380V 和直流 24V 电源。

3）控制柜的设计。控制柜把核心控制装置及动力系统主回路与控制回路的低压电器装置集成在一起，既为操作人员提供一个良好的监控界面与操作平台，也为维护人员提供一个方便的检测、维修场所。对于大的系统，往往分成动力柜（强电）、控制柜（弱电）、仪表柜等几种柜；而对于小系统，可以集成在一个柜上。控制柜的设计不仅是柜的外形尺寸与框架结构，更主要的是柜内电器部件的安装接线图，它表示了各电器部件的实际安装位置和它们之间的电气连接，这是实际接线的依据，也是现场安装和检修工作不可缺少的图纸。对此，需要设计柜的正面布置图、背面配线图及结构尺寸图等。

20.2.4　PLC 控制系统软件设计

PLC 控制系统软件设计包括系统主程序、子程序、中断服务程序、故障应急等辅助程序的设计，一般小型开关量控制系统的程序只有主程序。

系统软件设计步骤主要有：

（1）制定运行方案。熟悉控制系统的规模、控制方式、输入/输出信号的种类和数量、特殊功能接口的有无、设备的通信内容和方式；将控制对象和控制功能按照系统响应要求、信号用途或控制区域进行分类，确定检测设备和控制设备的物理位置，了解每个检测信号和控制信号的形式、功能及之间的关系，制定出整个系统的运行方案。

（2）设计系统框图。根据控制系统总体要求和具体情况，确定应用程序基本结构，按照程序设计标准绘制出程序结构框图，然后再根据工艺要求，绘制各功能单元的功能流程图，画流程图时注意动作的确定及条件的转换，为编程提供思路。

（3）制定 I/O 分配表。确定编程中所用到的编程元件，标出元件编号及功能等，特别注意有些点是否有特殊要求，如中断、脉冲捕捉功能等。

（4）编写系统程序。根据设计出的框图选用编程语言和方法编写程序，并及时给程序加注解。

1）PLC 编程语言。PLC 编程语言有五种，分别为梯形图语言（LAD）、语句表语言（STL）、功能块图语言（FBD）、顺序功能图语言（SFC）、结构文本语言（ST）。不同的 PLC 能采取的编程语言是有区别的。大多数 PLC 都提供了梯形图、语句表、功能块图语言，有的除此之外还提供顺序功能图编程语言和结构文本编程语言。梯形图语言编程用的最多。

2）PLC 编程方法。PLC 程序编写方法主要有经验设计法、逻辑设计方法、继电接触器电路转换法、顺序控制设计方法等。

（a）经验设计方法。经验设计方法是根据生产机械的工艺要求和加工过程，利用各种典型环节，加以修改完善。若没有现成的典型控制环节，则按照工艺要求逐步进行设计。经验设计方法比较简单，但必须熟悉大量的控制环节，掌握多种典型环节的设计资料，同时具有丰富的实践经验。由于是靠经验进行设计，所以没有固定模式，通常是先选择一些典型基本环节，实现工艺的基本要求，然后逐步完善其功能，并加上适当的联锁和保护环节。经验设计方法设计的程序具有非唯一性，不能一次获得最佳控制程序，需要反复修改等。经验设计方法适用结构较简单、规模较小的系统。

（b）逻辑设计方法。逻辑设计方法是利用逻辑代数这一数学工具来设计程序，同时也可用于程序的化简。程序中的软元件的线圈的通断和触点的闭合和断开均可以看做逻辑变量，分别为输出逻辑变量和输入逻辑变量。当一个逻辑函数用逻辑变量的基本运算式表达出来后，实现此逻辑函数的软接线程序就确定了。

（c）继电接触器控制线路转换设计方法。这种方法常适用于旧设备的改造，手头有久经考验过的现成的继电接触器控制线路。在这种情况下，可以遵循梯形图的编制规则将继电接触器控制线路转化成梯形图程序。这种方法可保持系统原有控制面板，不改变操作人员长期形成的操作习惯。

（d）顺序控制设计方法。顺序控制设计方法主要用于复杂的顺序控制系统的编程，它是将系统的一个工作周期按输出量的变化情况划分为若干个顺序相连的工作阶段或工步，每个工作阶段用编程元件 M 或 S 来代表，在任何一步内输出量的状态不变，相邻两步输出量总的状态是不同的，步与各输出量有着极为简单的逻辑关系。

顺序控制设计法的本质是用转换条件控制代表各步的编程元件，让它们的状态按一定的顺序变化，然后用代表各步的编程元件去控制输出，如图 20-4 所示。

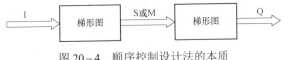

图 20-4　顺序控制设计法的本质

顺序控制设计方法的设计步骤：

a）根据系统的工艺过程，画出顺序功能图。顺序功能图是描述系统控制过程、功能和特性的图形，由表示各个工作阶段的状态、表示步的进展方向的有向连线、表示步到步的转换及转换条件、表示各步的动作组成。绘制顺序功能图应注意：两个步绝对不能直接相连，必须用一转换即短杠隔开；两个转换也不能直接相连，必须以步隔开；顺序功能图初始步对应系统等待启动的初始状态，初始状态必不可少。

b）根据顺序功能图设计梯形图程序。根据顺序功能图设计梯形图程序有利用顺序控制指令、移位寄存器指令、S/R 指令和起保停电路四种方法。无论哪种，本质都是转换实现必须同时具备两个条件，即该转换所有的前级步都是活动步和相应的转换条件满足；转换实现完成两个操作即使所有由有向连线与相应转换符号相连的后续步变为活动步、前级步都变为不活动步。

（5）程序调试并固化。当程序编好后，就可下载到 PLC 中进行调试了，若测试程序不正常，则观察流程图是否正确，若流程图正确则说明程序有误，进行程序修改，若流程图不正确，则说明方案有误，则修改方案。若测试程序正常则进入试运行，若有问题同前修改，没问题则固化程序交付使用。

20.3　模拟调试与现场安装联调

20.3.1　模拟调试

系统调试工作是 PLC 控制系统能否满足控制要求的关键工作，是对系统性能的一次客观综合评价。系统投入使用前必须经过全系统功能的严格调试。调试分实验室模拟调试和现场调试，在现场安装统调前需先进行实验室模拟调试。

实验室模拟调试时，实际的输入信号用开关或按钮模拟，各输出量的通断状态用 PLC 上相关的指示灯来模拟，一般不接 PLC 的实际负载如接触器、电磁阀等。如果程序中某些定时器或计数器设定值过大，为缩短调试时间，可在调试时减少设定值，模拟调试结束后再写入实际设定值。注意模拟量控制调试时最主要的是选择合适的控制参数，调试参数要做多种选择，从中选出最优的参数。I/O 回路具体调试如下：

（1）模拟量输入回路调试。要仔细核对输入模拟量模块的地址分配，检查回路供电方式是否与现场仪表一致。用信号发生器在现场端对每个通道加入信号，通常取 0，50% 和 100% 三点进行检查，对有报警和联锁的 AI 回路，还要在报警和联锁值（如高报、低报和联锁点及精度）进行检查，确认有关报警和联锁状态的正确性。

（2）模拟量输出回路调试。可根据输出回路要求，用手动输出（即直接在控制系统中设定）的办法检查执行机构（如阀门的开关度等）。通常也取 0、50%和 100%三点进行检查，对有报警和联锁的回路，还要在报警和联锁值（如高报、低报和联锁点及精度）进行检查，确认有关报警和联锁状态的正确性。

（3）开关量输入回路调试。在相应现场端短接或断开检查开关量输入模块对应通道地址的发光二极管变化，同时检查通道的通断状态。

（4）开关量输出回路调试。通过 PLC 系统提供的强制功能检查输出点，观察开关量输出模块对应通道地址的发光二极管变化，同时检查通道的通断状态。使用强制功能时，要注意测试完后应还原状态，在同一时间内不应对过多点强制操作，以免损坏模块。

20.3.2　现场安装布线

在设计和模拟调试程序的同时，可以制作控制台或控制柜，进行现场安装和布线。为减少电磁干扰现场安装布线时应注意以下几个方面：

（1）I/O 线与动力线、交流线与直流线、输入线与输出线、开关量与模拟量及其控制线不能共用同一根电缆，尽量不要在同一走线槽中布线，应分开走线；隔离变压器与 PLC 和 I/O 之间应采用双绞线连接；PLC 的 I/O 线和大功率线分开走，如必须在同一走线槽，则应分开捆扎交流和直流线；输出线尽量远离高压线和动力线，避免并行；模拟 I/O 线最好采用一端接地的屏蔽线。

（2）PLC 主机单元与扩展单元之间的电缆，不能与其他连线敷设在同一线槽里。

（3）PLC 的 I/O 回路配线必须使用压接端子或单股线，用多股绞合线容易出现火花；输入输出线要用分开的电缆，输入端尽量采用常开触点接入，便于程序阅读；PLC 输出采用继电器输出时，所承受电感性负载大小会影响到继电器使用寿命，此时可加隔离继电器。

（4）PLC 安装时应远离热源，在温度变化剧烈时可采取加轴流风机等措施进行散热，要避免在潮湿、有腐蚀气体、有震动和冲击的地方安装。

（5）PLC 控制系统接地线采用一点接地，接地点尽量靠近 PLC；PLC 的 CPU 单元必须接地，若使用了扩展单元，则它们应有共同的接地体，而且从任一单元的保护接地端到地的电阻不能大于 100Ω。

20.3.3　现场调试

当实验室调试和现场安装结束后，就可以进行现场联调。联机调试是将通过模拟调试的程序进一步在线统调。在调试过程中将暴露系统中可能存在的传感器、执行器和硬接线等问题，以及 PLC 外部接线图和梯形图程序设计中的问题。通过现场调试，进一步修改和完善系统的硬件和软件，使控制系统的各项性能指标达到设计要求，直到控制系统正式投产运行。

20.4　PLC 控制系统资料归档与项目验收

项目进行的最后阶段是资料归档与项目验收。

（1）资料归档。在调试运行过程中所修改的图纸设计都要一一记录在案，形成施工记录，最终形成一份正确无误的整个项目的设计资料，包括控制系统设计说明书、硬件原理图、安装接线图、电气元件明细表、带注释的 PLC 程序，以作为该系统今后维护、维修的重要依据。

乙方还要编写一份该系统的操作使用说明书，必要时还要对甲方操作者进行操作培训，以保证系统能正常、有序地运行。

（2）项目验收。项目验收是系统设计与实施最终完成的标志，应由甲方主持、乙方参加。系统试运行一段时间后，双方应按照合同书（设计任务书）的技术指标要求逐项验收，如有问题还要进行微调直至完全符合要求，最终双方在设计完成确认书上签字，表明工程项目的最终完成。

此时，甲方应按照合同约定，把除质量保证金以外的其余工程费用全部支付乙方。

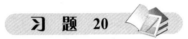

习 题 20

1. 填空题

（1）PLC 三种输出方式分别是＿＿＿＿＿＿、＿＿＿＿＿＿、＿＿＿＿＿＿，其中＿＿＿＿＿＿方式不能驱动直流负载。

（2）PLC 常用编程语言有 ＿＿＿＿、＿＿＿＿、＿＿＿＿。

（3）门槛电平是指输入点的＿＿＿＿ 和＿＿＿＿的差值。门槛电平值越大，抗干扰能力＿＿＿＿，传输距离越远。

（4）PLC 控制系统编程方法主要有 ＿＿＿＿、＿＿＿＿、＿＿＿＿、＿＿＿＿。

2. 简答题

（1）PLC 机型如何进行选择？

（2）什么是顺序功能图？由顺序功能图写出梯形图程序有哪几种方法？

（3）PLC 控制系统设计包含哪些主要内容？

（4）PLC 控制系统安装布线时应注意哪些方面？

第21章 PLC控制系统设计实例

21.1 项 目 工 艺 分 析

本实例源于"某网业有限公司7m定型机"实际工程项目，当项目确定和签订之后，就着手进行设计。设计之前必须分析控制对象工艺流程，确定好控制任务。

21.1.1 7米定型机组成及工艺分析

（1）7米定型机组成。定型机是在适宜的温度和张力下对织物进行横向拉幅和纵向拉伸定型处理，使织物表面平整度和尺寸达到规定要求的全自动定型设备。本实例中的定型机定型的织物是造纸时所需的聚酯纤维织物，这种织物是制造纸箱最为重要的媒介物。定型机主要由主动辊部分、拉伸部分、拉幅部分和加热部分组成。定型机结构示意图如图21-1所示。

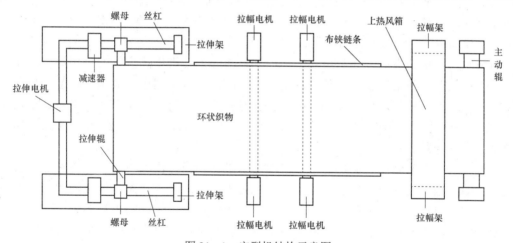

图21-1 定型机结构示意图

主动辊是定型机的主要设备，通过控制主动辊的转动速度来控制环状织物的传动速度。自动运行时，主动辊的速度范围在1~3m/min内连续可调；手动运行时，主动辊的速度最大为10m/min连续可调。

拉伸部分最主要的是U形拉伸架，U形拉伸架上装有拉伸辊。拉伸电机控制拉伸辊进行前后运动，拉伸架电机控制U形拉伸架的前后移动，各种限位传感器用来对拉伸架以及拉伸辊移动距离进行检测。另外减速箱用来对电机停止运行时进行一定的缓冲。在定型开始之前，将织物固定于主动辊和拉伸辊上，移动拉伸辊到初始位置，然后移动U形拉伸架，缓缓将织物撑起，直到织物的拉伸张力达到初始张力，拉伸定型的前期工作才算结束。定型开始后，首先移动U形拉伸架对织物进行粗拉伸，再移动拉伸辊对织物进行细拉伸，拉伸速度在给定范围内连续可调。整个定型过程中要求拉伸辊与主动辊严格同步，保证在整个拉伸过程中对织物的纵向张力符合工艺要求。当拉伸力的大小到达规定要求时停止拉伸，用压力传感器测量纵向拉伸张力。

该定型机的拉幅装置是由桥联架上的拉幅器以及分别安装在聚酯纤维织物左右两侧的具有环形导轨的针板组成。该导轨上装有由电机带动旋转的传动链条，传动链条上每隔一段距离安装具有双排挂针的针板小车。挂针的位置与聚酯纤维织物外侧孔的位置一一对应。在左右两个针板上都装有由汽缸控制的压网装置，压网装置工作时会将织物牢牢压紧，此时挂针便会准确地扎入织物中对应的孔中。

拉幅器主要是由拉幅架传动装置、拉幅电机组成。拉幅电机主要是用来拉动固定在织物左右两侧的针板装置，实现织物宽度的定型。拉幅电机要求可正反旋转，拉幅架的移动速度要求在规定范围内连续可调。在定型过程中，拉幅架的位置可根据定型所要求的横向张力自动调节，以便织物的定型质量得到保证。用旋转编码器测量织物经过拉幅后的宽度，压力传感器测量横向拉幅张力。

加热部分最主要的设备是热风箱，该热风箱是一个长 7m，宽 1m，高 1m 的长方体。在这个长方体的铁皮箱中，沿着 6 个内壁分别布满了具有隔热功能的纤维制品，在其内部均匀装有很多电加热管，三支热电偶均匀地插入热风箱左中右三个部分进行温度的采集。热风箱上部的鼓风机用来将加热后产生的热空气吹到织物表面对织物进行加热，升温快、超调小及受热温度均匀是对加热系统的主要要求。上电后热风箱里的电加热丝开始工作，电加热丝产生的热量使周围的空气温度也迅速升高，对织物进行加热处理就是将加热后的空气通过强力的鼓风机吹向织物的表面，并利用安装在织物背面的抽风机将热空气回收加热循环使用。通过检测抽吸回来的空气温度调节好热空气的温度，使得定型达到最佳的状态。整个加热定型过程中温度须恒定不变。热风箱加热分为加热温度一致的三组，使温差保持在给定温度的 ±1℃。加热温度要随传动圈数变化，80℃加热一圈，然后 120℃加热一圈，最后 150℃加热，直到满足定型工艺。

（2）热定型工艺流程。加热定型是在规定的温度和张力范围内，对织物内部分子重新排列组合的过程。这种情况下织物的各个分子处于相同的紧张状态，使聚网达到定型的尺寸。在对织物进行拉伸定型后，由于拉伸的作用会使聚酯纤维织物内部的分子存在一定应力，易产生新的形变，所以在紧张的定型结束后，必须对其进行松弛定型，这样才能保证定型好的织物不会再次发生形变，织物稳定性大大增强。织物的热定型工艺流程如图 21-2 所示。

图 21-2　热定型工艺流程

20.1.2　7m 定型机电气控制要求

7m 定型机电气控制要求如下：

（1）拉伸电机：拉伸电机为一台 7.5kW 直流电机，可正反转运行，速度能设定。拉伸具有零点、零点保护、远端接近开关进行限位检测；具有手动/自动拉伸运行状态，受纵向拉伸张力控制；拉伸长度选编码器计数测量。

（2）拉伸架电机：拉伸架电机为一台 1.5kW 交流电机，可正反转；具有零点、零点保护、远端接近开关限位检测；拉伸架粗略计长利用接近开关发测量脉冲（每个脉冲值为 500mm）。

（3）主驱动电机：主驱动电机为一台 7.5kW 交流电磁调速电机，可正反转运行，运行速度可设定。

（4）电加热管：3 组电加热管功率均为 50kW，3 个温度点用 PT100 温度传感器检测。

（5）鼓风电机：3 台 7.5kW 的鼓风电机，可单独启停也可三台逐台启动。

（6）可移动前支架：可移动前支架为一台 0.75kW 交流电机，可正反转运行。移动具有零点、远端接近开关限位检测。

（7）桥联电机：桥联电机为两台 0.55kW 的交流电机可正反转运行；具有零点、远端限位检测。

（8）针板电机：针板电机为两台 0.75kW 交流变频电机，速度与主驱动同步。

（9）拉幅电机：拉幅电机为四台可正反转的 1.5kW 交流变频电机，速度可调。拉幅有手动、自动拉幅运行状态，拉幅受拉幅横向张力控制。拉幅距离用编码器测量，拉幅具有零点、远端限位检测。

（10）针板摆臂电机：180W 交流电机两台可正反向运转。前点、后点限位检测。有手动自动控制，受前后针板网边常位、超限光电开关检测控制。前、后针板网边常位、超限各一个光电开关检测。

（11）悬臂升降电机：4kW 交流电机两台可正反转运行，悬臂升降接近开关进行高点检测和零点限位。

（12）拉伸张力检测：0～30T 压力传感器一台，供电电源 DC 24V，输出 4～20mA。

（13）拉幅张力：采用 4 台 1.5T 压力传感器，检测横向拉幅进、出口张力（供电电源 DC 24V，输出 4～20mA）。

（14）排风门：排风门电动执行器两台（供电 220V，开关型），供电打开，断电关闭。

21.2　项目控制方案设计

分析好定型机工艺流程及电气参数后，就应确定电气控制方案。通过分析知 7 米定型机生产工艺特点主要有：

（1）各生产工艺相对独立，单体设备多。

（2）采集的数据量不大，整个系统有数字量输入、输出，模拟量输入、输出。工艺参数包括压力、位置、速度等。

（3）电机数量多，多数采用启停控制、部分电机采用连续变频控制。

（4）各工艺段距离远，设备分散。

根据以上特点，7m 定型机电气控制系统采用西门子 PLC 现场总线系统。主控制器由三台 PLC 即操作台 PLC、拉伸 PLC 和拉幅加热 PLC 构成，它们之间构成 RS–485 网络。其网络系统构架如图 21–3 所示。

操作台 PLC 主要接收操作台相关信息，并与触摸屏进行通信。加热拉幅 PLC 和拉伸架 PLC 的相关数据通过操作台 PLC 传送到触摸屏，并将触摸屏的设定数据传送到加热拉幅 PLC 和拉伸架 PLC 中实现对织物的定型控制。

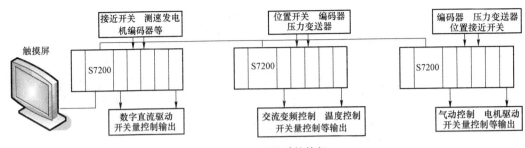

图 21-3　网络系统构架

21.3　控制系统硬件设计

定型机系统硬件设计主要包含系统的硬件配置（PLC 的选择、扩展模块及功能模块的选择、现场检测和执行机构和触摸屏等的选择）、电气原理图设计、控制面板和电气柜结构设计等。

21.3.1　控制系统硬件配置

（1）可编程控制器的选择。本定型机控制系统需要三台 PLC，即操作台 PLC、拉伸架 PLC 和拉幅加热 PLC。

1）确定系统输入、输出及点数。操作台 PLC 主要是接收操作台上的各个按钮信号及现场的检测信号，如前升降机零点和高点检测、后升降机零点和高点检测、移动支架零点和远端检测及拉伸张力的检测等，完成主驱交流电磁调速电机（7.5kW）的正反转及调速控制、旋臂升降电机（2×4kW）上升和下降、可移动支架电机控制（0.75kW）前进与后退的控制，并完成与触摸屏的通信。经分析操作台部分的开关量输入信号有 27 个，有拉伸辊进退控制，拉伸自动/手动控制，拉伸架进退控制，拉幅架进退控制，拉幅手动/自动控制，针板启停控制，主驱正反转控制，桥联进退控制，悬臂升降控制，加热启停控制，鼓风机启停控制，排风门启停控制，前支架进退控制，升降机零点、高点检测等，模拟量输入 1 路（拉伸张力）；开关量输出信号有 8 个，有交流电磁调速电机正反转控制，悬臂升降电机上升、下降控制等，模拟量输出 1 路（交流电磁调速）。

拉幅加热部分的开关量输入信号有 40 个，有 4 个拉幅测距编码器，前后针板网边常位、超限检测，前后桥联零点、远端检测，前后拉幅入口出口零点远端检测等。模拟量输入有 4 路；开关量输出信号 28 个，如前后桥联电机正反转控制，前后针板摆臂电机正反转控制，前后针板电机运行控制，拉幅电机风扇控制，针板电机风扇控制，排风机启停控制等；模拟量输出有 6 路。

拉伸架部分的开关量输入信号有 13 个，有拉伸长度检测编码器，拉伸前进后退控制，拉伸架前进后退控制，拉伸粗略计长，拉伸零位检测，拉伸零点保护，拉伸远端检测，拉伸架零位检测，拉伸架零点保护，拉伸架远端检测等；开关量输出信号有 5 个有拉伸电机启动/运行控制，拉伸电机停止控制，拉伸架电机正反转控制，报警；模拟量输出 1 路（直流变频器欧陆 590 控制）。

2）PLC 选型。根据系统的 I/O 情况，按照功能相当、结构合理、机型统一、实时性满足要求和性价比及售后良好等原则选取 PLC。本系统选择 3 台型号为 6ES7216-2AD21-0XB0

的西门子 CPU226CN（AC/DC/RLY）主机。本机集成 24 个输入和 16 个输出点，共 40 个数字量 I/O 点，可连接 7 个扩展模块；用户程序存储器容量为 6.6K 字；有 6 个独立的 30kHz 高速计数器和 2 路独立的 20kHz 高速脉冲输出；具有 PID 控制器和 2 个 RS-485 通信口；具有 PPI 通信协议、MPI 通信协议和自由口通信能力；I/O 端子排易整体拆卸；CPU226CN 运行速度快、功能强，完全可以满足 7 米定型机的控制需要。

（2）扩展模块选择。当 PLC 主机集成的输入/输出点不够用时，可在主机上加输入、输出扩展模块。选取时遵循 PLC 扩展配置原则，同时注意点数和量程的匹配等因素。

1）数字量输入模块 EM221。当 PLC 主机集成的数字量输入点不够用时，可在主机上加数字量输入扩展模块。本定型机控制系统中，选用 2 个型号 6ES7221-1BF20-0XA0 的数字量输入模块 EM221，它有 8 个数字量输入点数，其额定电压为直流 24V。该模块主要为定型机控制系统提供扩展数字量输入的功能。

2）数字量输出模块 EM222。当 PLC 主机集成的数字量输出点不够用时，可在主机上加数字量输出扩展模块。定型机控制系统中，选用型号 6ES7222-1BF20-0XA0 的数字量输出模块 EM222，它有 8 个数字量输出点数，其额定电压为直流 24V。该模块主要为定型机控制系统提供扩展数字量输出的功能。

3）模拟量输入模块 EM231。由于选取的 PLC 主机没有集成的模拟量输入通道，为了满足定型机控制系统模拟量的采集，选用型号为 6ES7231-0HC20-0XA0 的模拟量输入模块 EM231。它有 4 路模拟量输入点数，十二位的分辨率，电压输入可以选择 ±5V、±2.5V、0～5V 或者 0～10V，电流输入可以选择 0～20mA。在该定型机控制系统中，主要将压力变送器测得的拉幅张力值转化为 4～20mA 电流信号送入 PLC。

4）模拟量输出模块 EM232。定型机控制系统中，选用 4 个型号为 6ES7232-0HB20-0XA0 的模拟量输出模块 EM232，它有 2 个模拟量输出通道，精度为十二位，电压输出可选择 ±5V、±2.5V、0～5V 或者 0～10V，电流输出可以选择 0～20mA，在该定型机控制系统中，其中三个是为控制前后拉幅入口，前后针板电机的交流变频器提供 0～10V 电压输入信号，剩余一个是为直流变频器欧陆 590 提供模拟量输入信号。

5）模拟量输入输出模块 EM235。定型机控制系统中选用型号为 6ES7235-0KD20-0XA0 的模拟量输出模块 EM235。它有 4 个模拟量输入通道，1 个模拟量输出通道，精度为十二位，电压输入输出可选择 ±10V、±5V、±2.5V、±1V、±500mV、±250mV、±100mV、±50mV、±25mV、0～50mV 等，电流输入输出可以选择 0～20mA。在该定型机控制系统中主要是将压力传感器测得的拉伸张力转化为 4～20mA 电流信号送入 PLC，同时 PLC 给交流电磁调速电机提供一个 0～20mA 的电流信号，来控制电机的转速。

（3）现场检测和执行机构的选择。定型机系统现场检测和执行机构中主要介绍拉幅拉伸张力检测的压力传感器、拉伸拉幅位置检测的编码器、直流调速器、拉幅电机和针板交流电机调速的变频器；温度控制的三相电力调功器及温度控制器和人机交互的触摸屏。其他主要电器元件选用施奈德产品，此处不做详细介绍。

1）压力传感器选择。在定型机控制系统中，拉幅张力及拉伸张力可通过压力传感器来检测。拉伸张力检测需选用一台 0～30T、供电电源 DC 24V，输出 4～20mA 的压力传感器。横向拉幅进出口张力检测需四台 1.5T、供电电源 DC 24V，输出 4～20mA 的压力传感器。在该系统中均选用昆山丹瑞 TS108 系列高频动态压力传感器，其测量最大值可达到 100MPa，供电电源 24V DC，输出信号是 4～20mA，可满足测量要求。

2）编码器选择。定型中拉伸拉幅长度通过编码器来检测，以判断对织物的定型情况。该定型机系统中采用的编码器为瑞普科技的 ZSP5810 系列的增量式光电编码器，通过 CUP226 的高速计数器对编码器送来的脉冲信号进行计数，将当前拉伸或拉幅长度传给 PLC，PLC 通过模拟量模块输出可控制变频器，达到对电机转速的调节，以满足定型尺寸等参数要求。

3）直流调速器选择。在大功率大扭矩的场合可使用直流调速系统。在该定型机控制系统中主动辊驱动属于大功率大扭矩情况，使用电机为 7.5kW 的直流电机，对其速度调节选用欧陆 590+4Q（四象限）直流调速器。欧陆 590 直流调速器广泛应用于冶金、造纸、印刷、包装等行业，主要实现张力与同步控制场合，它可使用各种标准的三相交流供电压，对直流并激励磁以及永磁电机供电，为电枢以及励磁提供受控直流输出电压和电流，实现直流调速控制。

（4）变频器选择。定型机控制系统拉幅电机为四台 1.5kW 交流电机，针板电机为两台 0.75kW 交流电机，对六个交流电机需进行变频调速，则选用了 6 台台达 VFD-M 系列，功率 1.5kW 的变频器。

台达变频器是一种多功能的标准型变频器，采用了高性能的矢量控制技术，可以提供低速高转矩输出和良好的动态特性，并且具有超强的过载能力。控制变频器频率的方法有三种，分别为通信方式、模拟信号控制方式、多段速频率控制方式。在定型机控制系统中选用模拟量输出模块 EM232 提供的 0～10V 电压信号，控制变频器的频率。

（5）温控器的选择。

该系统选用台达公司的智能调节仪，并将其安装在定型机的加热控制柜上，实时地对定型机加热温度的高低进行调节。具体选择型号为 DTA4848C1 的温控器，输出选用 4～20mA 电流输出，输入为交流电 100～240V，50/60Hz，输入温度传感器为热电偶。温控器通过 4～20mA 电流输出控制三台加热器，采用 RS-485 总线与 PLC 进行通信。

（6）三相电力调整器的选用。通过温控器设置出需要的加热温度，然后将输出信号接入三相电力调整器，通过调整可控硅的导通角来控制整个加热过程的加热程度。该系统的加热设备为三相 50kW 电阻丝炉，平均每相电流为 75A，所以选用型号为 TAC03-B160F-MTX90A 三相电力调整器，该调整器平均每相电流为 90A，总功率可达到 60kW。

（7）触摸屏的选择。在该定型机控制系统中选用昆仑通态触摸屏 TPC7062K，它具有价格低廉、抗干扰性能强、操作简单等特点。它是一套以嵌入式低功耗 CPU 为核心（ARM CPU，主频 400MHz）的高性能嵌入式一体化触摸屏，采用了 7 英寸高亮度 TFT 液晶显示屏（分辨率 800×480），四线电阻式触摸屏（分辨率 1024×1024），有一个 232 串口和 485 串口，以及一主一从两个 USB 口。昆仑通态触摸屏 TPC7062K 软件即嵌入版 MCGS 组态软件能与 CPU226CN 西门子 PLC 直接通信，完成现场数据的采集与监测，前端数据处理与控制。

21.3.2　控制系统电气原理图设计

控制系统电气原理图主要包括电动机等负载的主电路图、PLC 输入/输出接线图（即 I/O 接线图）、PLC 的电源进线接线图、执行电器供电系统图等。

（1）操作台 PLC（站号 13）。PLC 配置如图 21-4 所示，CPU226（AC/DC/RLY24DI/16DO）+ EM221（8DI）+EM235（4AI/1AO）。

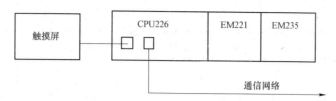

图 21-4　操作台 PLC 配置

1）操作台 PLC 主要任务。操作台 PLC 主要是接收操作台上的各个按钮信号及现场的检测信号，如前升降机零点和高点检测、后升降机零点和高点检测、移动支架零点和远端检测及拉伸张力的检测等，完成主驱交流电磁调速电机（7.5kW）的正反转及调速控制、旋臂升降电机（2×4kW）上升和下降、可移动支架电机控制（0.75kW）前进与后退的控制，并完成与触摸屏的通信。操作台 PLC 控制部分对应的主电路如图 21-5 所示。

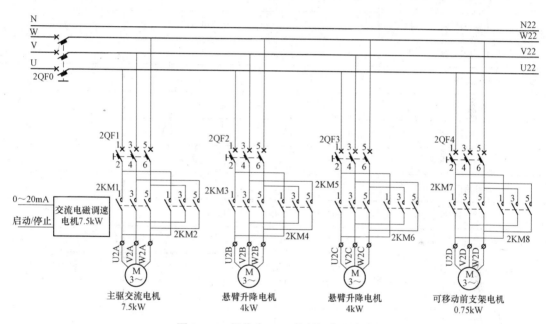

图 21-5　操作台 PLC 控制部分主电路

2）操作台 PLC I/O 分配表如表 21-1 所示。操作台 PLC 的开关量输入有：19 个键输入和前升降机零点和高点检测、后升降机零点和高点检测、移动支架零点和远端检测传感器；模拟量输入有拉伸张力检测。开关量输出有旋臂升降电机（2×4kW）上升和下降、可移动支架电机控制（0.75kW）前进与后退；模拟量输出有主驱交流电磁调速电机（7.5kW），4～20mA 转速控制。

表 21-1　　　　　　　　　　　　　　　操作台 PLC I/O 分配表

输入信号	地　址	输出信号	地　址
拉伸辊进按钮	I0.0	电磁调速电机正转	Q0.0
拉伸辊退按钮	I0.1	电磁调速电机反转	Q0.1

输入信号	地 址	输出信号	地 址
拉伸手动/自动切换	I0.2	悬臂升降电机 1 上升	Q0.2
拉伸架前进按钮	I0.3	悬臂升降电机 1 下降	Q0.3
拉伸架后退按钮	I0.4	悬臂升降电机 2 上升	Q0.4
拉幅架进按钮	I0.5	悬臂升降电机 2 下降	Q0.5
拉幅架退按钮	I0.6	移动支架电机进	Q0.6
拉幅手动/自动切换	I0.7	移动支架电机退	Q0.7
针板启停按钮	I1.0		
主驱正转按钮	I1.1	交流电磁调速	AQW0
主驱反转按钮	I1.2		
桥联前进按钮	I1.3		
桥联后退按钮	I1.4		
悬臂升按钮	I1.5		
悬臂降按钮	I1.6		
加热启停按钮	I1.7		
鼓风机启停按钮	I2.0		
排风门启停按钮	I2.1		
前支架进按钮	I2.2		
前支架退按钮	I2.3		
升降电机 1 零点检测	I2.4		
升降电机 1 高点检测	I2.5		
升降电机 2 零点检测	I2.6		
升降电机 2 高点检测	I2.7		
可移动支架零点检测	I3.0		
可移动支架远端检测	I3.1		
远程/就地	I3.2		
拉伸张力检测	AIW0		

3）操作台 PLC 主机及模拟量扩展模块输入输出接线图分别如图 21-6 所示。

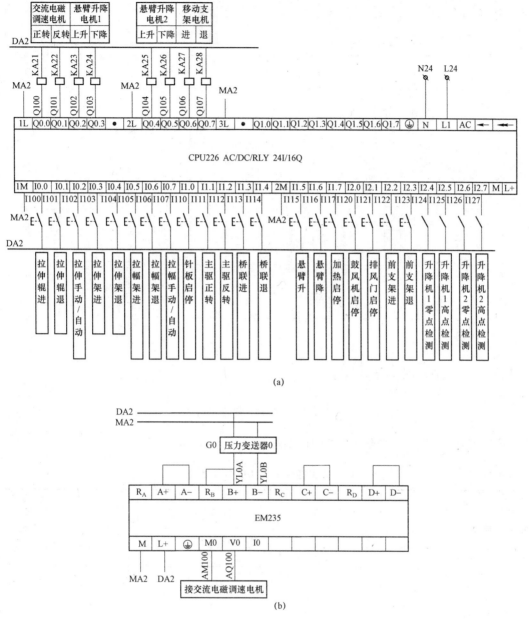

(a)

(b)

图 21-6 操作台 PLC 主机接线图

(a) PLC 主机 I/O 接线图；(b) 模拟量输入/输出模块接线图

（2）拉伸 PLC。拉伸控制 PLC（站号 14）配置为 CPU226（AC/DC/RLY 24DI/16DO）+EM232（2AO）。

拉伸控制 PLC 主要任务如下：

拉伸控制 PLC 主要通过接收拉伸前进、拉伸后退、拉伸架前进、拉伸架后退四个按键输入，拉伸零点和远端检测、拉伸架零点和远端检测的开关量输入信号，拉伸距离检测（编码器 1000 个脉冲/转，5620 个脉冲/mm）信号，实现拉伸架前进和后退控制（1.5kW），通过控制欧陆 590 达到对拉伸直流电机（7.5kW）的启停及调速控制（4～20mA 转速控制，最大速度 1910mm/min）。拉伸控制主电路如图 21−7 所示。

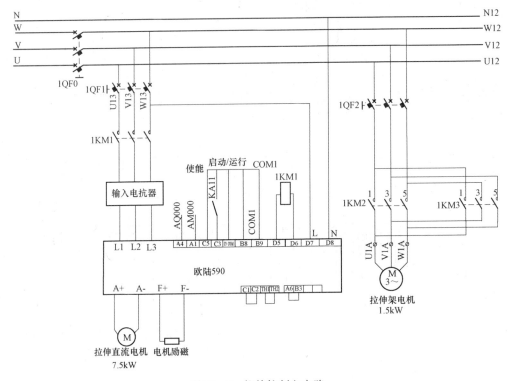

图 21−7 拉伸控制主电路

拉伸控制 PLC I/O 分配表如表 21−2 所示。

表 21−2   拉伸控制 PLC I/O 分配表

输入信号	地 址	输出信号	地 址
拉伸长度检测编码器	I0.0	拉伸电机启动（欧陆 590 启动控制）	Q0.0
	I0.1	拉伸电机停止（欧陆 590 停止控制）	Q0.1
拉伸前进按钮	I0.2	拉伸架电机正转	Q0.2
拉伸后退按钮	I0.3	拉伸架电机反转	Q0.3
拉伸架前进按钮	I0.4	报警指示	Q0.4
拉伸架后退按钮	I0.5		
拉伸粗计长开关	I0.6	直流变频器欧陆 590	AQW0
拉伸零点检测开关	I0.7		
拉伸零点保护开关	I1.0		
拉伸远端检测开关	I1.1		
拉伸架零点检测开关	I1.2		
拉伸架零点保护开关	I1.3		
拉伸架远端检测开关	I1.4		

（3）拉幅加热 PLC。拉幅加热控制（站号 12）PLC 配置如图 21−8 所示，即 CPU226（AC/DC/RLY 24DI/16DO）＋EM221（16DI）＋EM222（8DO）＋EM231（4AI）＋3×EM232（2A0）。

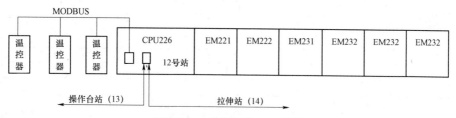

图 21-8　拉幅加热 PLC 配置

1) 拉幅加热 PLC 主要任务。拉幅加热 PLC 接收 4 个拉幅测距编码器送来的信号及前后针板网边常位、超限检测、前后桥联零点、远端检测、前后拉幅入口出口零点远端检测等信号，实现前后桥联电机正反转控制、前后针板摆臂电机正反转控制、前后针板电机运行控制、拉幅电机风扇控制、针板电机风扇控制、排风机启停控制。本部分主电路如图 21-9 所示。

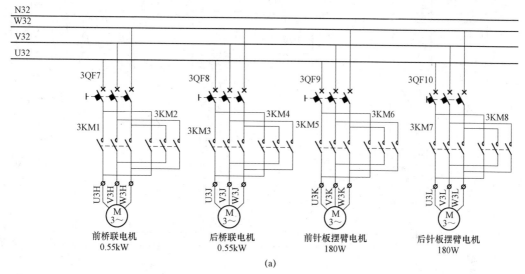

(a)

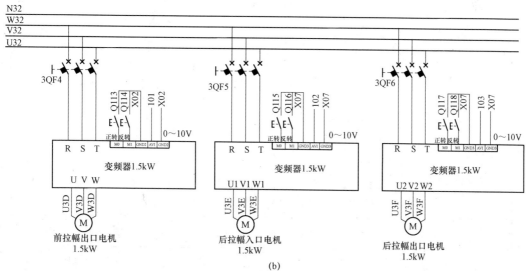

(b)

图 21-9　拉幅加热 PLC（一）

（a）主电路；（b）变频器接线图

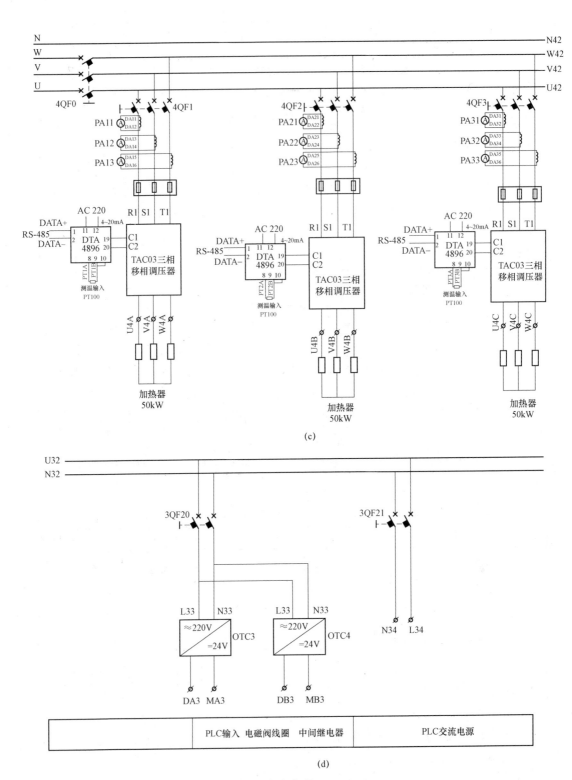

(c)

(d)

图 21-9 拉幅加热 PLC（二）

（c）温度控制接线图；（d）交流直流控制电源接线图

拉幅加热 PLC I/O 分配表如表 21-3 所示。

表 21-3 拉幅加热控制 PLC I/O 分配表

输入信号	地址	输出信号	地址
拉幅 1 测距（HSC0）	I0.0	前桥联电机正转	Q0.0
	I0.1	前桥联电机反转	Q0.1
前针板网边常位检测	I0.2	后桥联电机正转	Q0.2
拉幅 2 测距（HSC4）	I0.3	后桥联电机反转	Q0.3
	I0.4	前针板摆臂电机正转	Q0.4
前针板网边超限检测	I0.5	前针板摆臂电机反转	Q0.5
拉幅 3 测距（HSC1）	I0.6	后针板摆臂电机正转	Q0.6
	I0.7	后针板摆臂电机反转	Q0.7
后针板网边常位检测	I1.0	风机 1 启停	Q1.0
后针板网边超限检测	I1.1	风机 2 启停	Q1.1
拉幅 4 测距（HSC2）	I1.2	风机 3 启停	Q1.2
	I1.3	排风机启停	Q1.3
前桥联零点检测	I1.4	前针板电机正转	Q1.4
前桥联远端检测	I1.5	前针板电机反转	Q1.5
后桥联零点检测	I1.6	后针板电机正转	Q1.6
后桥联远端检测	I1.7	后针板电机反转	Q1.7
前拉幅入口电机零点检测	I2.0	前针板变频器正	Q2.0
前拉幅入口电机远端检测	I2.1	前针板变频器反	Q2.1
前拉幅出口电机零点检测	I2.2	后针板变频器正	Q2.2
前拉幅出口电机远端检测	I2.3	后针板变频器反	Q2.3
后拉幅入口电机零点检测	I2.4	前拉幅入口变频正	Q2.4
后拉幅入口电机远端检测	I2.5	前拉幅入口变频反	Q2.5
后拉幅出口电机零点检测	I2.6	前拉幅出口变频正	Q2.6
后拉幅出口电机远端检测	I2.7	前拉幅出口变频反	Q2.7
针板摆臂 1 前点检测	I3.0	后拉幅入口变频正	Q3.0
针板摆臂 1 后点检测	I3.1	后拉幅入口变频反	Q3.1
针板摆臂 2 前点检测	I3.2	后拉幅出口变频正	Q3.2
针板摆臂 2 后点检测	I3.3	后拉幅出口变频反	Q3.3
前摆臂手动/自动	I3.4		
后摆臂手动/自动	I3.5	前拉幅入口电机调速	AQW0

输入信号	地址	输出信号	地址
备用	I3.6	前拉幅出口电机调速	AQW2
备用	I3.7	后拉幅入口电机调速	AQW4
后拉幅进	I4.0	后拉幅出口电机调速	AQW6
后拉幅退	I4.1	前针板电机调速	AQW8
后摆臂进	I4.2	后针板电机调速	AQW10
后摆臂退	I4.3		
前拉幅进	I4.4		
前拉幅退	I4.5		
前摆臂进	I4.6		
前摆臂退	I4.7		
压力变送器 1	AIW0		
压力变送器 2	AIW2		
压力变送器 3	AIW4		
压力变送器 4	AIW6		

2）拉幅加热 PLC 主机及扩展模块输入输出接线图如图 21-10 所示。

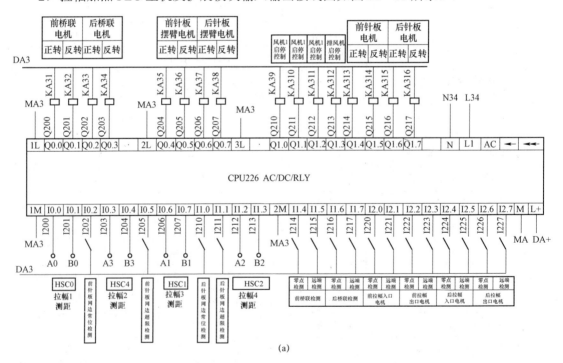

(a)

图 21-10　拉幅加热 PLC 主机及扩展模块输入输出接线图（一）

（a）主机

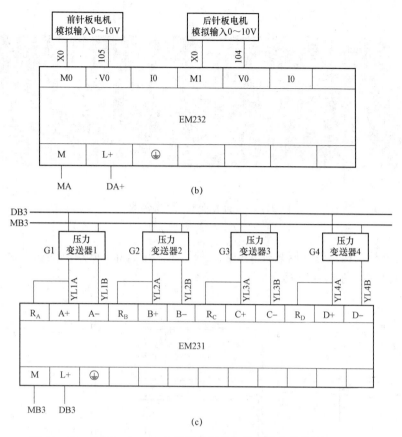

图 21-10　拉幅加热 PLC 主机及扩展模块输入输出接线图（二）

（b）模拟量输出扩展模块；（c）模拟量输入扩展模块

21.3.3　控制面板和电气柜结构设计

（1）操作面板图。操作站控制柜操作面板图如图 21-11 所示。

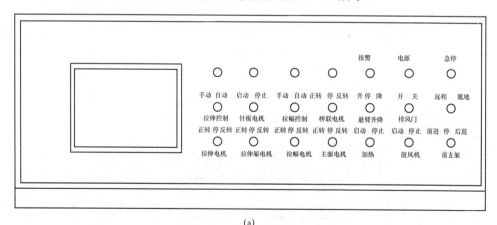

（a）

图 21-11　操作面板图及实物图（一）

（a）面板图

（b）

图 21-11 操作面板图及实物图（二）

（b）实物图

（2）电气柜结构。电气柜共有 4 个，此处给出利用 Autocad 绘制的操作台控制柜的结构图及元件布置图如图 21-12 所示。

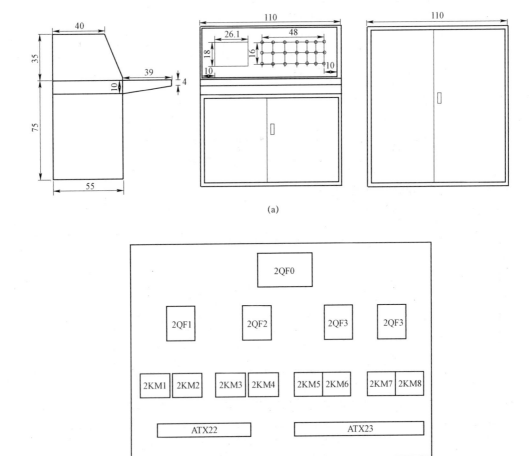

（a）

（b）

图 21-12 操作台控制柜

（a）结构图；（b）元件布置图

21.4　控制系统软件设计

定型机软件设计包括上位人机界面触摸屏组态设计和下位 PLC 程序设计。

21.4.1　触摸屏组态设计

北京昆仑通态公司的 TPC7062K 触摸屏通过 RS-485 端口与西门子 PLC226 的通信接口连接，直接用自带的 PPI 协议实现通信。定型机中 TPC7062K 触摸屏主要任务是设置参数和显示有关的运行信息。TPC7062K 触摸屏设计是利用嵌入式 MCGS 组态软件先在用户窗口中进行画面的组态设计，再进行实时数据库的组态，然后进行设备串口组态并进行变量的关联。触摸屏界面除封面图外有主控图画面和限位状态画面两个部分。

（1）主控图。主控图画面如图 21-13 所示，通过触摸屏主控图画面可进行主要参数的设定和显示，包括拉幅入出口张力设定、前针板速度微调、拉伸速度、网速等设定；网长、拉伸量测量显示，前、后拉伸长度显示等。

图 21-13　主控图画面

（2）限位状态画面。限位状态画面主要用于在运行达到极限状态时的指示，以便操作人员采取一定措施。限位状态画面中分别组态前针板摆臂前端、后端限位；后针板摆臂前端等26 个具体的限位信息。

21.4.2　PLC 程序设计

（1）操作台 PLC 控制。操作台 PLC 控制流程：首先进行初始化，再进行工作方式选择，若选择自动方式，则调用各子程序。

1）主程序。

（a）初始化各参数；

（b）当拉伸张力值≤测量值时，拉伸辊停车，否则控制拉伸辊电机运行；当自动按钮按下时，自动拉伸。

（c）当拉伸零位、前桥联远端、后桥联远端检测都检测到值并且交流电磁调速电机不工作时，悬臂电机才可工作。用光电开关和前后零点检测传感器,测得悬臂电机上升和下降所用的脉冲数,然后根据脉冲数来控制悬臂上升、下降，当前后悬臂达到零点检测值时将脉冲数清零。

（d）根据可移动支架零点检测传感器和远端检测传感器，判断前支架的进退。

（e）根据设定的网速来控制交流电机调速的模拟量输入值。主驱电机停止工作时，将控制交流电机调速的模拟量清零，运行圈数清零。

2）数据传送子程序。

（a）主驱电机旋转速度控制。根据网速和对应的编码器的值有对应关系，根据输入的网速来控制主驱电机的旋转速度。

（b）触摸屏与3个PLC进行数据传送。将加热拉幅PLC和拉伸架PLC内的相关数据通过操作台PLC传送到触摸屏上，并将触摸屏的设定数据传送到加热拉幅PLC和拉伸架PLC中。

（c）网宽的计算。拉幅电机的初始长度为8630是一定的，然后减去拉幅电机的运行距离，就得到了布的宽度。入口网宽＝8630－前拉幅入口距离－后拉幅入口距离。出口网宽＝8630－前拉幅出口－后拉幅出口距离。网宽收缩量＝初始网宽－拉幅出口宽度。

（d）拉伸量计算。

$$拉伸量＝拉伸总长度－拉伸初始网长设定值$$

3）拉伸张力采集子程序。采集128次拉伸张力，然后取平均值当作所用的拉伸张力值，将拉伸张力的数字量进行单位转换，转换成kg，然后除以出口网宽，单位便变成了kg/cm，最后将实际张力值传到触摸屏上显示。

模拟量：4～20mA

对应数字量：6400～32 000

实际测量张力：0～30 000kg

$$300/256＝1.17kg/个数字量$$

4）定时中断子程序。为计算每圈运行时间，通过定时器0设置250ms调用一次定时INT0子程序实现。

（2）拉伸架PLC。拉伸架PLC主要是对拉伸架控制

1）主程序。

（a）初始化各参数。

（b）高速计数器断电保护。

（c）自动控制拉伸电机时，当未达到两端限位开关时，启动欧陆590。手动控制拉伸电机时，当远控拉伸进、退按钮按下，并且未达到两端限位开关时，启动590，控制拉伸架电机前进。

（d）将触摸屏传送的拉伸速度，转化为欧陆590速度控制的数字量，拉伸速度计算公式为

数字量值：20 000—对应实际测量值：120mm/min

数字量值：10 000—对应实际测量值：63mm/min，知最大拉伸速度：190mm/min

拉伸速度*167（167＝32 000/190）＝欧陆590速度控制的数字量

（e）拉伸电机调节。自动调节时：当设定张力与采集张力差值小于等于1时，将欧陆590的速度控制数字量设为－4000，使电机反转速度慢一点。当设定张力与采集张力差值大于等于1时，将欧陆590的速度控制数字量设为－9000，使电机反转速度快一点。当自动调节停止时，电机停止运行。手动调节时：根据设定的拉伸速度对拉伸辊进行前后拉伸。

（f）拉伸辊的拉伸长度可以根据拉伸辊编码器脉冲数得出，系数关系为：拉伸编码器与拉伸距离系数：5620 个脉冲/mm。

拉伸架移动长度＝(拉伸粗略计长个数－2)×500

网的实际长度＝拉伸辊拉伸长度＋网的初始长度＋拉伸架移动长度

2）子程序：对高速计数器进行初始化。

部分程序如图 21－14 所示。

加热拉幅 PLC 由于篇幅原因不再赘述。

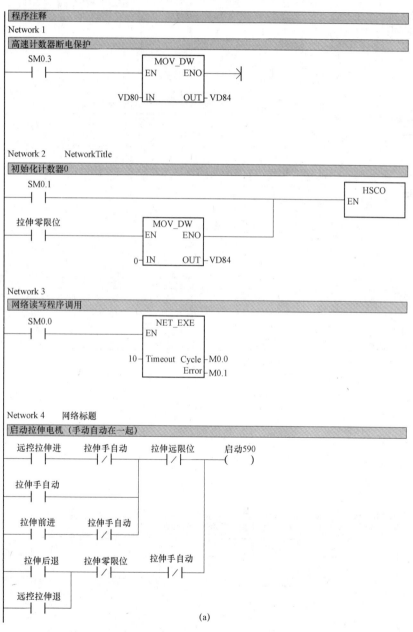

图 21－14　拉伸 PLC 程序（一）

（a）主程序

Symbol	Address	Comment
拉伸后退	I0.3	
拉伸零限位	I0.7	
拉伸前进	I0.2	
拉伸手自动	V1150.2	
拉伸远限位	I1.1	
启动590	Q0.0	
远控拉伸进	V1150.0	
远控拉伸退	V1150.1	

Network 5　　网络标题

VW200存放粗略计长，当VW200不等于2时拉伸架电机可以退，当VW200等于2时拉伸架电机停一次

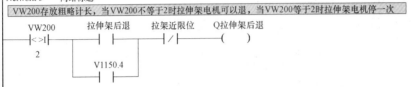

Symbol	Address	Comment
Q拉伸架后退	Q0.3	
拉架近限位	I1.2	
拉伸架后退	I0.5	

Network 6

VW200存放粗略计长，初始值为1

Symbol	Address	Comment
拉架近限位	I1.2	

Network 7

控制拉伸架电机前进

拉伸架前进　　拉架远限位　　Q拉伸架前进
　┤├─────┤/├─────( )

V1150.3
┤├

Symbol	Address	Comment
Q拉伸架前进	Q0.2	
拉架远限位	I1.4	
拉伸架前进	I0.4	

Network 8

手动速度可调 自动速度不变VW151存放拉伸速度（从触摸屏传过来，实际测量最大速度190mm/min）
VW1390乘以167转化为欧陆590速度控制的数字量（167=32 000/190）

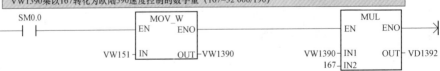

(a)

图 21-14　拉伸 PLC 程序（二）

（a）主程序

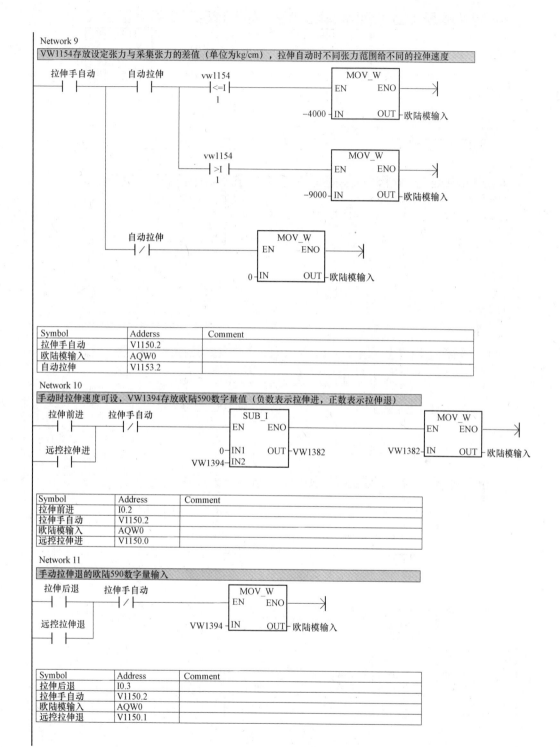

(a)

图 21-14　拉伸 PLC 程序（三）

（a）主程序

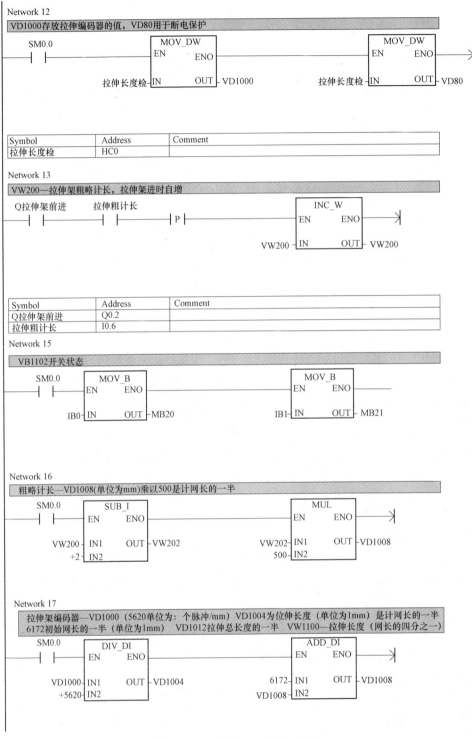

图 21-14　拉伸 PLC 程序（四）

（a）主程序

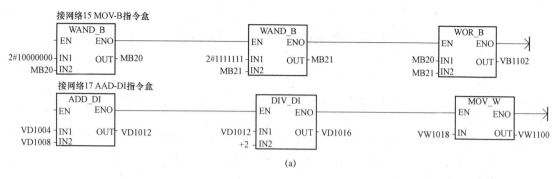

(a)

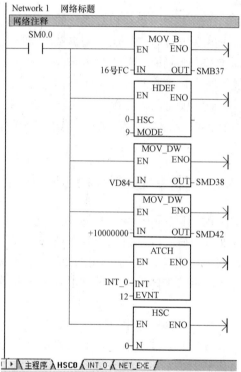

(b)

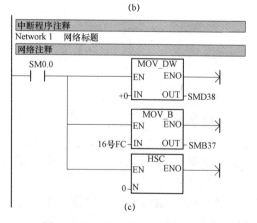

(c)

图 21-14　拉伸 PLC 程序（五）

（a）主程序；（b）高速计算器 0 子程序；（c）中断服务程序 INT0

21.5　控制系统调试与安装运行

定型机控制系统调试分实验室调试和现场调试。

（1）实验室调试。通过编程电缆将定型机程序下载到 PLC。首先逐句仔细检查每段程序，查找是否有使用重复的地址以及输出线圈等。在实验室调试程序时，用小开关、按钮等模拟实际的输入设备，PLC 上输出指示灯模拟现场输出设备；用 RS-485 通信线将 PLC 与变频器连接起来，设置好变频器相应的参数，通过 PLC 读取不同地址的变频器内容，并显示到触摸屏中，观察是否通信正确。

控制柜的连线调试通过编写简单程序对进入 PLC 系统的全部输入点的连线、PLC 的输出点连线进行检查，确保连线正确；利用 PLC 的强制功能，对涉及现场的触点开关使其通、断，控制交流继电器的吸合、断开，以此来检查控制柜的连线是否正确，另外欧陆 590 也要进行参数调试。

（2）现场调试。工业现场所有设备安装和接完线后需进行现场调试。调试前检查定型机系统动力接线和 PLC 控制端子的接线正确与否，下载程序调试时主电路不通电，对控制电路上电进行联机调试。利用触摸屏配合 STEP7-Micro/WIN32 中的程序状态监控功能检查输出动作直至满足工艺要求。

21.6　控制系统资料归档与项目验收

定型机项目进行的最后阶段是资料归档与项目验收。

（1）资料归档。定型机项目最后阶段需整理和编写技术文件，技术文件包括定型机系统设计说明书、硬件原理图、安装接线图、电气元件明细表、带注释的 PLC 程序以及操作使用说明书。这些资料是系统日后维护维修及必要时对甲方操作者进行操作培训，保证系统正常有序运行的重要依据。

（2）项目验收。项目验收在我方参加，甲方即该网业有限公司主持下，系统试运行一段时间后，按照合同书（设计任务书）的技术指标要求逐项验收，经验收各项技术指标完全符合要求，双方在设计完成确认书上签字后，该公司按照合同约定，把除质量保证金以外的其余工程费用全部支付了我方，表明定型机项目最终完成。

习　题　21

1. 填空题

（1）定型机中加热电阻功率是_____。

（2）CPU226 主机具有的 I/O 点数为 _____。

（3）EM235 具有_____ 路输入和_____路输出。

（4）拉伸 1mm 时编码器送给 PLC 脉冲数为_____，用的高速计数器编号为 _____。

2. 简答题

（1）定型机中拉伸是如何实现的？并编写拉伸距离采集程序。

（2）定型加热是如何实现的？

（3）欧陆 590 的作用是什么？

参 考 文 献

[1] Leonhard，W. 电气传动控制 [M]. 吕嗣杰，译. 北京：科学出版社，1988.

[2] 周德泽. 电气传动控制系统设计 [M]. 北京：机械工业出版社，1985.

[3] 天津电气传动设计研究所. 电气传动自动化技术手册 [M]. 北京：机械工业出版社，2011.

[4] 陈伯时. 电力拖动自动控制系统 [M]. 3 版. 北京：机械工业出版社，2010.

[5] 陈国呈. PWM 变频调速及软开关电力变换技术 [M]. 北京：机械工业出版社，2001.

[6] 中国航空工业规划设计研究院. 工业与民用配电设计手册 [M]. 3 版. 北京：中国电力出版社，2005.

[7] 戴瑜兴，等. 民用建筑电气设计手册 [M]. 2 版. 北京：中国建筑工业出版社，2007.

[8] 陈一才. 高层建筑电气设计手册 [M]. 北京：中国建筑工业出版社，2005.

[9] 北京照明学会. 照明设计手册 [M]. 2 版. 北京：中国电力出版社，2006.

[10] 黄铁兵. 民用建筑电气照明设计手册 [M]. 北京：中国建筑工业出版社，2005.

[11] 中国建筑标准研究院. 民用建筑工程电气设计深度图样 [M]. 北京：中国计划出版社，2009.

[12] 黄民德，等. 建筑电气工程设计 [M]. 天津：天津大学出版社，2010.

[13] 孙成群. 建筑电气设计与施工资料集 3 册 [M]. 北京：中国电力出版社，2013.

[14] 唐海. 建筑电气设计与施工 [M]. 北京：中国建筑工业出版社，2000.

[15] 北京市建筑设计院. 建筑电气专业技术措施 [M]. 北京：中国建筑工业出版社，2005.

[16] 戴瑜兴. 民用建筑电气设计数据手册 5 册 [M]. 2 版. 北京：中国建筑工业出版社，2010.

[17] 水利电力部西北电力设计院. 电力工程电气设计手册电气一次部分 [M]. 北京：中国电力出版社，2002.

[18] 水利电力部西北电力设计院. 电力工程电气设计手册电气二次部分 [M]. 北京：中国电力出版社，2002.

[19] 注电编委. 注册电气工程师设计手册 [M]. 北京：中国电力出版社，2014.

[20] 徐文尚，等. 电气控制技术与 PLC [M]. 北京：机械工业出版社，2015.

[21] 刘星平. PLC 原理及工程应用 [M]. 北京：中国电力出版社，2015.

[22] 周志敏，等. PLC 控制系统设计及其工程应用 [M]. 北京：化学工业出版社，2013.

[23] 曹梦龙，等. 可编程控制器技术及工程实践 [M]. 北京：化学工业出版社，2010.